"十三五"江苏省高等学校重点教材（编号：2017-1-042）

高等教育安全科学与工程类系列规划教材
消防工程专业系列规划教材

消防工程概预算

第 2 版

主　编　韩雪峰　王　莉

副主编　周　汝　谢　华

参　编　(排名不分先后)

　　　　王　华　闫秀芳　施　俊　张玉明

　　　　李　玲　赵代英　熊　伟　郝改红

　　　　张亚平　邓艳丽

主　审　徐志胜

U0379550

机械工业出版社

消防工程概预算是消防工程专业核心课程之一。

本书以消防工程概预算编制程序为主线，以现行国家和行业规范、标准为依据，对消防工程概预算及相关知识进行了系统介绍。全书共分9章，主要内容包括：消防工程基本知识，消防工程常用设备和材料，消防工程安装施工图，建设工程预算定额，工程设计概算，施工图预算基本知识，消防工程施工图预算的编制与审核，工程量清单及工程量清单计价，工程造价软件应用。全书图文并茂，部分章节安排了例题和工程实例，并附有分析和讲解，力争做到理论联系实际；每章均附有思考与练习题，利于学生对重要知识点的理解和巩固。

本书主要作为高等院校消防工程及相关专业的本科教材，也可作为消防工程技术及工程造价从业人员的业务参考书，并可供政府有关部门和企业相关人员学习参考。

图书在版编目（CIP）数据

消防工程概预算/韩雪峰，王莉主编. —2版. —北京：机械工业出版社，2019.8（2024.6重印）

"十三五"江苏省高等学校重点教材 高等教育安全科学与工程类系列规划教材 消防工程专业系列规划教材

ISBN 978-7-111-62974-0

Ⅰ.①消… Ⅱ.①韩…②王… Ⅲ.①消防设备-建筑安装-概算编制-高等学校-教材②消防设备-建筑安装-预算编制-高等学校-教材 Ⅳ.①TU998.13

中国版本图书馆 CIP 数据核字（2019）第112853号

机械工业出版社（北京市百万庄大街22号 邮政编码100037）
策划编辑：冷 彬 责任编辑：冷 彬
责任校对：姚玉霜 封面设计：张 静
责任印制：常天培
北京科信印刷有限公司印刷
2024年6月第2版第8次印刷
184mm×260mm·16.75印张·455千字
标准书号：ISBN 978-7-111-62974-0
定价：42.00元

电话服务 网络服务
客服电话：010-88361066 机 工 官 网：www.cmpbook.com
010-88379833 机 工 官 博：weibo.com/cmp1952
010-68326294 金 书 网：www.golden-book.com
封底无防伪标均为盗版 机工教育服务网：www.cmpedu.com

安全科学与工程类专业教材
编审委员会

消防工程专业系列规划教材
编审委员会

序一 安全工程专业教材序[⊖]

"安全工程"本科专业是在 1958 年建立的"工业安全技术""工业卫生技术"和 1983 年建立的"矿山通风与安全"本科专业基础上发展起来的。1984 年,国家教委将"安全工程"专业作为试办专业列入普通高等学校本科专业目录之中。1998 年 7 月 6 日,教育部发文颁布《普通高等学校本科专业目录》,"安全工程"本科专业(代号:081002)属于工学门类的"环境与安全类"(代号:0810)学科下的两个专业之一[⊖]。据"高等学校安全工程学科教学指导委员会"1997 年的调查结果显示,1958~1996 年年底,全国各高校累计培养安全工程专业本科生 8130 人。到 2005 年年底,在教育部备案的设有安全工程本科专业的高校已达 75 所,2005 年全国安全工程专业本科招生人数近 3900 名[⊜]。

按照《普通高等学校本科专业目录》的要求,原来已设有与"安全工程"专业相近但专业名称有所差异的高校,现也大都更名为"安全工程"专业。专业名称统一后的"安全工程"专业,专业覆盖面大大拓宽[⊖]。同时,随着经济社会发展对安全工程专业人才要求的更新,安全工程专业的内涵也发生了很大变化,相应的专业培养目标、培养要求、主干学科、主要课程、主要实践性教学环节等都有了不同程度的变化,学生毕业后的执业身份是注册安全工程师。但是,安全工程专业的教材建设与专业的发展出现了不适应的新情况,无法满足和适应高等教育培养人才的需要。为此,组织编写、出版一套新的安全工程专业系列教材已成为众多院校的翘首之盼。

机械工业出版社是有着悠久历史的国家级优秀出版社,在高等学校安全工程学科教学指导委员会的指导和支持下,根据当前安全工程专业教育的发展现状,本着"大安全"的教育思想,进行了大量的调查研究工作,聘请了安全科学与工程领域一批学术造诣深、实践经验丰富的教授、专家,组织成立了教材编审委员会(以下简称"编审委"),决定组织编写"高等教育安全工程系列'十一五'规划教材"[⊗],并先后于 2004 年 8 月(衡阳)、2005 年 8 月(葫芦岛)、2005 年 12 月(北京)、2006 年 4 月(福州)组织召开了一系列安全工程专业本科教材建设研讨会,就安全工程专业本科教育的课程体系、课程教学

⊖ 此序作于 2006 年 5 月,为便于读者了解本套系列教材的产生与延续,该序将一直被保留和使用,并对其中某些数据的变化加以备注,以反映本套系列教材的可持续性,做到传承有序。

⊖ 按《普通高等学校本科专业目录》(2012 版),"安全工程"本科专业(专业代码:082901)属于工学学科的"安全科学与工程类"(专业代码:0829)下的专业。

⊜ 这是安全工程本科专业发展过程中的一个历史数据,没有变更为当前数据是考虑到该专业每年的全国招生数量是变数,读者欲加了解,可在具有权威性的相关官方网站查得。

⊗ 自 2012 年更名为"高等教育安全科学与工程类系列规划教材"。

内容、教材建设等问题反复进行了研讨，在总结以往教学改革、教材编写经验的基础上，以推动安全工程专业教学改革和教材建设为宗旨，进行顶层设计，制订总体规划、出版进度和编写原则，计划分期分批出版30余门课程的教材，以尽快满足全国众多院校的教学需要，以后再根据专业方向的需要逐步增补。

由安全学原理、安全系统工程、安全人机工程学、安全管理学等课程构成的学科基础平台课程，已被安全科学与工程领域学者认可并达成共识。本套系列教材编写、出版的基本思路是，在学科基础平台上，构建支撑安全工程专业的工程学原理与由关键性的主体技术组成的专业技术平台课程体系，编写、出版系列教材来支撑这个体系。

本套系列教材体系设计的原则是，重基本理论，重学科发展，理论联系实际，结合学生现状，体现人才培养要求。为保证教材的编写质量，本着"主编负责，主审把关"的原则，编审委组织专家分别对各门课程教材的编写大纲进行认真仔细的评审。教材初稿完成后又组织同行专家对书稿进行研讨，编者数易其稿，经反复推敲定稿后才最终进入出版流程。

作为一套全新的安全工程专业系列教材，其"新"主要体现在以下几点：

体系新。本套系列教材从"大安全"的专业要求出发，从整体上考虑，构建支撑安全工程学科专业技术平台的课程体系和各门课程的内容安排，按照教学改革方向要求的学时，统一协调与整合，形成一个完整的、各门课程之间有机联系的系列教材体系。

内容新。本套系列教材的突出特点是内容体系上的创新。它既注重知识的系统性、完整性，又特别注意各门学科基础平台课之间的关联，更注意后续的各门专业技术课与先修的学科基础平台课的衔接，充分考虑了安全工程学科知识体系的连贯性和各门课程教材间知识点的衔接、交叉和融合问题，努力消除相互关联课程中内容重复的现象，突出安全工程学科的工程学原理与关键性的主体技术，有利于学生的知识和技能的发展，有利于教学改革。

知识新。本套系列教材的主编大多由长期从事安全工程专业本科教学的教授担任，他们一直处于教学和科研的第一线，学术造诣深厚，教学经验丰富。在编写教材时，他们十分重视理论联系实际，注重引入新理论、新知识、新技术、新方法、新材料、新装备、新法规等理论研究、工程技术实践成果和各校教学改革的阶段性成果，充实与更新了知识点，增加了部分学科前沿方面的内容，充分体现了教材的先进性和前瞻性，以适应时代对安全工程高级专业技术人才的培育要求。本套系列教材中凡涉及安全生产的法律法规、技术标准、行业规范，全部采用最新颁布的版本。

安全是人类最重要和最基本的需求，是人民生命与健康的基本保障。一切生活、生产活动都源于生命的存在。如果人失去了生命，一切都无从谈起。全世界平均每天发生约68.5万起事故，造成约2200人死亡的事实，使我们确认，安全不是别的什么，安全就是生命。安全生产是社会文明和进步的重要标志，是经济社会发展的综合反映，是落实以人为本的科学发展观的重要实践，是构建和谐社会的有力保障，是全面建成小康社会、统筹经济社会全面发展的重要内容，是实施可持续发展战略的组成部分，是各级政府履行市场监管和社会管理职能的基本任务，是企业生存、发展的基本要求。国内外实践证明，安全生产具有全局性、社会性、长期性、复杂性、科学性和规律性的特点，随着社会的不断进步，工业化进程的加快，安全生产工作的内涵发生了重大变化，它突破了时间和空间的限制，存在于人们日常生活和生产活动的全过程中，成为一个复杂多变的社会问题在安全领域的集中反映。安全问题不仅对生命个体非常重要，而且对社会稳定和经济发展产生重要影响。党的十六届五中全会提出"安全发展"的重要战略理念。安全发展是科学发展观理论体系的重要组成部分，安全发展与构建和谐社会有着密切的内在联系，以人为本，首先就是要以人的生命为本。"安全·生命·稳定·发展"是一个良性循环。安全科技工作者在促进、保证这一良性循环中起着重要作用。安全科技人才匮乏是我国安全生产形势严峻的重要原因之一。加快培养安全科技人才也是解开安全难题的钥匙之一。

高等院校安全工程专业是培养现代安全科学技术人才的基地。我深信，本套系列教材的出版，将对我国安全工程本科教育的发展和高级安全工程专业人才的培养起到十分积极的推进作用，同时，也为安全生产领域众多实际工作者提高专业理论水平提供学习资料。当然，由于这是第一套基于专业技术平台课程体系的教材，尽管我们的编审者、出版者夙兴夜寐，尽心竭力，但由于安全学科具有在理论上的综合性与应用上的广泛性相交叉的特性，开办安全工程专业的高等院校所依托的行业类型又涉及军工、航空、化工、石油、矿业、土木、交通、能源、环境、经济等诸多领域，安全科学与工程的应用也涉及人类生产、生活和生存的各个方面，因此，本系列教材依然会存在这样和那样的缺点、不足，难免挂一漏万，诚恳地希望得到有关专家、学者的关心与支持，希望选用本套系列教材的广大师生在使用过程中给我们多提意见和建议。谨祝本套系列教材在编者、出版者、授课教师和学生的共同努力下，通过教学实践，获得进一步的完善和提高。

"嘤其鸣矣，求其友声"，高等院校安全工程专业正面临着前所未有的发展机遇，在此我们祝愿各个高校的安全工程专业越办越好，办出特色，为我国安全生产战线输送更多的优秀人才。让我们共同努力，为我国安全工程教育事业的发展做出贡献。

中国科学技术协会书记处书记[⊖]

中国职业安全健康协会副理事长

中国灾害防御协会副会长

亚洲安全工程学会主席

高等学校安全工程学科教学指导委员会副主任

安全科学与工程类专业教材编审委员会主任

北京理工大学教授、博士生导师

冯长根

⊖ 曾任中国科学技术协会副主席。

序二　消防工程专业系列规划教材序

1998年7月，教育部颁布的《普通高等学校本科专业目录和专业介绍》将消防工程归入工学门类，实行开放办学政策。开设消防工程专业的高等院校随之迅速增加，学生数量不断增长，形成了可喜的发展局面。随着我国社会的发展，以人为本的消防安全理念不断深入人心，对高素质消防工程专业技术人才的需求旺盛，消防工程专业已逐渐成为高等教育的热门专业之一。

与大好的专业发展形势不协调的是，目前，我国开设消防工程专业的普通高等院校还没有一套系统、适用的专业系列教材。为满足学科发展的需求，提高消防工程专业高等教育的培养质量，组织编写、出版一套体系完善、结构合理、内容科学的消防工程专业系列教材势在必行，同时也是众多院校的共同愿望。

机械工业出版社是有着60多年历史的国家级优秀出版社，也是教育部认定的规划教材出版基地。该社根据当前消防工程专业的发展现状，进行了大量的调研工作，协同较早前成立的安全工程专业教材编审委员会并在其指导下，聘请消防工程领域的一批学术造诣深、实践经验丰富的专家教授，成立了"消防工程专业系列规划教材编审委员会"（以下简称"编委会"），组织编写该专业系列教材。该社先后在西安（2008年11月）、株洲（2010年3月）、长沙（2010年10月）组织召开了一系列消防工程专业本科教学研讨会，就消防工程专业本科教育的课程体系、课程内容、教材建设等问题进行了深入研讨，确定分阶段出版该专业系列教材，以尽快满足众多院校的教学与人才培养的需求。

本套系列教材的编写，本着"重基本理论、重学科发展、重理论联系实际"的教材体系建设原则，在强调内容创新的同时，也体现出学科体系的系统性、完整性、专业性等特点。同时，采取"编委会评审、主编负责、主审把关"的方式确保每本教材的编写质量。本套系列教材还积极吸纳消防工程的设计单位、施工单位和公安消防专业人士的实践经验，在理论联系实际方面较以往同类教材实现了较大突破，提高了教材的工程实用价值。

由于消防工程内容具有广泛性和交叉性，开办消防工程专业的高校所依托的行业背景和领域不同，因此，本套系列教材依然会存在不足，诚恳希望得到有关专家、学者的关心和支持，希望选用本套系列教材的师生在使用过程中多提意见和建议。谨祝本套系列教材通过教学实践，获得进一步的完善和提高。

　　高等院校消防工程专业正面临着前所未有的发展机遇，在此我们祝愿各个高校的消防工程专业办出水平、办出特色，为我国消防事业输送更多的优秀人才。

中国消防协会理事

消防工程专业系列规划教材编审委员会主任

中南大学教授、博士生导师

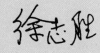

前　言

消防工程概预算是消防工程项目初步设计概算和施工图设计预算的统称。消防工程概预算不仅是考核设计方案的经济性和合理性的重要指标，也是制订消防工程建设项目建设计划、合同签订、办理工程贷款、实施工程项目成本费用控制、拨付工程款、进行竣工结算和考核工程造价的主要依据。消防工程概预算的编制程序和方法对于消防工程专业的学生非常重要。

本书由国内较早开设消防工程专业的高等院校的专业教师和消防工程专业公司的技术人员，结合多年的课堂教学经验和丰富的工程实践经验共同编写完成。为满足不同身份读者学习的需要，本书在章节安排上，首先对消防工程基本知识、消防工程常用设备和材料以及消防工程安装施工图基本知识进行了概述，在此基础上紧紧围绕消防工程概预算的编制基础、编制程序和方法进行了介绍。工程量清单计价方式是有别于传统预算定额计价的工程造价计价方式，其用途之一是作为招标者编制标底和报价的依据，为投标者提供一个共同的竞争性投标的基础。投标者根据施工图和技术规范、标准的要求以及拟定的施工方法，通过单价分析进行逐项报价，汇总得出投标报价。因此，工程量清单的编制工作是非常重要的。工程量清单质量的高低直接影响到招标单位标底的准确性和投标者的报价，以及施工过程的资金控制，为此，本书专门安排一章对工程量清单及工程量清单计价进行了介绍。随着信息技术的快速发展，消防工程造价管理水平和技术手段逐步升级，为此本书最后一章对当前工程造价软件的应用进行了介绍。

本书由韩雪峰（南京工业大学）、王莉（西安科技大学）担任主编，负责统稿工作。全书共分9章，具体分工如下：第1章由韩雪峰和王华（南京工业大学）共同编写；第2章由周汝（南京工业大学）和韩雪峰共同编写；第3章由闫秀芳（中国中安消防安全工程有限公司）、王华共同编写；第4章由谢华（沈阳航空航天大学）和施俊（沈阳航空航天大学）共同编写；第5章由张玉明（南京消防器材股份有限公司）和李玲（天津理工大学）共同编写；第6章由赵代英（天津理工大学）和周汝共同编写；第7章由韩雪峰、张玉明和熊伟（中南大学）共同编写；第8章由郝改红（西安科技大学）和张亚平（西安科技大学）共同编写；第9章由张玉明、韩雪峰和邓艳丽（华北水利水电大学）共同编写。

本书由中南大学徐志胜教授担任主审。本书在编写过程中得到了南京消防器材股份有限公司骆明宏和徐伟、河北省第四建筑工程公司田占稳的建议和帮助，在此表示感谢。

本书在编写和出版过程中，还得到了业内知名专家蒋军成教授及兄弟院校专业教师的关心和大力支持；同时参阅了许多文献。在此向上述专家、教师及参考文献的原著者一并表示感谢。

由于编者水平有限，时间仓促，书中难免有疏漏和不妥之处，敬请广大读者和专家不吝指正。

编　者

目 录

第1章

消防工程基本知识

1.1 消防工程概述

1.1.1 消防和消防工程基本概念

1. 火灾定义

所谓火灾，是指在时间或空间上失去控制的燃烧所造成的灾害。换句话说，凡是失去控制并对财物和人身造成损害的燃烧现象都是火灾。

2. 火灾分类

（1）**按燃烧对象分类**

根据可燃物的类型和燃烧特性火灾分为 A、B、C、D、E、F 六类。

1）A 类火灾：固体物质火灾。固体物质通常具有有机物质性质，一般在燃烧时能产生灼热的余烬，如木材、煤、棉、毛、麻、纸张等火灾。

2）B 类火灾：液体或可熔化的固体物质火灾，如煤油、柴油、原油、甲醇、乙醇、沥青、石蜡等火灾。

3）C 类火灾：气体火灾，如煤气、天然气、甲烷、乙烷、丙烷、氢气等火灾。

4）D 类火灾：金属火灾，如钾、钠、镁、铝镁合金等火灾。

5）E 类火灾：带电火灾，指带电物体燃烧的火灾。

6）F 类火灾：烹饪器具内的烹饪物（如动植物油脂）火灾。

（2）**按损失严重程度分类**

按损失严重程度火灾可分为以下几类：

1）特别重大火灾：指造成 30 人以上死亡，或者 100 人以上重伤，或者 1 亿元以上直接财产损失的火灾。

2）重大火灾：指造成 10 人以上 30 人以下死亡，或者 50 人以上 100 人以下重伤，或者 5000 万元以上 1 亿元以下直接财产损失的火灾。

3）较大火灾：指造成 3 人以上 10 人以下死亡，或者 10 人以上 50 人以下重伤，或者 1000 万元以上 5000 万元以下直接财产损失的火灾。

4）一般火灾：指造成 3 人以下死亡，或者 10 人以下重伤，或者 1000 万元以下直接财产损失的火灾。

"以上"包括本数，"以下"不包括本数。

（3）按发生地点分类

按发生地点火灾可分为地上建筑火灾、地下建筑火灾、水上火灾、森林火灾、草原火灾等。

1.1.2　火灾发生的条件

1. 必要条件

任何物质的燃烧并不是随便发生的，必须具备一定的条件。燃烧的发生和发展，一般必须具备以下三个必要条件，即可燃物、助燃物和点火源。人们通常以燃烧三角形（图1-1）表示无焰燃烧的基本条件；而对有焰燃烧，因燃烧过程中存在未受抑制的链式反应，所以表示有焰燃烧应增加一个必要条件——链式反应，这样就形成了燃烧四面体，如图1-2所示。

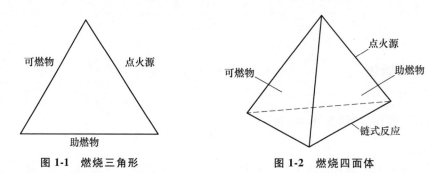

图 1-1　燃烧三角形　　　　　图 1-2　燃烧四面体

2. 充分条件

具备了燃烧的必要条件，并不等于燃烧必然发生。在各种必要条件中，还有一个"量"的概念，这就是发生燃烧或持续燃烧的充分条件。

（1）一定含量的可燃物

可燃物有固、液、气三种状态。可燃气体或蒸气只有达到一定含量才会发生燃烧。例如，氢气在空气中的含量达到4%~75%（质量浓度）就能着火甚至发生爆炸，但若氢气在空气中含量低于4%或高于75%时，则不会发生燃烧或爆炸。又如，车用汽油在-38℃以下，灯用煤油在4℃以下，甲醇在7℃以下时均不能达到燃烧所需的蒸气含量，在这种条件下，即使有足够的氧气和明火，仍不能发生燃烧。

（2）一定比例的助燃物

要使可燃物质燃烧，助燃物的数量必须足够，否则燃烧就会减弱，甚至熄灭。测试表明，一般可燃物质在含氧量低于16%的条件下，就不能发生燃烧，这是助燃物含量太低的缘故。因此，可燃物质燃烧都需一个最低氧化剂含量（即含氧量），低于此量燃烧就不会发生。部分物质燃烧所需要的最低含氧量见表1-1。

表 1-1　部分物质燃烧所需要的最低含氧量

物质名称	含氧量（%）	物质名称	含氧量（%）
汽油	14.4	丙酮	13.0
煤油	15.0	氢气	5.9
乙醇	15.0	橡胶屑	13.0
乙醚	12.0	多量棉花	8.0
乙炔	3.7	蜡烛	16.0

（3）一定能量的点火源

各种不同的可燃物发生燃烧，均有本身固定的最小点火能量要求，达到这一强度要求时才会引起燃烧反应，否则燃烧便不会发生，如汽油的最低点火能量为 0.2mJ。

（4）不受抑制的链式反应

对于无焰燃烧，上述（1）~（3）三个条件同时存在，相互作用，燃烧即会发生。对于有焰燃烧，除以上三个条件外，燃烧过程中存在未受抑制的游离基，形成链式反应，使燃烧能够持续下去，这也是燃烧的充分条件之一。

1.1.3 防火与灭火

灭火与防火正是基于火灾发生的条件，如同化学反应一样，只要破坏了燃烧反应具备的条件也就能够扑灭火灾。

1. 冷却法灭火

可燃物燃烧的条件（因素）之一，是在火焰和热的作用下，达到燃点，裂解、蒸馏或蒸发出可燃气体，使燃烧得以持续。冷却法灭火就采用冷却措施使可燃物达不到燃点，也不能裂解、蒸馏或蒸发出可燃气体，使燃烧终止。如可燃固体冷却到自燃点以下，火焰就将熄灭；可燃液体冷却到闪点以下，并隔绝外来的热源，就不能挥发出足以维持燃烧的气体（蒸气），火就会被扑灭。水具有较大的热容量和很高的汽化潜热，是冷却性能最好的灭火剂，如采用雾状水灭火，冷却灭火效果更为显著。建筑消防供水设施不仅投资少、操作方便、灭火效果好、管理费用低，且冷却性能好，是冷却法灭火的主要灭火设施。

2. 窒息法灭火

窒息法灭火就是采取措施降低火灾现场空间内的氧含量，使燃烧因缺少氧气而停止。窒息法灭火常采用的灭火剂一般有二氧化碳、氮气、水蒸气以及烟雾剂等。在条件许可的情况下，也可用水淹窒息法灭火。重要的计算机房、贵重设备间可设置二氧化碳灭火设备扑救初期火势；高温设备间可设置蒸汽灭火设备；重油储罐可采用烟雾灭火设备；石油化工等易燃易爆设备可采用氮气保护，以利及时控制或扑灭初期火势，减少损失。其实使可燃气体或蒸气浓度降低也是一种窒息方法，如森林火灾使用风力灭火剂灭火，是冷却法和窒息法共同作用来灭火的。

3. 隔离法灭火

隔离法灭火就是采取措施将可燃物与火焰、氧气隔离开来，燃烧无法维持，火也就被扑灭。

石油化工装置及其输送管道（特别是气体管道）发生火灾，关闭易燃、可燃液体或气体的来源，将易燃、可燃液体或气体与火焰隔开，残余易燃、可燃液体或气体烧尽后，火就被扑灭。发电机房的油槽（或油罐）可设一般泡沫固定灭火设备；汽车库、压缩机房可设泡沫喷洒灭火设备；易燃、可燃液体储罐除可设固定泡沫灭火设备外，还可设置倒罐转输设备；气体储罐除可设倒罐转输设备外，还可设放空火炬设备；易燃、可燃液体和可燃气体装置，可设消防控制阀门等。一旦这些设备发生火灾，可采用相应的隔离法灭火。

4. 化学抑制法灭火

化学抑制法灭火就是采用化学措施有效地抑制游离基的产生或者能降低游离基的含量，破坏游离基的连锁反应，使燃烧停止。如采用卤代烷（1301、1211）灭火剂灭火，就是降低游离基含量的灭火方法。干粉灭火剂的化学抑制作用也很好，且近年来不少类型干粉可与泡沫联用，灭火效果很显著。凡是卤代烷能抑制的火灾，干粉均能达到同样效果，但干粉灭火的不足之处是有污染。化学抑制法灭火，灭火速度快，若使用得当，可有效地扑灭初期火灾，减少人员和财产的损失。

1.1.4 常用消防术语

1. 燃烧

可燃物与氧化剂作用发生的放热反应，通常伴有火焰、发光和（或）发烟的现象。

2. 燃烧热

单位质量的物质完全燃烧所释放出的热量。

3. 耐火性

建筑构件、配件或结构在一定时间内满足标准耐火试验的稳定性、完整性和（或）隔热性的能力。

4. 防火分隔

用耐火建筑构件将建筑物加以分隔，在一定时间内限制火灾于一定区域的设施。

5. 防火分区

采用防火分隔设施划分出的、能在一定时间内防止火灾向同一建筑的其余部分蔓延的局部区域。

6. 可燃物

在火灾中发生燃烧放出热量的物质。可燃物可分为气态、液态和固态三种形态，它们具有不同的燃烧特点。可燃气体容易与空气混合，如果在燃烧前两者已发生混合，则称之为预混燃烧；如果两者边混合边燃烧，则称之为扩散燃烧。在火灾中常发生非均匀混合的预混燃烧。液体和固体可燃物是凝聚态物质，其燃烧过程通常是：在受到外界加热的情况下温度升到一定值后蒸发为可燃蒸气，或发生热分解析出可燃气体，进而发生气相扩散燃烧。燃烧后期一般还存在固定炭燃烧阶段，此阶段的时间长短由固定炭的量决定。

7. 点燃

点燃是用外部热源将可燃物引燃，火焰、电火花、炽热物体都是典型的外部热源。

8. 自燃

在某些特定空间内，在没有明火作用的情况下，由可燃物析出或产生的可燃气体混合后达到一定温度所发生的燃烧，这时不需要其他外部热源供应热量。各种物质都有自己的自燃点，但它们的自燃点并不是固定不变的，而是随着氧化过程中析出的热量和向外导出的热量而有所变动。

9. 闪点

在规定的试验条件下，可燃性液体或固体表面蒸气与空气形成的混合物，遇火源能够闪燃的液体或固体的最低温度，称为闪点。达到闪点时可燃物并未着火，但表明已接近危险状态，因此它是表示火灾安全的重要指标。

10. 有焰燃烧

有焰燃烧是指出现人眼可见的气相火焰的燃烧过程，这是可燃气体和可燃蒸气的燃烧特点。

11. 无焰燃烧

无焰燃烧是指不出现明火焰的燃烧过程。固体可燃物刚开始燃烧能够大量发烟但尚不出现明火燃烧过程，这种燃烧还常称为阴燃。

12. 燃烧体

燃烧体是指用燃烧材料做成的构件。燃烧材料是指在空气中受到火烧或高温作用时较快起火或微燃，且火源移走后仍继续燃烧或微燃的材料。

13. 非燃烧体

非燃烧体是指用非燃烧材料做成的构件。非燃烧材料是指在空气中受到火烧或高温作用时不起火、不微燃、不炭化的材料。

14. 难燃烧体

难燃烧体是指用难燃烧材料做成的构件或用燃烧材料做成但用非燃烧材料做保护层的构件。难燃烧材料是指在空气中受到火烧或高温作用时难起火、难微燃、难炭化，当火源移走后燃烧或微燃立即停止的材料。

15. 耐火极限

对任一建筑构件，在耐火试验炉中按规定的火灾温升曲线（标准时间-温度曲线）进行耐火试验，从受到火的作用时起，到失去支持能力，或完整性被破坏，或失去隔火作用时止的这段时间称为该构件的耐火极限，用小时"h"表示。

1.1.5　消防设施

指设置在建筑内部，用于在火灾发生时及时发现、确认、扑救火灾的设施，也包括用于传递火灾信息，为人员疏散创造便利条件和对建筑进行防火分隔的装置等。为了适应现代建筑功能日趋复杂、材料日益增多、建筑结构千变万化、高度不断增加的新情况，不断提高建筑消防设施自动化程度，采用各种形式的消防设施联合工作，才能达到一定的消防安全水平。

1.1.6　建筑防火

在建筑防火设计中，为了在假想失火的条件下，尽量抑制火势的蔓延和发展，必须考虑到以下几点：

1）尽量选用不燃、难燃性建筑材料，减小火灾荷载，即可燃物数量。

2）在布置建筑物总平面时，保证必要的防火间距，减小火灾对周围建筑的威胁，切断火灾蔓延途径。还应保留足够的消防通道，便于城市消防车辆靠近着火建筑，展开扑救。

3）在建筑物内的水平和竖向方向合理划分防火分区，各分区用防火墙、防火卷帘、防火门等进行分隔，一旦某一分区失火，可将火势控制在本防火分区内，不致蔓延到其他分区，以减小损失并便于扑救。

4）合理设计疏散通道，确保发生火灾时灾区人员安全逃生。

5）合理设计承重构件及结构，保证建筑构件有足够的耐火极限，使其在火灾中不致倒塌、失效，确保人员疏散及扑救安全，防止重大恶性倒塌事故的发生。

1.1.7　火灾自动报警系统

火灾自动报警系统的主要功能和设置目的，就是及时发现和确认火灾，同时向建筑内的人员警示火灾的发生，并通过消防广播等组织人员有序疏散，联动相应的消防设施扑灭火灾。进行火灾监测时，可以通过设置在各部位的火灾探测器进行自动报警或通过手动报警按钮进行人工报警，也可以通过通信手段直接向消防控制中心报警。

1.1.8　火灾事故广播与疏散指示系统

这些系统的作用，是为人员疏散创造必要的条件，减少火灾可能造成的人员伤亡。当火灾确认以后，为了及时通知人员撤离，避免混乱，以减少伤亡，火灾现场组织人员的疏散特别需要清晰、明确的引导，这些任务都可以由火灾事故广播和疏散指示系统完成。

1.1.9　建筑灭火系统

在建筑内按消防规范设置灭火设施，如消火栓系统以及其他自动灭火系统，包括自动喷水灭火系统、气体灭火系统、泡沫灭火系统以及干粉灭火系统等，都是为了在火灾发生时，能够及时扑灭早期火灾。建筑灭火系统主要有水冷却法灭火系统，包括消火栓系统和自动喷水灭火系统（含水喷雾和细水雾系统）；气体灭火系统；泡沫灭火系统；干粉灭火系统。

1.1.10　防烟排烟系统

发生火灾时物质燃烧会产生烟，火灾中烟气的危害很大。国内外的研究表明，大部分火灾中烟气是造成人员伤亡的主要因素。烟气可造成火场缺氧，烟气中存在大量的一氧化碳（CO），可使人中毒窒息死亡，烟气中还含有氢氰酸（HCN）等具有剧烈毒性的化学物质。另外，当烟气弥漫时，火场能见度大大降低，影响人员疏散速度，特别是轰燃出现以后，火焰和烟气冲出门窗孔洞，浓烟滚滚，烈火熊熊，十分恐怖。因此，必须按照国家标准要求设置机械防烟、排烟设施，在灭火的同时，必须同时进行火灾现场的排烟，特别是疏散通道的防烟，以利于人员的安全疏散，保证人员的生命安全。现代高层建筑中普遍设有中央空调系统，通风空调系统的风管、水管往往穿越多个水平的房间和垂直楼层，一旦失火，火势及烟气易沿着管线四处传播。因此，设计通风空调系统时应考虑采取阻火隔烟措施，如选用不燃的风管材料和保温材料，以及在适当的位置设置防火阀等，以切断火焰及烟气传播的途径。

1.1.11　消防控制室

在上述各消防系统分别进行火灾扑灭及人员疏散等工作时，需要一个统一的控制指挥中心，使各系统能紧密协调工作，发挥出最大的功能。消防控制室是火灾报警控制设备和消防控制设备的专门房间，用于接收、显示、处理火灾报警信号，控制有关的消防设施。根据防火要求，凡设有火灾自动报警和自动灭火系统，或设有自动报警和机械防烟、排烟设施的楼宇（如旅馆、酒店和其他公共建筑物），都应设有消防控制室（消防中心），负责整座大楼火灾的监控和消防系统的指挥。一些单位为便于统一管理，将防盗报警的视频监控系统和火灾探测报警与联动控制系统合设在同一室内，称为防灾中心。

设置建筑消防系统应坚持安全性和经济性的统一。通常系统设置越全面，手段越完善，安全性就越好，但投资也越高。由于火灾本身是一种非正常事件，一般来说发生的概率较小，所以消防安全要综合考虑上述两方面因素，为建筑物内的生活、生产环境提供安全保障。

1.2　火灾自动报警系统

火灾自动报警系统（图1-3）一般由触发器件、火灾报警装置、火灾警报装置和电源四部分组成。复杂系统还包括消防控制设备。触发器件和火灾报警装置是系统中的两个重要组件。

1.2.1　触发器件

在火灾自动报警系统中，自动或手动产生火灾报警信号的器件称为触发器件，主要包括火灾探测器和手动报警按钮。

火灾探测器是能对火灾参数（如烟、温、光、火焰辐射、可燃气体浓度等）进行探测，并自动产生火灾报警信号的器件。按响应火灾参数的不同，火灾探测器分成感温火灾探测器、感烟火灾探测器、感光火灾探测器、可燃气体火灾探测器和复合火灾探测器五种基本类型。不同类型的火灾探测器适用于不同类型的火灾和不同的场所。在实际应用中，应当按照现行有关标准的规定合理选择。火灾探测器是火灾自动报警系统中应用量最大，应用面最广、最基本的触发器件。

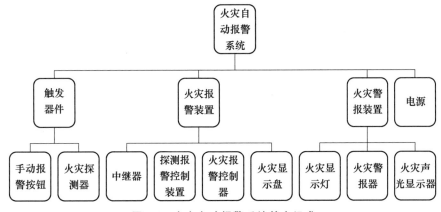

图 1-3　火灾自动报警系统基本组成

另一类触发器件是火灾手动报警按钮，它是用手动方式产生火灾报警信号、启动火灾自动报警系统的器件，也是火灾自动报警系统中不可缺少的组成部分之一。

1.2.2　火灾报警装置

在火灾自动报警系统中，用来接收、显示和传递火灾报警信号，并能发出控制信号和具有其他辅助功能的控制指示设备称为火灾报警装置。火灾报警及控制器就是其中最基本的一种。火灾报警控制器具有完整的接收、显示和传输火灾报警信号，并对自动消防设备发出控制信号的功能，是火灾自动报警系统中的核心组成部分。火灾报警控制器按其用途不同，可分为区域火灾报警控制器、集中火灾报警控制器和通用火灾报警控制器三种基本类型。近年来，随着火灾探测报警技术的发展和模拟量、总线制、智能化火灾探测报警系统的逐渐应用，在许多场合，火灾报警控制器已不再分为区域、集中和通用三种类型，而统称为火灾报警控制器。

在火灾报警装置中，还有中继器、区域显示器、火灾显示盘等报警装置，它们在特定条件下应用，可视为火灾报警控制器的演变或补充，与火灾报警控制器同属火灾报警装置。

另外，灭火联动控制器与火灾报警系统联用，用于启动自动灭火系统、防排烟系统、防火门等。

1.3　消火栓灭火系统

1.3.1　消火栓灭火系统的组成

消火栓灭火系统有室外消火栓灭火系统和室内消火栓灭火系统之分。

室外消火栓灭火系统由水源、加压泵站、管网和室外消火栓组成。室内消火栓灭火系统由水源、管网、消防水泵接合器和室内消火栓组成。当室外给水管网的水压、水量不能满足消防需要时，还需设置消防水池、消防水箱和消防泵。

1.3.2　消防水源

我国地域广阔，有些地区天然水资源丰富，且建筑物紧靠天然水体，则该建筑物可采用天然水体作为消防给水的水源，但应采取必要的技术措施，保证消防车能靠近水体，且在天然水体最低水位时，消防车能吸上水。天然水源包括地表水和地下水，但大部分城市建筑消防水源来自于城市自来水管网。

1.3.3 室外消火栓

室外消火栓由闸阀和栓体组成，有地上式和地下式两种，公称压力有 1.0MPa、1.6MPa 两种；进水口口径有 $DN100$、$DN150$，出水口口径有 $DN65$、$DN100$。

1.3.4 室内消火栓箱

室内消火栓箱内设置消防水带、水枪、消火栓、消防软管卷盘、消防水泵按钮等设施，如图 1-4 所示。

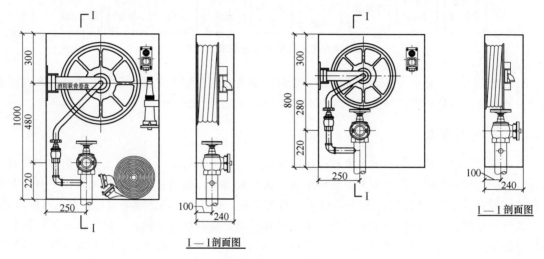

图 1-4 室内消火栓

1. 水枪

水枪是主要的灭火工具，常用铝制造。室内消火栓水枪均为直流式水枪，水枪一端口径为 13mm、16mm、19mm，另一端口径为 50mm、65mm 等。水枪的作用在于产生灭火所需要的充实水柱。

2. 消防水带

消防水带为衬胶的输水软管，常用口径为 50mm 和 65mm，长度一般不大于 25m。

3. 消火栓

消火栓是具有内扣式接口的阀式龙头，一端与消防管相连，另一端与消防水带相连，直径亦为 50mm、65mm 两种：射流量<5L/s 的采用 50mm，射流量≥5L/s 的采用 65mm。消火栓、消防水带、水枪之间均采用内扣式快速接口连接，在同一建筑物内应采用同一规格的消火栓、消防水带、水枪，以便于维护保养和替换使用。

4. 消防软管卷盘

消防软管卷盘由胶管和直流开关水枪组成，胶管常用口径为 $\phi19mm$，长度一般有为 30m；水枪常用口径为 $\phi6mm$。消防软管卷盘是非专业消防人员扑灭初期火势的有力武器。由于直流开关水枪口径小、流量小，所以水枪的反作用力小，使用起来比较方便，未经过专业训练的人员都可以操作。

5. 消防水泵按钮

发生火警后，消防人员敷设好消防水带，接上消火栓和水枪，要求打开消火栓就要有一定压力的水。如果城市水源的压力、流量均满足要求，则可直接使用；若不满足要求，则必须启动水泵，水经过加压后，才能满足灭火的要求。消防水泵按钮作为触发信号传递给火灾联动控制器，但不能直接启动消防水泵动消防水泵。

1.3.5　管道

室内消防管道的管材多采用镀锌钢管。在多层建筑中，由于消火栓给水系统的工作压力没有超过钢管的工作压力，因而消火栓给水系统不分区；而在高层建筑中，根据规范规定，消火栓栓口的静水压力超过 1.0MPa 或工作压力大于 2.4MPa 时，消火栓给水系统需进行分区供水。

1.3.6　消防水泵接合器

消防水泵接合器由闸阀、安全阀、接合器组成，其作用一是在室内消防水泵发生故障时，消防车从室外消火栓或消防水池取水，再通过水泵接合器将水送到室内消防管道，提供灭火用水；二是高层民用建筑发生大面积火灾时，室内消防用水量不能满足灭火需要，需利用消防车从室外消火栓或消防水池取水，再通过水泵接合器将水送到室内消防管道，补充灭火用水量。

1.3.7　消火栓给水系统

室内消火栓给水系统按压力和流量是否满足系统要求，可分为高压消火栓给水系统、临时高压消火栓给水系统、低压消火栓给水系统三种类型。

1. 高压消火栓给水系统

高压消火栓给水系统（图 1-5）是任何时间和地点水压和流量都能满足灭火所需要的压力和流量，系统中不需要设消防泵的消防给水系统。两路不同城市给水干管供水，常高压消防给水系统管道的压力应保证用水总量达到最大且水枪在任何建筑物的最高处时，充实水柱仍不小于规范的规定值。

2. 临时高压消火栓给水系统

临时高压消火栓给水系统（图 1-6）的水压和流量平时不完全满足灭火的需要，而灭火时需启动消防泵。当稳压泵稳压时，可满足压力要求，但不满足水量要求；使用屋顶消防水箱时，建筑物的下部可满足压力和流量要求，建筑物的上部不满足压力和流量要求。使用临时高压消防给水系统，建筑应满足室内最不利点灭火设施的水量和水压要求。

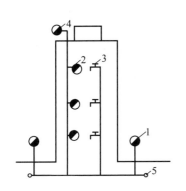

图 1-5　高压消火栓给水系统
1—室外消火栓　2—室内消火栓
3—生活给水点　4—屋顶试验
消火栓　5—室外环网

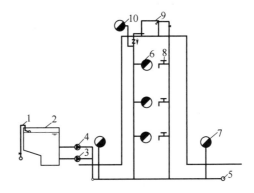

图 1-6　临时高压消火栓给水系统
1—市政管网　2—水池　3—消防水泵组　4—生活水泵组
5—室外环网　6—室内消火栓　7—室外消火栓
8—生活用水点　9—高位水箱和补水管
10—屋顶试验用消火栓

3. 低压消火栓给水系统

低压消火栓给水系统（图1-7）管道的压力应保证灭火时最不利点消火栓的水压不小于0.10MPa（从地面算起），满足或部分满足消防水压和水量要求，灭火时可由消防车或由消防水泵提升压力，或作为消防水池的水源水，由消防水泵提升压力。

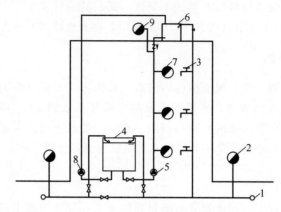

图1-7 低压消火栓给水系统

1—市政管网 2—室外消火栓 3—室内生活用水点 4—室内水池 5—消防水泵 6—水箱
7—室内消火栓 8—生活水泵 9—屋顶试验用消火栓

1.4 自动喷水灭火系统

自动喷水灭火系统是一种在火灾发生时能自动打开喷头喷水灭火的消防灭火设施，是当今世界上公认的最为有效、应用最广泛、用量最大的自动灭火系统。该系统具有安全可靠、经济实用、灭火成功率高等优点。

自动喷水灭火系统由洒水喷头、报警阀组、水流报警装置（水流指示器和压力开关）等组件，以及管道、供水设施组成。按规定技术要求组合后的系统，应能在初期火灾阶段自动启动喷水，灭火或控制火势的发展蔓延。因此，此类系统的功能是扑救初期火势，其性能应符合《自动喷水灭火系统设计规范》（GB 50084—2017）的规定。

根据保护对象和自然条件的不同，自动喷水灭火系统针对不同的要求，出现了很多不同的类型。本节所介绍的只限于用水作为介质的一些自动灭火系统，它们大致可以分为以下类型。

1.4.1 湿式自动喷水灭火系统

湿式自动喷水灭火系统（图1-8）是目前使用最为广泛的一种固定喷水灭火系统，它具有自动检测报警和自动喷水灭火的功能。系统由湿式报警阀、水力警铃、延迟器、压力开关、水流指示器、供水管网、闭式洒水喷头、报警控制装置和信号蝶阀等部件组成，该系统管网内充满压力水，长期处于伺应工作状态，适用于4~70℃的环境温度中使用，报警阀体应垂直安装。

当保护区某处发生火灾时，环境温度升高，闭式喷头的维护敏感元件（如玻璃球）破裂，压力水从喷口喷向火灾发生区域；同时，部分水流由阀座上的凹形槽经报警阀的信号阀，带动警铃报警：带延迟器的水力警铃应在5~90s内发出报警铃声，不带延迟器的水力警铃应在15s内发出报警铃声；压力开关应及时动作，启动消防泵并反馈信号。

该系统的特点是安全可靠；控火、灭火效果显著，成功率高；系统结构简单、维护方便；应

用范围广，使用寿命长。因而被广泛应用于
高层建筑、宾馆、医院、剧院、工厂、仓库
及地下工程等建筑物、构筑物的消防保护。
目前世界上 70% 以上的自动喷水灭火系统是
湿式自动喷水灭火系统。

1.4.2　干式自动喷水灭火系统

干式自动喷水灭火系统的组成（图 1-9）
与湿式系统的组成基本相同，报警阀组采用
的是干式的。干式系统管网内平时不充水，
充有带压气体（如氮气），与报警阀前的供
水压力保持平衡，使报警阀处于紧闭状态。
当建筑物发生火灾时，空气温度上升到一定
程度时，闭式喷头开启（或借助排气阀加速
排气），排除管网中的压缩空气，干式报警
阀后的管网压力下降，干式报警阀开启，水
流向配水管网输入，并从已开启的喷头喷水
灭火。

干式系统灭火时报警阀后的管网内无
水，不受环境温度的制约，因此对建筑装

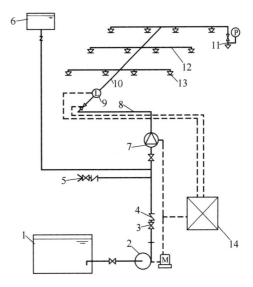

图 1-8　湿式自动喷水灭火系统示意图

1—消防水池　2—消防泵　3—闸阀　4—止回阀　5—水泵接合器
6—高位水箱　7—湿式报警阀　8—配水干管　9—水流指示器
10—配水管　11—末端试水装置　12—配水支管
13—闭式洒水喷头　14—报警控制器
P—压力表　M—驱动电动机

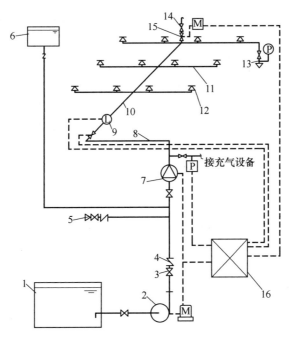

图 1-9　干式自动喷水灭火系统组成示意图

1—消防水池　2—消防泵　3—闸阀　4—止回阀　5—水泵接合器　6—高位水箱　7—干式报警阀组
8—配水干管　9—水流指示器　10—配水管　11—配水支管　12—闭式洒水喷头　13—末端试水装置
14—快速排气阀　15—电动阀　16—报警控制器

饰无影响，但为保持气压，需要配套设置补气设施，因而提高了系统造价，比湿式系统投资高。又由于喷头受热开启后，首先要排除管道中的气体，然后才能喷水灭火，可能延误灭火的最佳时机。因此，干式系统的喷水灭火速度不如湿式系统快。

干式系统可用于一些无法使用湿式系统的场所或采暖期长而建筑内无采暖的场所。

1.4.3 干湿两用喷水灭火系统

干湿两用喷水灭火系统用于年采暖期少于240d的不采暖房间。该系统报警阀采用干式报警阀和湿式报警阀串联而成，或采用干湿两用报警阀。喷水管网在冬季充满有压气体，而在温暖季则改为充水，其喷头应向上安装。干湿两用报警装置最大工作压力不超过1.6MPa，喷水管网的容积不宜超过3000L。干湿式阀气压与水压的关系见表1-2。由于交替充水充气使管道腐蚀严重，管理也比较麻烦，因此，在实际工程中使用较少。

表1-2 干湿式阀气压与水压的关系

最大供水压力/MPa	0.20	0.40	0.60	0.80	1.00	1.20	1.40	1.60
空气压力/MPa	0.16	0.19	0.23	0.26	0.30	0.33	0.37	0.40

1.4.4 预作用自动喷水灭火系统

预作用自动喷水灭火系统（图1-10）采用预作用报警阀组，并由配套使用的火灾自动报警系统启动。管网中平时不充水，而充有压或无压的气体，发生火灾时，由火灾探测器探测报警，同时发出信息开启报警信号，自动控制系统自动打开控制闸门排气并启动预作用阀门向喷水管网自动充水。随着火灾温度继续升高，闭式喷头的闭锁装置脱落，喷头即自动喷水灭火。

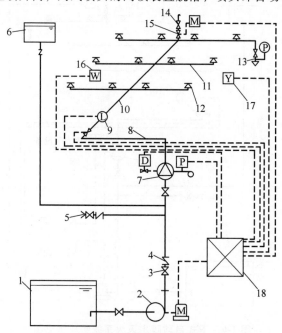

图1-10 预作用自动喷水灭火系统示意图

1—消防水池 2—消防泵 3—闸阀 4—止回阀 5—水泵接合器 6—高位水箱 7—预作用式报警阀组 8—配水干管
9—水流指示器 10—配水管 11—配水支管 12—闭式洒水喷头 13—末端试水装置 14—快速排气阀
15—电动阀 16—感温探测器 17—感烟探测器 18—报警控制器

　　预作用系统是湿式喷水灭火系统与自动探测报警技术和自动控制技术相结合的产物，它克服了湿式系统和干式系统的缺点，使得系统更先进、更可靠，可以用于湿式系统和干式系统所能使用的任何场所。在一些场所还可以替代气体灭火系统，但由于比一般湿式系统和干式系统多了一套自动探测报警和自动控制系统，系统比较复杂、投资较大。一般用于建筑装饰要求较高、不允许有水渍损失、灭火要求及时的建筑。

1.4.5　雨淋自动喷水灭火系统

　　雨淋自动喷水灭火系统（图 1-11）用于火灾危险性大、可燃物多、发热量大、燃烧猛烈和蔓延迅速（即严重危险级）的场合。由于其使用开式喷头，系统一旦开启，设计作用面积内的所有喷头同时喷水，可以在瞬间喷出大量的水，覆盖或阻断整个火区。雨淋自动喷水灭火系统的应用场合有火灾危险性大的厂房和库房（如乒乓球厂的轧坯、切片、磨球、分球检验部位，火柴厂的氯酸钾压碾厂房，生产、使用硝化棉、喷漆棉、火胶棉、赛璐珞胶片、硝化纤维的厂房和库房），液化石油气储配站的灌瓶间、实瓶间，剧院、会堂、礼堂的舞台葡萄架下部、演播室及电影摄影棚。

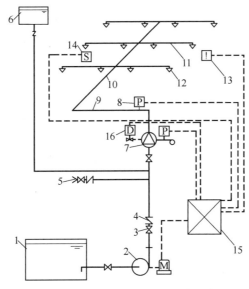

图 1-11　雨淋自动喷水灭火系统示意图

1—消防水池　2—消防泵　3—闸阀　4—止回阀　5—水泵接合器　6—高位水箱　7—雨淋报警阀组
8—压力开关　9—配水干管　10—配水管　11—配水支管　12—开式洒水喷头　13—感温探测器
14—感烟探测器　15—报警控制器　16—电磁阀

　　雨淋自动喷水灭火系统包括火灾自动报警系统和喷水灭火系统两部分，雨淋阀入口侧与进水管相通，出口侧接喷水灭火管路，平时雨淋阀在传动管网中的水压作用下紧紧关闭，灭火管网为空管。发生火灾时，火灾探测器或感温探测控制元件（闭式喷头，易熔锁封）探测到火灾信号后，通过传动阀门（电磁阀、闭式喷头）自动地释放掉传动管网中有压力的水，使传动管网中的水压骤然降低，雨淋阀在进水管的水压作用下被打开，压力水立即充满灭火管网，所有喷头喷水，实现对保护区的整体灭火或控火。

1.4.6　水幕系统

　　水幕系统是将水喷洒成水帘幕状，用以阻火、隔火或冷却简易防火分隔物的一种自动喷水系统。其作用是通过冷却简易防火分隔物，提高其耐火性能，或用水帘阻止火焰穿过开口部位，直接做防火分隔。水幕系统适宜在下列部位设置：设置在防火卷帘或防火幕等简易防火分隔物的上部；应设防火墙，但由于工艺需要而无法设置防火分隔物的开门部位；相邻建筑物之间的防火间距不能满足要求时，建筑物外墙上的门、窗、洞口处；大型剧院、会堂、礼堂的舞台口以及与舞台相连的侧台、后台的门窗洞门；石油化工企业中的防火分区或设备之间。

水幕系统的工作原理与雨淋系统基本相同，由水幕喷头、控制阀、管道等组成，其控制过程基本与雨淋自动喷水灭火系统相同。

1.4.7　水喷雾灭火系统

用水雾喷头代替雨淋自动喷水灭火系统中的开式喷头，就是水喷雾灭火系统。水喷雾灭火系统由喷雾喷头、管道、控制装置等组成，常用来保护可燃液体、气体储罐及油浸电力变压器等。它能控制和扑灭上述对象发生的火灾，也能阻止邻近的火灾蔓延危及保护对象。

水喷雾灭火系统的组成和工作原理与雨淋系统基本一致，区别主要在于喷头的结构和性能：雨淋系统采用的是标准开式喷头，而水喷雾灭火系统采用的是中速或高速喷雾喷头。水喷雾的形成是水在喷头内经历撞击、回旋、搅拌后喷射出来，形成细微水滴。在灭火时，水喷雾喷头的工作压力高，喷出的水雾液滴粒径小，呈现不连续间断状态，因此有较好的冷却、窒息及电绝缘效果。

1.4.8　细水雾灭火系统

细水雾灭火系统是指具有一个或多个能够产生细水雾的喷头，并与供水设备或雾化介质相连，其水微粒直径 $Dv0.90 < 400 \mu m$，用于控制、抑制及扑灭火灾的灭火系统。该系统的应用始于20世纪40年代，当时主要用于特殊场所，如运输工具。1989年《蒙特利尔协议》签署后卤代烷逐步淘汰，使得细水雾灭火系统的应用引起重视。

细水雾灭火系统的细水雾要求在最小设计工作压力下，距喷嘴1m处的平面上，测得水雾锥最粗部分的水微粒直径 $Dv0.99 \leqslant 1000 \mu m$ 或 $Dv0.5 < 300 \mu m$。

细水雾灭火系统的灭火机理主要是高效率的冷却与窒息的双重作用。其灭火有别于水喷雾灭火系统，类似于二氧化碳和卤代烷等气体灭火系统，在许多方面，可以看作是自动喷水灭火系统和气体灭火系统的结合。

细水雾灭火系统与二氧化碳、卤代烷、七氟丙烷、IG541等气体灭火系统相比，除了环保方面的优点外，还具有廉价、对人和对环境没有危害的优点；同时，避免了卤代烷等气体在灭火时，因与燃烧物发生链式反应而产生对人体有害的气体，有利于火灾现场人员的逃离；避免了气体灭火系统高压钢瓶的泄漏问题，具有日常维护费用及一次性投资较低的优点，也解决了气体灭火系统失败后火灾复燃问题。对于缺乏水源，或为避免水渍需要防止误喷的场所，应用细水雾灭火系统也是较好的选择。

细水雾灭火系统与卤代烷或其他灭火系统相比，灭火时间要长得多，前者为100～200s，后者为10～20s。另外，封闭空间开口大小对细水雾灭火效果影响较小，在敞开空间内，细水雾灭火系统具有非常明显的优势。

1.5　气体灭火系统

以气体作为灭火介质的灭火系统称为气体灭火系统，气体灭火系统是根据灭火介质而命名的。

目前，在国内外获得广泛应用的气体灭火系统是二氧化碳灭火系统，但二氧化碳灭火剂的灭火效率相对较低。极具发展潜力的洁净气体灭火剂和相应的灭火系统灭火效率高，不污染被保护对象，且不破坏大气臭氧层，如洁净药剂 FM200 其化学成分是七氟丙烷。惰性气体洁净药剂，即含有一种或多种惰性气体或二氧化碳的洁净药剂，如 IG01（氩）、IG100（氮）、IG55（氮、氩）、IG541（氮、氩、二氧化碳）等。

1.5.1　二氧化碳灭火系统

二氧化碳灭火剂自 19 世纪开始使用，至今已有 100 多年的历史。二氧化碳俗称碳酸气，是一种不燃烧、不助燃的非活泼性气体。它易于液化，便于灌装和储存，制造方便，价格低廉，是一种广泛应用的灭火剂。

二氧化碳（CO_2）的主要灭火机理主要是窒息作用。当把二氧化碳施放到灭火空间后迅速排挤、稀释燃烧区的空气，使空间的氧气含量减少，当空间的氧气含量低于维持燃烧时所需的极限氧含量时，物质的燃烧就会熄灭。

二氧化碳的另一个灭火机理是冷却作用。当二氧化碳从瓶中释放出来，由液体迅速膨胀为气体时，会产生一个冷冻效果，致使部分二氧化碳转变为固态的干冰。干冰在迅速汽化的过程中，要从火焰和周围环境吸热。不过二氧化碳的冷却作用是很小的，在灭火中不起主导作用。

二氧化碳灭火系统（图 1-12）是一种固定装置，其类型较多，习惯上按灭火方式、系统结构特点、储存压力等级、管网布置形式进行分类。

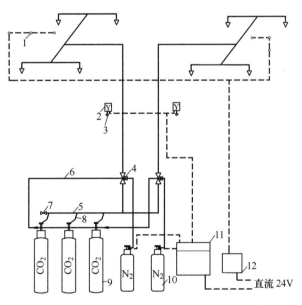

图 1-12　二氧化碳灭火系统

1—探测器　2—手动按钮启动装置　3—报警器　4—选择阀　5—集流管　6—启动管路　7—安全阀
8—连接软管　9—储存容器　10—启动瓶　11—报警控制装置　12—检测盘

1. 按防护区的特征和灭火方式分类

按防护区的特征和灭火方式可分为全淹没灭火系统和局部应用系统。

全淹没灭火系统由一套储存装置在规定时间内，向防护区喷射一定浓度的灭火剂，并使其均匀地充满整个防护区空间的系统。全淹没系统防护区应是一个封闭良好的空间，在此空间内能够建立有效扑灭火灾的灭火剂含量，并将灭火剂含量保持一段所需要的时间。全淹没灭火系统可应用于厂房、计算机房、地下室、高架停车场、封闭机械设备、管道、炉灶等。

局部应用系统指在灭火过程中不能封闭，或是虽然能够封闭但不符合全淹没系统要求的表面火灾所采用的灭火系统。局部应用系统可应用于轧机、淬火槽、喷漆栅、油浸变压器、浸油罐和蒸气泄放口等。

2. 按系统结构特点分类

按系统结构特点可分为管网系统和无管网系统。管网系统又可分为单元独立系统（图1-13）和组合分配系统（图1-14）。

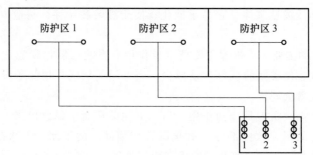

图 1-13 单元独立系统示意图

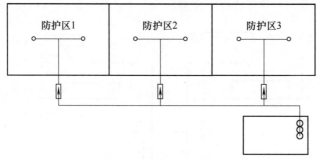

图 1-14 组合分配系统示意图

单元独立系统是用一套灭火剂储存装置保护一个防护区的灭火系统。一般说来，用单元独立系统保护的防护区在位置上是单独的，离其他防护区较远，不便于组合；或是两个防护区相邻，但有同时失火的可能。一个防护区包括两个以上封闭空间也可以用一个单元独立系统来保护，但设计时必须做到系统储存的灭火剂能满足这几个封闭空间同时灭火的需要，并能同时供给它们各自所需的灭火剂量。当两个防护区需要灭火剂量较多时，也可采用两套或数套单元独立系统保护一个防护区，但设计时必须做到这些系统同步工作。

组合分配系统由一套灭火剂储存装置保护多个防护区。组合分配系统总的灭火剂储存量只考虑按照需要灭火剂最多的一个防护区配置，如组合中某个防护区需要灭火，则通过选择阀、容器阀等控制，定向释放灭火剂。这种灭火系统的优点是储存容器数和灭火剂用量可以大幅度减少，有较高应用价值。

3. 按二氧化碳灭火剂的储压分类

按二氧化碳灭火剂在储存容器中的储压分类，可分为高压（储存）系统和低压（储存）系统。

（1）高压储存系统

高压（储存）系统，储存压力为5.17MPa。高压储存容器中二氧化碳的温度与储存地点的环境温度有关。因此，容器必须能够承受最高预期温度时所产生的压力。储存容器中的压力还受二氧化碳灭火剂充填密度的影响。因此，在最高储存温度下的充填密度要注意控制。充填密度过大，会在环境温度升高时因液体膨胀造成保护膜片破裂而自动释放灭火剂。

（2）低压储存系统

低压（储存）系统，储存压力为 2.07MPa。储存容器内二氧化碳灭火剂利用绝热和制冷手段被控制在 $-18.0℃$。典型的低压储存装置是压力容器外包一个密封的金属壳，壳内有绝热体，在储存容器一端安装一个标准的制冷装置，它的冷却蛇管装于储存容器内。该装置以电力操纵，用压力开关自动控制。

1.5.2　七氟丙烷灭火系统

七氟丙烷的化学分子式为 CF_3CHFCF_3，商品名为 FM200。FM200 是一种较为理想的哈龙替代物，对大气的臭氧层没有破坏作用，消耗大气臭氧层的潜能值 ODP 为零，但有很大的温室效应，其潜能值 GWP 高达 2050。FM200 有很好的灭火效果，并被美国环境保护署推荐，得到美国 NFPA2001 及 ISO 的认可。

FM200 的灭火机理与卤代烷系列灭火剂的灭火机理相似，属于化学灭火的范畴，通过灭火剂的热分解产生含氟的自由基，与燃烧反应过程中产生支链反应的 H^+、OH^-、O^{2-} 活性自由基发生作用，从而抑制燃烧过程中化学反应来实施灭火。

七氟丙烷灭火系统分类以及系统结构与二氧化碳灭火系统类似，可根据需要设计成无管网系统、单元独立系统和组合分配系统，灭火系统的储存装置由储存容器、容器阀和集流管等组成。

1）无管网系统又称预制灭火装置，是按一定的应用条件将储存容器、阀门和喷头等部件组合在一起的成套灭火装置或喷头离钢瓶不远的气体灭火系统。

2）单元独立系统是用一套储存装置保护一个防护区的灭火系统。

3）组合分配系统是指用一套储存装置通过管网选择阀和灭火剂管网来保护多个防护区的灭火系统，组合分配系统的集流管应设安全泄压装置。

1.5.3　氮气灭火系统

氮气灭火的原理是冷却和窒息，主要用于电力变压器的油箱灭火，也称为排油搅拌防火系统。

变压器爆裂漏油起火是常见的事故。在变压器油箱内，顶层热油温度高达 160℃，该层油下面的油温较低。如搅拌所有的油，即能降低其液体表面的温度，也就能消除热区域，防止碳氢气体的产生。

早在 1955 年，法国国家电力局的工程师根据美国油罐的防火技术，并以碳氢化合物的燃烧原理为基础，进行了一次电力变压器的防火试验——机油搅拌防火试验。在变压器运行中，从其底部均匀地注入氮气进行搅拌，使变压器内油温降到燃点（160℃）以下。为了避免油喷到油箱盖外面，使引起的火蔓延到变压器外部，注入氮气时，应事先排出一部分油。该试验获得成功后，进而研制了排油注氮搅拌式变压器灭火装置。

1.6　泡沫灭火系统

1.6.1　泡沫灭火剂

凡能够与水混溶，并可通过化学反应或机械方法产生灭火泡沫的灭火药剂，统称为泡沫灭火剂（或泡沫液）。

泡沫灭火剂可按其生成机理、发泡倍数和用途进行分类，如图1-15所示。

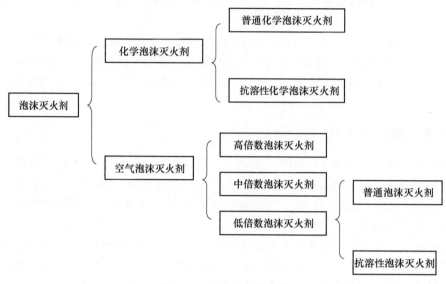

图 1-15　泡沫灭火剂分类

1. 灭火剂分类

（1）按生成机理分类

按照泡沫的生成机理，泡沫灭火剂可以分为化学泡沫灭火剂和空气泡沫灭火剂两大类。化学泡沫是通过两种药剂的水溶液发生化学反应产生的，泡沫中所包含的气体为二氧化碳。空气泡沫是通过空气泡沫灭火剂的水溶液与空气在泡沫发生器中进行机械混合、搅拌而生成的，泡沫中所包含的气体一般为空气。由于空气泡沫是靠机械混合作用形成的，所以空气泡沫有时也称机械泡沫。

（2）按发泡倍数分类

发泡倍数是指泡沫灭火剂的水溶液变为灭火泡沫后的体积膨胀倍数。泡沫灭火剂按其发泡倍数可分为低倍数泡沫、中倍数泡沫和高倍数泡沫三类。低倍数泡沫灭火剂的发泡倍数一般在20倍以下；中倍数泡沫灭火剂的发泡倍数一般在21~200倍之间；高倍数泡沫灭火剂的发泡倍数一般在201~1000倍之间。

（3）按用途分类

按用途划分，泡沫灭火剂可分为普通泡沫灭火剂和抗溶性泡沫灭火剂。普通泡沫灭火剂适用于扑救A类火灾和B类火灾中的非极性液体火灾；抗溶性泡沫灭火剂则适于扑救A类和B类火灾。在目前使用的泡沫灭火剂中，绝大多数是普通泡沫灭火剂。抗溶性泡沫灭火剂实际中仅用来扑救B类火灾中的极性液体火灾，其年用量仅为普通泡沫灭火剂的5%。

2. 灭火原理

1）覆盖隔离作用。灭火泡沫在燃烧物表面形成的泡沫覆盖层，可使燃烧物的表面与空气隔离，以遮断火焰对燃烧物的热辐射，阻止燃烧物的蒸发或热解挥发，使可燃气体或蒸气难以进入燃烧区。覆盖隔离是泡沫的主要灭火作用。

2）冷却作用。泡沫析出的液体对燃烧物表面有冷却作用。

3）稀释作用。泡沫受热蒸发产生的水蒸气有稀释燃烧区含氧量的作用。

1.6.2 泡沫灭火系统的组成

泡沫灭火系统（图1-16）采用泡沫液作为灭火剂、主要用于扑救非水溶性可燃液体和一般固体火灾，如商品油库、煤矿等。目前，该系统在国内外已经得到了广泛的应用。实践证明该系统具有安全可靠、经济实用、灭火效率高的特点，是行之有效的灭火方法之一。

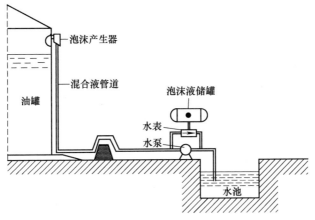

图1-16 泡沫灭火系统组成

泡沫灭火系统由比例混合器、泡沫产生器、喷头、泵、控制装置及管道组成。将水和泡沫灭火剂通过一定的方式和设定的比例混合器，形成泡沫混合液，然后利用发生器通入空气而产生泡沫，通过喷嘴喷出灭火。

1.7 干粉灭火系统

干粉灭火系统可根据不同的保护对象选择充装干粉灭火剂，可用于扑灭A、B、C、D类火灾和带电设备火灾。由于干粉能抑制、中断有焰燃烧的链式反应过程，灭火迅速，但干粉的冷却作用较小，所以干粉灭火系统常和自动喷水灭火系统或其他灭火系统联用，以扑灭阴燃的余烬和深位火灾，防止复燃。干粉不适用于扑灭精密的电子设备火灾，原因是干粉有一定的腐蚀性和不易清除残留物，可能损坏此类设备。

1.8 烟气控制系统

1.8.1 烟气控制系统概述

火灾发生时，会产生含有大量有毒气体的烟气，如果不对烟气进行有效控制，任其肆意产生和四处传播，必将给建筑物内的人员带来巨大的生命威胁。实际上，火灾中死亡者大多数就是被烟气所害。国内外的火灾实例都表明，火灾中直接被烟毒害死亡的人数占1/2~2/3，被火烧致死的只占1/3~1/2，而且烧死者中多数也是先被烟毒熏倒然后被烧而死亡。

高层建筑中防烟设备的作用是防止烟气侵入疏散通道，而排烟设备的作用是防止烟气大量积聚、防止烟气扩散到疏散通道。因此，防烟、排烟设备及其系统是综合性自动消防系统的必要组成部分。

防排烟设备主要包括正压送风机、排烟风机、送风阀、排烟阀，以及防火卷帘、防火门等。防排烟系统一般在选定自然排烟、机械排烟、自然与机械排烟并用、机械加压送风等方式后进行电气控制设计。因此，防排烟系统的电气控制应具备以下功能：消防控制室能显示各种电动防排烟设备的运行情况，并能进行联动控制和就地手动控制；根据火灾情况打开有关排烟道上的排烟口，启动排烟风机（有正压送风机时同时启动），降下有关防火卷帘及挡烟垂壁，打开安全出口的电动门，与此同时关闭有关的防火门及防火窗，停止有关防烟分区内的空调系统；设有正压送风的系统则同时打开送风口、启动送风机等。

1.8.2 防排烟系统的设备、部件

防排烟系统的设备及部件主要包括防火阀、排烟阀口、压差自动调节阀、余压阀及专用排烟轴流风机、自动排烟窗等。

1. 防火、防排烟阀口的分类

防火阀、防排烟阀口的基本分类见表1-3。

表1-3　防火阀、防排烟阀口的基本分类

类　别	名　称	性　能　及　用　途
防火类	防火阀	70℃温度熔断器自动关闭（防火），可输出联动信号，用于通风空调系统风管内，防止火势沿风管蔓延。公共建筑厨房、卫生间排烟排风管道上防火阀动作温度为150℃
	防烟防火阀	靠烟感控制器动作，用电信号通过电磁铁关闭（防烟），还可用70℃温度熔断器自动关闭（防火），可用于通风空调系统风管内，防止火势蔓延
防烟类	加压送风口	靠烟感器控制，电信号开启，也可手动（或远距离缆绳）开启，可设280℃温度熔断器重新关闭装置，输出动作电信号，联动送风机开启。用于加压送风系统风口，起感烟、防烟的作用
排烟类	排烟阀	电信号开启或手动开启，输出开启电信号或联动排烟机开启，用于排烟系统的风管上
	排烟防火阀	电信号开启，手动开启，280℃温度熔断器重新关闭，输出动作电信号，用于排烟风机吸入口处管道上，安装在机械排烟系统的管道上
	排烟口	电信号开启，手动（或远距离缆绳）开启，输出电信号联动排烟机，用于排烟房间的顶棚或墙壁上，可设280℃时重新关闭装置
	排烟窗	靠烟感控制器控制动作，电信号开启，还可用缆绳手动开启，用于自然排烟处的外墙上

2. 压差自动调节阀

压差自动调节阀由调节板、压差传感器、调节执行机构等装置组成，其作用是对需要保持正压值的部位进行送风量的自动调节，同时在保证一定正压值的条件下防止正压值超压而进行泄压。

3. 余压阀

为了防止防烟楼梯间及其前室、消防电梯前室和合用前室的正压值过大而导致门难以推开，根据设计的需要有时在楼梯间与前室、前室与走道之间设置余压阀。余压阀外形如图1-17所示。

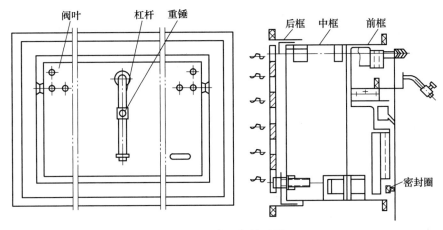

图 1-17　余压阀外形图

4. 自垂式百叶风口

风口竖直安装在墙面上，平常情况下，靠风口百叶因自重自然下垂，隔绝在冬季供暖时楼梯间内的热空气在热压作用下上升而通过上部送风管和送风机逸出室外。当发生火灾进行机械加压送风时，气流将百叶吹开而送风。自垂式百叶风口结构如图 1-18 所示。

5. 排烟风机

排烟风机主要有离心风机和轴流风机，还有自带电源的专用排烟风机。排烟风机应有备用电源，并应有自动切换装置；排烟风机应耐热、变形小，使其在排送 280℃ 烟气时连续工作 30min 仍能达到设计参数要求。

离心风机在耐热性能与变形等方面比轴流风机优越。经有关部门试验表明，在排送 280℃ 烟气时，连续工作 30min 是完全可行的。其不足之处是风机体形较大，占地面积大。用轴流风机排烟，其电动机装置应安装在风管外，或者采用冷却轴承的装置，目前国内已经生产专用排烟轴流风机，其设置方便，占地面积小。

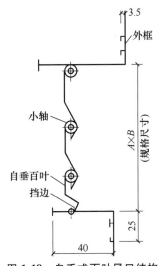

图 1-18　自垂式百叶风口结构

利用蓄电池为电源的专用排烟风机，其蓄电池的容量应能使排烟风机连续运行 30min，对自带发电机的排烟风机，应对其风机房设置能排除余热的全面通风系统。

1.9　消防供电与消防照明

1.9.1　消防供电

向消防用电设备供给电能的独立电源叫作消防电源。工业建筑、民用建筑、地下工程中的消防控制室、消防水泵、消防电梯、防排烟设施、火灾自动报警系统、自动灭火系统、火灾应急照明、疏散指示标志和电动的防火门、卷帘门、阀门等消防设备用电，都应该按照《供配电系统设计规范》（GB 50052—2009）的规定对其进行电源设计。

消防用电设备如果完全依靠城市电网供电，火灾时一旦断电，则势必影响早期报警、安全疏散、自动和手动灭火操作，甚至造成极为严重的人身伤亡和财产损失。所以建筑中的电源设计必须考虑火灾时消防用电设备的电能连续供给问题。图1-19是一个典型的消防电源系统框图，消防电源系统由电源、配电装置和消防用电设备三部分组成。

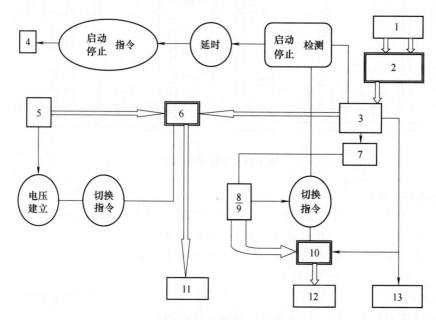

图1-19　消防电源系统框图

1—双回路电源　2—高压切换开关　3—低压变配电装置　4—柴油机　5—交流发电机　6、10—应急电源切换开关　7—充电装置　8—蓄电池　9—逆变器　11—消防动力设备（消防泵、消防电梯等）12—火灾应急照明与疏散指示标志　13——般动力照明

1.9.2　消防照明

火灾发生时，无论是在事故停电还是人为切断电源的情况下，为了保证火灾扑救人员的正常工作和建筑物内人员的安全疏散，必须保持一定的电光源，据此而设置的照明统称为消防应急照明。它有两个作用，一是保障消防人员能继续工作，二是保障人员安全疏散。

1. 设置范围

在疏散楼梯间、走道和防烟楼梯间前室、消防电梯间和其前室及合用前室，以及观众厅、展览厅、多功能厅、餐厅和商场营业厅等人员密集的场所应设置应急照明。此外，对火灾时不许停电、必须坚持工作的场所（如配电室、消防控制室、消防水泵房、自备发电机房、电话总机房等）也应该设置应急照明。

公共建筑的疏散走道和居住建筑长度超过20m的内走道，一般应设置疏散指示标志。

2. 照度

照度指的是单位面积上接收到的光通量，单位是勒克斯（lx）。消防控制室、消防水泵房、防排烟机房、配电室、自备发电机房和电话总机房以及发生火灾时仍需要坚持工作的地方和部位，其最低照度应与一般工作照明的照度相同。疏散指示标志在主要通道上的照度不应低于1.0lx。

3. 设置位置

楼梯间的应急照明灯，一般设在墙面或休息平台板下；走道的应急照明灯，设在墙面或顶棚下；在厅、堂，应急照明灯设在顶棚或墙面上；在楼梯口、太平门，应急照明灯一般设在门口上部。疏散指示标志灯一般设在距地面不到1m的墙上，在该范围内设置疏散指示标志灯符合人们行走时目视前方的习惯，容易发现目标，利于疏散。

1.10　防火隔断

为了保证建筑物的防火安全，防止火势由外部向内部，或由内部向外部，或在内部蔓延，需要用防火墙、防火门、楼板等构件，把建筑空间分隔成若干较小的防火空间，以此控制火势，给扑救火灾创造良好条件。这种具有阻止火势蔓延，能把整个建筑空间划分成若干较小防火空间的建筑构件称为防火分隔物。

防火分隔物可以分为两类。一是固定式的，如普通的砖墙、楼板、防火墙等；二是可以开启和关闭式的，如防火门、防火窗、防火卷帘、防火吊顶、防火水幕等。防火分区之间应采用防火墙进行分隔，如设置防火墙有困难时，可采用防火水幕或防火卷帘加水幕进行分隔。

1.10.1　防火墙

防火墙是具有不少于3h耐火极限的非燃烧体墙壁。防火墙应满足下列要求：

1）防火墙应直接设置在基础上或钢筋混凝土的框架上。防火墙应截断燃烧体或难燃烧体的屋顶结构，且应高出非燃烧体层面不小于400mm，高出燃烧体或难燃烧体层面不小于500mm。

2）防火墙中心距天窗端面的水平距离小于4m，天窗端面为燃烧体时，应预设防止火势蔓延的设施。

3）建筑物外墙如为难燃烧体时，防火墙应突出燃烧体墙的外表面400mm，防火墙带的宽度，从防火墙中心线起每侧不应小于2m。

4）防火墙内不应设置排气道，民用建筑如必须设置时，其两侧的墙身截面厚度均不应小于120mm。防火墙上不应开设门窗洞口，如必须开设时，应采用能自行关闭的甲级防火门窗。可燃气体和甲、乙、丙类液体管道不应穿过防火墙；其他管道如必须穿过时，应用非燃烧材料将缝隙紧密填塞。

5）建筑物内的防火墙不应设在转角处。如设在转角附近，内转角两侧的门窗洞口之间最近的水平距离不应小于4m。紧靠防火墙两侧的门窗洞口之间最近的水平距离不应小于2m。如门窗为乙级防火门窗，可不受距离的限制。

6）设计防火墙时，应考虑防火墙一侧的屋架、梁、楼板等受到火灾的影响而破坏时，不致使防火墙倒塌。

1.10.2　防火门

防火门是具有一定耐火极限且在发生火灾时能自行关闭的门。

防火门也是一种防火分隔物，按照耐火极限不同，可以分为甲、乙、丙三级，其耐火极限分别是1.5h、1.0h、0.5h；按照燃烧性能不同，可以分为非燃烧体防火门和难燃烧体防火门。

1.10.3　防火窗

防火窗是采用钢窗框、钢窗扇及防火玻璃制成的窗，能起到隔离和防止火势蔓延的作用。

防火窗按照安装方法可分固定窗扇与活动窗扇两种。固定窗扇防火窗，不能开启，平时可以采光，遮挡风雨，发生火灾时可以阻止火势蔓延；活动窗扇防火窗，能够开启和关闭，起火时可以自动关闭，阻止火势蔓延，开启后可以排除烟气，平时还可以采光和遮挡风雨。为了使防火窗的窗扇能够开启和关闭，需要安装自动或手动开关装置。

1.10.4 防火卷帘

防火卷帘也是一种防火分隔物。一般是用钢板、铝合金板等金属板材，用扣环或铰接的方法组成可以卷绕的链状平面，平时卷起放在门窗上口的转轴箱中，起火时将其放下展开，用以防止火势从门窗洞口蔓延。

防火卷帘有轻型、重型之分。轻型卷帘钢板的厚度为 0.5~0.6mm；重型卷帘钢板的厚度为 1.5~1.6mm。厚度为 1.5mm 以上的卷帘适用于防火墙或防火分隔墙；厚度为 0.8~1.5mm 的卷帘适用于楼梯间或电动扶梯的隔墙。

目前也有用不燃或阻燃织物制成的防火卷帘。

卷帘的卷起方法，有电动式和手动式两种。手动式经常采用拉链控制。如在转轴处安装电动机则是电动式卷帘，电动机由按钮控制，一个按钮可以控制一个或几个卷帘门，也可以对所有卷帘进行远距离控制。

1.11 灭火器

1.11.1 灭火器类型

灭火器的使用，至今已有近 100 年的历史。随着工业技术的发展，灭火器也随之不断更新，目前使用的灭火器种类较多。

1. 按充装灭火剂类型分类

（1）水型灭火器

水型灭火器包括清水灭火器、强化液灭火器和酸碱灭火器，其共同特点是通过水的冷却作用灭火。清水灭火器内充入的灭火剂主要是清水，有的加入适量防冻剂以降低水的冰点，或加入适量润湿剂、阻燃剂、增稠剂等以增强灭火性能；强化液灭火器是在水中加入碳酸钾以提高灭火能力；酸碱灭火器内充入的灭火剂是工业硫酸和碳酸氢钠水溶液，通过两种溶液混合发生化学反应产生二氧化碳将水驱动喷出灭火。

（2）泡沫型灭火器

泡沫灭火器有化学泡沫灭火器和空气泡沫灭火器两种，通过产生的泡沫覆盖燃烧物表面实施灭火。化学泡沫灭火器内充装的灭火剂是硫酸铝水溶液和碳酸氢钠水溶液，再加入适量的蛋白泡沫液，通过两种水溶液接触发生化学反应产生泡沫，有时加入少量氟表面活性剂，增强泡沫流动性，提高灭火能力；空气泡沫灭火器内充装的是空气泡沫液与水的混合物，通过机械作用将空气吸入生成泡沫，空气泡沫液有蛋白泡沫液、轻水泡沫液、抗溶性泡沫液等多种类型。

（3）干粉型灭火器

干粉型灭火器内充装的灭火剂是干粉，利用二氧化碳或氮气携带干粉喷出实施灭火。目前主要有碳酸氢钠干粉灭火器（BC 干粉灭火器）和磷酸铵盐干粉灭火器（ABC 干粉灭火器）两种，它们适用的火灾类别有所不同。

（4）卤代烷灭火器

卤代烷灭火器内充装的灭火剂是卤代烷 1211、1301 或 2402，这类灭火器喷出的灭火剂是气态的，射程较短，其灭火原理是化学抑制作用，灭火速度较快。

（5）二氧化碳灭火器

二氧化碳灭火器内充装的灭火剂是二氧化碳，通过二氧化碳的窒息和冷却作用实施灭火。

2. 按驱动灭火器的压力形式分类

（1）储气瓶式灭火器

该类灭火器是由灭火器所附带的储气瓶释放的压缩气体或液化气体的压力驱动灭火剂的喷射。储气瓶设在灭火器的外部或内部。

（2）储压式灭火器

该类灭火器充装的灭火剂由储存于同一容器内的压缩气体或灭火剂蒸气的压力驱动喷射。

（3）化学反应式灭火器

该类灭火器通过其内充装的化学药剂经化学反应产生气体压力将灭火剂驱动喷射。目前仅有化学泡沫灭火器和酸碱灭火器两种。由于这类灭火器操作难度大，并时有发生物理爆炸伤人的事故，所以逐渐被淘汰。

（4）泵浦式灭火器

这类灭火器的驱动压力，由附加在灭火器上的手动泵浦加压获得，这种方式驱动的灭火剂主要是水。

3. 按操作移动灭火器的方式分类

（1）手提式灭火器

灭火器总质量≤20kg（二氧化碳灭火器总质量≤28kg），能手提移动实施灭火的便携式灭火器。

（2）背负式灭火器

灭火器总质量一般在40kg以上，能用肩背实施灭火的灭火器。

（3）推车式灭火器

灭火器总质量较大，通过其上固有的轮子可推行移动的灭火器，一般灭火时由两人协同操作完成。

1.11.2　喷射性能

喷射性能主要指灭火器的有效喷射时间、喷射滞后时间、喷射距离和喷射剩余率。

（1）有效喷射时间

有效喷射时间（表1-4）指保持在最大开启状态下，自灭火剂从喷嘴喷出，至灭火剂喷射结束的时间。有效喷射时间，不包括驱动气体喷射时间和化学泡沫灭火器的喷射距离在1m以内的时间。

在（20±5）℃的条件下，灭火器的有效喷射时间不得小于表1-4规定。在灭火器的使用温度范围内，有效喷射时间的偏差不得大于表1-4中规定值的±25%，且在最高使用温度时不得小于6s。

表1-4　灭火器有效喷射时间

灭火剂量/kg 或 L	水型或泡沫型/s	其他类型/s
≤1	—	6
1~3	30	8
3~6	30	9
6~10	40	12
>10	40	15

（2）喷射滞后时间

喷射滞后时间指自灭火器的控制阀开启或达到相应的开启状态时起至灭火剂从喷嘴开始喷出的时间。

在灭火器使用温度范围内，喷射滞后时间不得大于5s。可间歇喷射的灭火器，每次间歇喷射的滞后时间不得大于3s。

（3）有效喷射距离

有效喷射距离是从灭火器喷嘴的顶端起，至喷出的灭火剂最集中处中心的水平距离。不同类型的灭火器，其喷射距离有不同的要求，具体见灭火器的性能参数。

（4）喷射剩余率

喷射剩余率指额定充装的灭火器在喷射至内部压力与外界环境压力相等时，内部剩余的灭火剂量相对于喷射前灭火剂充装量的质量百分比。在（20±5）℃条件下，喷射剩余率不得大于10%；在灭火器使用温度范围内，喷射剩余率不得大于15%。

1.11.3 灭火性能

1. A类火

用于扑救A类火的灭火器的灭火性能（表1-5）以级别表示。级别由数字和字母组成，数字表示级别数，字母A表示火的类型为A类火。灭火器扑救A类火的能力，应按标准试验方法测试，一般不得小于表1-5所列的级别。

表1-5　灭火器扑救A类火的能力

级 别 代 号	ABC 干粉/kg
1A	1~2
2A	3~4
3A	5~6
4A	8
6A	10

2. B类火

用于扑救B类火的灭火器的灭火性能，也以级别表示，级别由数字和字母B组成，数字表示级别数，字母B表示火的类型为B类火。

灭火器扑救B类火的能力（表1-6）应按标准试验方法测试，一般不得小于表1-6规定的级别。

表1-6　灭火器扑救B类火的能力

级 别 代 号	BC/ABC 干粉/kg
21B	1~2
34B	3
55B	4
89B	5~6
144B	8
144B	10

1.11.4　安全可靠性能

1. 密封性能

灭火器的密封性能是指在灭火器存放期间驱动气体不泄漏的性能。

由灭火剂蒸气压力驱动的储压式灭火器，其年泄漏量不得大于灭火剂额定充装数量的 5% 或多于 50g（取两者中的较小值）；二氧化碳储气瓶的年泄漏量不得大于额定充装重量的 5%。

对于二氧化碳灭火器以外的储压式灭火器和储气式灭火器，应定期检查灭火器的压力表，压力表指针应位于绿区。

2. 抗腐蚀性能

抗腐蚀性能指外部表面抗大气腐蚀、内部表面抗灭火剂腐蚀而能正确使用的性能。应按标准规定的试验方法测试，并符合一定的要求。

3. 热稳定性能

灭火器的热稳定性能是指在灭火器上采用橡胶、塑料等高分子材料制成的零部件，在高温的影响下，不显著变形、不开裂或无裂纹等现象。

4. 安全性能

灭火器安全性能主要包括结构强度、抗振动和抗冲击性能。接头的强度应满足强度要求，否则将会发生爆炸而影响使用者的人身安全和灭火效果。

灭火器的抗冲击性能和抗振动性能应符合一定的要求，以保证在运输或使用过程中的振动不至于对灭火器产生损坏。

1.11.5　灭火器的配置设计

灭火器应按照《建筑灭火器配置设计规范》（GB 50140—2005）进行配置设计。

1. 灭火器的选择

1）在同一灭火器配置场所，宜选用同一类型和操作方法的灭火器。当同一灭火器配置场所存在不同火灾种类时，应选用通用型灭火器。

2）在同一灭火器配置场所，当选用两种或两种以上类型灭火器时，应采用灭火剂相容的灭火器。

3）A 类火灾场所应选择水型灭火器、磷酸铵盐干粉灭火器、泡沫灭火器。

4）B 类火灾场所应选择泡沫灭火器、碳酸氢钠干粉灭火器、磷酸铵盐干粉灭火器、二氧化碳灭火器、灭 B 类火灾的水型灭火器。

5）C 类火灾场所应选择磷酸铵盐干粉灭火器、碳酸氢钠干粉灭火器、二氧化碳灭火器。

6）D 类火灾场所应选择扑灭金属火灾的专用灭火器。

7）E 类火灾场所应选择磷酸铵盐干粉灭火器、碳酸氢钠干粉灭火器、二氧化碳灭火器，但不得选用带有金属喇叭喷筒的二氧化碳灭火器。

2. 灭火器的设置

1）灭火器应设置在位置明显和便于取用的地点，且不得影响安全疏散。

2）对有视线障碍的灭火器设置点，应设置指示其位置的发光标志。

3）灭火器的摆放应稳固，其铭牌应朝外，手提式灭火器应设置在灭火器箱内或挂钩、托架上，其顶部离地面高度不应大于 1.5m，底部离地面高度不宜小于 0.08m，灭火器箱不得上锁。

4）灭火器不宜设置在潮湿或强腐蚀性的地方，当必须设置时，应有相应的保护措施。灭火器设置在室外时，应有相应的保护措施。

5）灭火器不得设置在超出其使用温度范围的地点。

3. 灭火器的最大保护距离

1）A类火灾场所灭火器最大保护距离：

严重危险级：手提式灭火器，15m；推车式灭火器，30m。

中危险级：手提式灭火器，20m；推车式灭火器，40m。

轻危险级：手提式灭火器，25m；推车式灭火器，50m。

2）B、C类火灾场所灭火器最大保护距离：

严重危险级：手提式灭火器，9m；推车式灭火器，18m。

中危险级：手提式灭火器，12m；推车式灭火器，24m。

轻危险级：手提式灭火器，15m；推车式灭火器，30m。

3）D类火灾场所灭火器最大保护距离应根据具体情况研究确定。

4）E类火灾场所灭火器最大保护距离不应低于该场所A类或B类火灾的规定。

4. 灭火器的配置

1）一个计算单元内配置的灭火器数量不得少于2具。

2）每个设置点灭火器数量不宜多于5具。

3）当住宅楼每层的公用部位建筑面积超过100m²时，应配置1具1A的手提式灭火器。面积每增加100m²时，增配1具1A的手提式灭火器。

5. 灭火器的最低配置基准

1）A类火灾场所灭火器的最低配置基准，见表1-7。

表1-7 A类火灾场所灭火器的最低配置基准

危 险 等 级	严重危险等级	中危险等级	轻危险等级
单具灭火器最小配置灭火级别	3A	2A	1A
单位灭火级别最大保护面积/（m²/A）	50	75	100

2）B类火灾场所灭火器的最低配置基准，见表1-8。

表1-8 B类火灾场所灭火器的最低配置基准

危 险 等 级	严重危险等级	中危险等级	轻危险等级
单具灭火器最小配置灭火级别	89B	55B	21B
单位灭火级别最大保护面积/（m²/B）	0.5	1.0	1.5

3）C类火灾场所灭火器的最低配置基准应按B类火灾场所的规定执行。

4）D类火灾场所灭火器的最低配置基准应根据具体情况研究确定。

5）E类火灾场所灭火器的最低配置基准不应低于该场所A类或B类火灾的规定。

思考与练习

1. 简述火灾的定义和火灾发生的充分必要条件及火灾的分类。

2. 简述消火栓系统的组成。

3. 简述自动喷水灭火系统的分类，不同类型的自动喷水灭火系统的特点和适用范围。

4. 泡沫灭火剂的灭火原理有哪些？

5. 简述灭火器的分类。

第2章

消防工程常用设备和材料

2.1 消防工程专用设备和材料

2.1.1 火灾自动报警装置专用设备和材料

1. 火灾探测器

火灾探测器是火灾自动报警和自动灭火系统最基本和最关键的部分之一，它是整个系统的自动检测的触发器件，犹如一个人的"感觉器官"，能不间断地监视和探测被保护区域火灾的初期信号。火灾探测器被安装在监控现场，用以监视现场火情，它将现场火灾信号（烟、光、温度）转换成电气信号，并将其传送到火灾报警控制器，在自动消防系统中完成信号的检测与反馈。

火灾探测器的种类很多，而且可以有多种分类方法。一般根据火灾现场被探测的不同信号，分为感烟、感温、感光、气体和复合式等几大类。

（1）感烟探测器

感烟火灾探测器用于探测物质初期燃烧所产生的气溶胶或烟粒子浓度。感烟式火灾探测器又可分为点型探测器和线型探测器。点型探测器有离子感烟探测器、光电感烟探测器、电容式感烟探测器和半导体式感烟探测器；线型探测器包括红外光束感烟探测器和激光型感烟探测器。线型探测器由两部分组成，其中一个为发光器，另一个为接收器，中间形成光束区。当有烟雾进入光束区时，接收的光束衰减，从而发出报警信号。红外光束探测器用于无遮挡大空间或有特殊要求的场所。

（2）感温探测器

感温火灾探测器对异常温度、温升速率和温差等火灾信号予以响应。感温火灾探测器也可分为点型和线型两类。点型探测器又称定点型探测器，其外形与感烟式火灾探测器类似，它有定温、差温和差定温复合式三种；按其构造又分为机械定温、机械差温、机械差定温、电子定温、电子差温及电子差定温等。缆式线型定温探测器适用于电缆隧道、电缆竖井、电缆夹层、电缆桥架、配电装置、开关设备、变压器、各种带式输送装置、控制室和计算机室的闷顶内、地板下及重要设施的隐蔽处等；空气管式线型差温探测器用于可能产生油类火灾且环境恶劣的场所及不宜安装点型探测器的夹层、闷顶。

（3）感光探测器

感光火灾探测器又称为火焰探测器，主要对火焰辐射出的红外光、紫外光、可见光予以响应。常用的感光火灾探测器有红外火焰型和紫外火焰型两种。按火灾的规律，发光是在烟的生成及高温之后，因而它是属于火灾晚期探测器，但对于易燃、易爆物火灾有特殊的作用。紫外线探测器对火焰发出的紫外光产生反应；红外线探测器对火焰发出的红外光产生反应，而对灯光、太阳光、闪电、烟尘和热量均不反应。

（4）可燃性气体泄漏报警探测器

可燃性气体泄漏报警探测器主要用于探测易燃、易爆场所中可燃气体（蒸气）的含量，一次报警浓度一般整定在其爆炸极限下限的25%，二次报警浓度为其爆炸极限下限的50%。主要用于宾馆厨房或燃料气储备间、汽车库、压气机站、过滤车间、溶剂库、燃油电厂等有可燃气体（蒸气）的场所。

（5）复合火灾探测器

可以响应两种或两种以上火灾参数的火灾探测器，主要有感温感烟型、感光感烟型和感光感温型等。

（6）其他火灾探测器

除上述探测器外，还有漏电流感应型、静电感应型、微差感应型、超声波型等火灾探测器。

2．火灾报警控制器

火灾报警控制器是一种能为火灾探测器供电以及将探测器接收到的火灾信号接收、显示和传递，并能对自动消防等装置发出控制信号的报警装置。在一个火灾自动报警系统中，火灾探测器是系统的感觉器官，它随时监视着周围环境的情况。而火灾报警控制器是中枢神经系统，是系统的核心。其主要作用是：供给火灾探测器高稳定的工作电源；监视连接各火灾探测器的传输导线有无断线、故障，保证火灾探测器长期有效稳定地工作；当火灾探测器探测到火灾形成时，明确指出火灾的发生部位以便及时采取有效的处理措施。

火灾报警控制器分类如图2-1所示。按报警控制器的设计使用来分，可将报警控制器分为区域报警控制器、集中报警控制器及通用报警控制器三种。区域报警控制器是直接接受火灾探测器（或中继器）发来报警信号的多路火灾报警控制器；集中报警控制器是接受区域报警控制器（或相当于区域报警控制器的其他装置）发来的报警信号的多路火灾报警控制器；通用报警控制器是既可做区域报警控制器又可做集中报警控制器的多路火灾报警控制器。

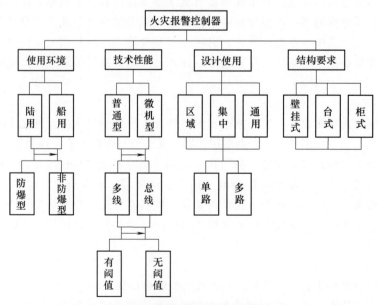

图 2-1　火灾报警控制器分类

2.1.2　消火栓灭火系统专用设备和材料

常见的室外消火栓给水系统由水源、加压泵站、管网和室外消火栓组成。室内消火栓给水系统由水源、管网、消防水泵接合器和室内消火栓组成。当室外给水管网的水压、水量不能满足消防需要时，还须设置消防水池、消防水箱和消防泵。室内消火栓系统如图 2-2 所示。

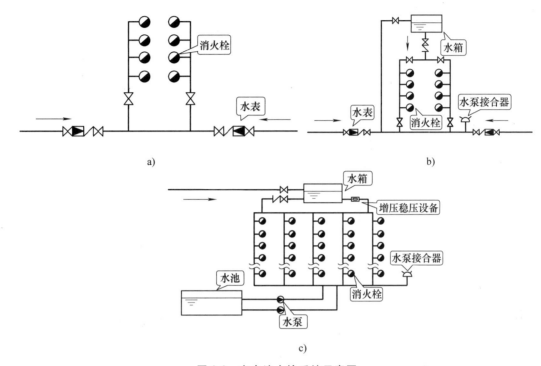

图 2-2　室内消火栓系统示意图

a）室外给水管网直接供水　b）水箱供水　c）设水泵、水池、水箱供水

2.1.3　自动喷水灭火系统专用设备和材料

自动喷水灭火系统是一种在发生火灾时，能自动喷水灭火并同时发出火警信号的灭火系统。据资料统计证实，这种灭火系统具有很高的灵敏度和灭火成功率，是扑灭建筑初期火灾非常有效的一种灭火设备。在经济发达国家的消防规范中，几乎要求所有应该设置灭火设备的建筑都采用自动喷水灭火系统，以保证生命财产安全。鉴于我国经济发展的现状，自动喷水灭火系统仅在人员密集、不易疏散、外部增援灭火与救生较困难的或火灾危险性较大的场所设置。

自动喷水灭火系统按喷头开闭形式，分为闭式喷水灭火系统和开式喷水灭火系统。闭式喷水灭火系统可分为湿式自动喷水灭火系统、干式自动喷水灭火系统、预作用自动喷水灭火系统、闭式自动喷水-泡沫联用系统等；开式自动喷水灭火系统可分为雨淋灭火系统、水幕系统、雨淋自动喷水-泡沫联用系统等。

1. 闭式喷头

闭式喷头是闭式自动喷水灭火系统的关键设备，它通过热敏感释放机构的动作而喷水，喷头由喷水口、温感释放器和溅水盘组成。

喷头可根据感温元件、温度等级等进行分类。

（1）按感温元件分类

闭式喷头按感温元件的不同分为玻璃球喷头和易熔合金元件喷头两种。

1）玻璃球喷头。这种喷头释放机构中的热敏感元件是一个内装一定量的彩色膨胀液体的玻璃球，球内有一个小的气泡，用它顶住喷水口的密封垫。当室内发生火灾时，球内的液体因受热而膨胀，球内压力升高；当达到规定温度时，液体完全充满了球内全部空间；当压力达到设定值时，玻璃球便炸裂，这样使喷水口的密封垫失去支撑，压力水便喷出灭火。这种喷头的外形、结构及组成如图 2-3 所示。

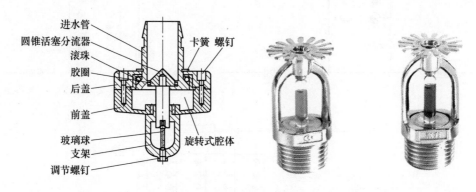

图 2-3　玻璃球喷头

玻璃球喷头外形轻巧、体积小、质量轻、耐腐蚀，所以适用于美观要求较高（如宾馆等）、具有腐蚀性物质（如碱厂）的场所。

2）易熔合金元件喷头。这种喷头的热敏感元件由易熔金属或其他易熔材料制成。

当空内起火温度达到设计温度时易熔元件便熔化，释放机构脱落，压力水便喷出灭火，该喷头外形、结构如图 2-4 所示。

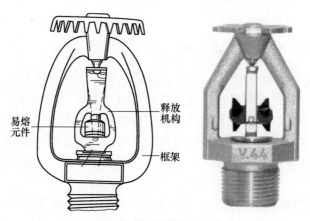

图 2-4　易熔合金喷头

（2）按感温级别分类

在不同环境温度场所内设置喷头公称动作温度应比环境最高温度高 30℃ 左右，喷头的公称动作温度和色标见表 2-1。

表 2-1　喷头的公称动作温度和色标

玻璃球洒水喷头		易熔合金元件洒水喷头	
公称动作温度/℃	工作液色标	公称动作温度/℃	色　标
57	橙	57 ~ 77	本色
68	红	80 ~ 107	白
79	黄	121 ~ 149	蓝
93	绿	163 ~ 191	红
141	蓝	204 ~ 246	绿
182	紫红	260 ~ 302	橙
227	黑	320 ~ 343	黑
260	黑		
343	黑		

2. 水幕喷头

水幕喷头是一种开式喷头。它是可以持续地喷水形成水幕帘，对受火灾威胁的物体表面进行保护并形成防火分隔。固定在水幕系统管路中的喷洒装置，如图 2-5 所示。

水幕喷头按构造和用途分为幕帘式水幕喷头、窗口式水幕喷头和檐口式水幕喷头。口径有 6mm、8mm、10mm、12.7mm、16mm 和 19mm 六种规格，其中 6mm、8mm、10mm 口径的水幕喷头称为小口径水幕喷头，12.7mm、16mm 和 19mm 口径的水幕喷头称为大口径水幕喷头。

3. 水雾喷头

水雾喷头是一种在一定压力作用下，在设定区域内能将水流分解为直径 1mm 以下的水滴，并按设计的洒水形状喷出的喷头。主要是通过离心作用或机械强化作用，使其形成雾状喷向保护对象的一种开式喷头。

水雾喷头根据其结构和用途不同分中速水雾喷头和高速水雾喷头两种类型，如图 2-6、图 2-7 所示。

图 2-5　水幕喷头洒水形状

图 2-6　中速水雾喷头

图 2-7　高速水雾喷头

中速水雾喷头属撞击雾化喷头，主要用于对需要保护的设备提供整体冷却保护，以及对火灾区附近的建（构）筑物连续喷水进行冷却。

高速水雾喷头属离心雾化喷头，具有雾化均匀、喷出速度高和贯穿力强的特点，主要用于扑救电气设备火灾和闪点在60℃以上的可燃液体火灾，也可对可燃液体储罐进行冷却保护。

2.2 管材及管件

2.2.1 钢管及钢管管件

消防工程常用管材有焊接钢管和无缝钢管。管件有可锻铸铁管件和钢制管件。

1. 焊接钢管

焊接钢管俗称水煤气管，亦称黑铁管，现称为低压流体输送用焊接钢管。镀锌焊接钢管，也称白铁管，是焊接钢管通过热镀工艺制成的。

镀锌钢管按壁厚可分为普通钢管和加厚钢管；按管端形式分为不带螺纹管和带螺纹管。

焊接钢管以公称直径标称。公称直径是就内径而言的标准，它近似于内径但并不一定是实际内径。同一规格的焊接钢管外径是相同的，而壁厚则可能不同。焊接钢管用字母"DN"作为标志符号，符号后面注明尺寸。例如DN100，即为公称直径为100mm的钢管。

常用的焊接钢管规格见表2-2。镀锌焊接钢管规格品种与其完全相同，只是质量有所增加，增加的质量系数见表2-3。

表2-2 常用的焊接钢管规格

公称口径		外 径		普通钢管			加厚钢管		
					壁 厚			壁 厚	
mm	in	公称尺寸/mm	允许偏差	公称尺寸/mm	允许偏差	理论质量/(kg/m)	公称尺寸/mm	允许偏差	理论质量/(kg/m)
6	1/8	10.0	±0.50mm	2	±(12%~15%)	0.39	2.5	±(12%~15%)	0.46
8	1/4	13.5		2.25		0.62	2.75		0.73
10	3/8	17.0		2.25		0.82	2.75		0.97
15	1/2	21.3		2.75		1.25	3.25		1.45
20	3/4	26.8		2.75		1.63	3.5		2.01
25	1	33.5		3.25		2.42	4		2.91
32	1 1/4	42.3		3.25		3.13	4		3.78
40	1 1/2	48.0		3.5		3.84	4.25		4.58
50	2	60.0		3.5		4.88	4.5		6.16
65	2 1/2	75.5	±1%	3.75		6.64	4.5		7.88
80	3	88.5		4		8.34	4.75		9.81
100	4	114.0		4		10.85	5		13.44
125	5	140.0		4.5		15.04	5.5		18.24
150	6	165.0		4.5		17.81	5.5		21.63

表 2-3　镀锌钢管比黑铁管增加的质量系数

公称口径		外　径	镀锌钢管比黑铁管增加的质量系数 C	
mm	in	mm	普通钢管	加厚钢管
6	1/8	10.0	1.064	1.059
8	1/4	13.5	1.056	1.046
10	3/8	17.0	1.056	1.046
15	1/2	21.3	1.047	1.039
20	3/4	26.8	1.046	1.039
25	1	33.5	1.039	1.032
32	$1\frac{1}{4}$	42.3	1.039	1.032
40	$1\frac{1}{2}$	48.0	1.036	1.030
50	2	60.0	1.036	1.028
65	$2\frac{1}{2}$	75.5	1.034	1.028
80	3	88.5	1.032	1.027
100	4	114.0	1.032	1.026
125	5	140.0	1.028	1.023
150	6	165.0	1.028	1.023

2. 无缝钢管

无缝钢管分为热轧（挤压、扩）和冷拔（轧）两种。常用热轧无缝钢管规格和质量见表 2-4，常用冷拔无缝钢管规格和质量见表 2-5。

3. 钢管管件

（1）可锻铸铁管件

可锻铸铁管件又称可锻铸铁连接件和可锻铸铁螺纹管件，俗称马铁子配件。

可锻铸铁管件种类繁多，形状和用途见表 2-6~表 2-8。

（2）钢制管件

钢制管件包括钢制管接头、压制弯头、压制异径管等。

1）钢制管接头。钢制管接头规格和质量见表 2-9。

2）压制弯头。压制弯头如图 2-8 所示，规格见表 2-10。

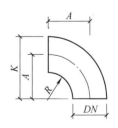

图 2-8　压制弯头

表2-4　热轧钢管规格和理论质量

外径/mm	壁厚/mm																	
	2.5	3	3.5	4	4.5	5	5.5	6	6.5	7	7.5	8	8.5	9	9.5	10	11	12
	钢管理论质量/(kg·m⁻¹)																	
32	1.82	2.15	2.46	2.76	3.05	3.33	3.59	3.85	4.09	4.32	4.53	4.73						
38	2.19	2.59	2.98	3.35	3.72	4.07	4.41	4.73	5.05	5.35	5.64	5.92						
42	2.44	2.89	3.32	3.75	4.16	4.56	4.95	5.33	5.69	6.04	6.38	6.71	7.02	7.32	7.60	7.89		
45	2.62	3.11	3.58	4.04	4.49	4.93	5.36	5.77	6.17	6.56	6.94	7.30	7.65	7.99	8.32	8.63		
50	2.93	3.48	4.01	4.54	5.05	5.55	6.04	6.51	6.97	7.42	7.86	8.29	8.70	9.10	9.49	9.86		
54		3.77	4.36	4.93	5.49	6.04	6.58	7.10	7.61	8.11	8.60	9.07	9.54	9.99	10.43	10.85	11.67	
57		3.99	4.62	5.23	5.83	6.41	6.98	7.55	8.09	8.63	9.16	9.67	10.17	10.65	11.13	11.59	12.48	13.32
60		4.22	4.88	5.52	6.16	6.78	7.39	7.99	8.58	9.15	9.71	10.26	10.79	11.32	11.83	12.33	13.29	14.21
63.5		4.48	5.18	5.87	6.55	7.21	7.87	8.51	9.14	9.75	10.36	10.95	11.53	12.10	12.65	13.19	14.24	15.24
68		4.81	5.57	6.31	7.05	7.77	8.48	9.17	9.86	10.53	11.19	11.84	12.47	13.09	13.71	14.30	15.46	16.57
70		4.96	5.74	6.51	7.27	8.01	8.75	9.47	10.18	10.88	11.56	12.23	12.89	13.54	14.17	14.80	16.01	17.16
73		5.18	6.00	6.81	7.60	8.38	9.16	9.91	10.66	11.39	12.11	12.82	13.52	14.20	14.88	15.54	16.82	18.05
76		5.40	6.26	7.10	7.93	8.75	9.56	10.36	11.14	11.91	12.67	13.42	14.15	14.87	15.58	16.28	17.63	18.94
83			6.86	7.79	8.71	9.62	10.51	11.39	12.26	13.12	13.96	14.80	15.62	16.42	17.22	18.00	19.53	21.01
89			7.38	8.38	9.38	10.36	11.33	12.23	13.22	14.15	15.07	15.98	16.87	17.76	18.63	19.48	21.16	22.79
95			7.90	8.98	10.04	11.10	12.14	13.17	14.19	15.19	16.18	17.16	18.13	19.09	20.03	20.96	22.79	24.56
102			8.50	9.67	10.82	11.96	13.09	14.20	15.31	16.40	17.48	18.54	19.60	20.64	21.67	22.69	24.69	26.63
108				10.26	11.49	12.70	13.90	15.09	16.27	17.43	18.59	19.73	20.86	21.97	23.08	24.17	26.31	28.41
114				10.85	12.15	13.44	14.72	15.98	17.23	18.47	19.70	20.91	22.11	23.30	24.48	25.65	27.94	30.19
121				11.54	12.93	14.30	15.67	17.02	18.35	19.68	20.99	22.29	23.58	24.86	26.12	27.37	29.84	32.26
127				12.13	13.59	15.04	16.48	17.90	19.31	20.71	22.10	23.48	24.84	26.19	27.53	28.85	31.47	34.03
133				12.72	14.26	15.78	17.29	18.79	20.28	21.75	23.21	24.66	26.10	27.52	28.93	30.33	33.10	35.81
140					15.04	16.65	18.24	19.83	21.40	22.96	24.51	26.04	27.56	29.07	30.57	32.06	34.99	37.88
146					15.70	17.39	19.06	20.72	22.36	23.99	25.62	27.22	28.82	30.41	31.98	33.54	36.62	39.66
152					16.37	18.13	19.87	21.60	23.32	25.03	26.73	28.41	30.08	31.74	33.39	35.02	38.26	41.43

表 2-5　冷拔（轧）钢管规格和理论质量

外径/mm	壁厚/mm 钢管理论质量/（kg/m）														
	0.50	0.60	0.80	1.0	1.2	1.4	1.5	1.6	1.8	2.0	2.2	2.5	2.8	3.0	3.2
6	0.07	0.08	0.10	0.12	0.14	0.16	0.17	0.17	0.19	0.20					
7	0.08	0.10	0.12	0.15	0.17	0.19	0.20	0.21	0.23	0.25	0.26	0.28			
8	0.09	0.11	0.14	0.17	0.20	0.23	0.24	0.25	0.28	0.30	0.32	0.34			
9	0.11	0.12	0.16	0.20	0.23	0.26	0.28	0.29	0.32	0.35	0.37	0.40	0.43		
10	0.12	0.14	0.18	0.22	0.26	0.30	0.31	0.33	0.36	0.40	0.42	0.46	0.50	0.52	0.54
11	0.13	0.15	0.20	0.25	0.29	0.33	0.35	0.37	0.41	0.44	0.48	0.52	0.57	0.59	0.62
12	0.14	0.17	0.22	0.27	0.32	0.37	0.39	0.41	0.45	0.49	0.53	0.59	0.64	0.67	0.69
13	0.15	0.18	0.24	0.30	0.35	0.40	0.43	0.45	0.50	0.54	0.59	0.65	0.70	0.74	0.77
14	0.17	0.20	0.26	0.32	0.38	0.44	0.46	0.49	0.54	0.59	0.64	0.71	0.77	0.81	0.85
15	0.18	0.21	0.28	0.35	0.41	0.47	0.50	0.53	0.59	0.64	0.69	0.77	0.84	0.89	0.93
16	0.19	0.23	0.30	0.37	0.44	0.50	0.54	0.57	0.63	0.69	0.75	0.83	0.91	0.96	1.01
17	0.20	0.24	0.32	0.40	0.47	0.54	0.57	0.61	0.68	0.74	0.80	0.89	0.98	1.04	1.09
18	0.22	0.26	0.34	0.42	0.50	0.57	0.61	0.65	0.72	0.79	0.86	0.96	1.05	1.11	1.17
19	0.23	0.27	0.36	0.44	0.53	0.61	0.65	0.69	0.76	0.84	0.91	1.02	1.12	1.18	1.25
20	0.24	0.29	0.38	0.47	0.56	0.64	0.68	0.73	0.81	0.89	0.97	1.08	1.19	1.26	1.33
21	0.25	0.30	0.40	0.49	0.59	0.68	0.72	0.77	0.85	0.94	1.02	1.14	1.26	1.33	1.41
22	0.27	0.32	0.42	0.52	0.62	0.71	0.76	0.80	0.90	0.99	1.07	1.20	1.33	1.41	1.48
23	0.28	0.33	0.44	0.54	0.65	0.75	0.80	0.84	0.94	1.04	1.13	1.26	1.39	1.48	1.56
24	0.29	0.35	0.46	0.57	0.68	0.78	0.83	0.88	0.99	1.09	1.18	1.33	1.46	1.55	1.64
25	0.30	0.36	0.48	0.59	0.70	0.82	0.87	0.92	1.03	1.13	1.24	1.39	1.53	1.63	1.72
27	0.33	0.39	0.52	0.64	0.76	0.88	0.94	1.00	1.13	1.23	1.34	1.51	1.67	1.78	1.88
28	0.34	0.41	0.54	0.67	0.79	0.92	0.98	1.04	1.16	1.28	1.40	1.57	1.74	1.85	1.96
29	0.35	0.42	0.56	0.69	0.82	0.95	1.02	1.08	1.21	1.33	1.45	1.63	1.81	1.92	2.04
30	0.36	0.44	0.58	0.72	0.85	0.99	1.05	1.12	1.25	1.38	1.51	1.70	1.88	2.00	2.12
32	0.39	0.47	0.62	0.77	0.91	1.06	1.13	1.20	1.34	1.48	1.62	1.82	2.02	2.15	2.27
34	0.41	0.50	0.66	0.81	0.97	1.13	1.20	1.28	1.43	1.58	1.72	1.94	2.15	2.29	2.43
35	0.43	0.51	0.68	0.84	1.00	1.16	1.24	1.32	1.47	1.63	1.78	2.00	2.22	2.37	2.51
36	0.44	0.52	0.70	0.86	1.03	1.20	1.28	1.36	1.52	1.68	1.83	2.07	2.29	2.44	2.59
38	0.46	0.55	0.73	0.91	1.09	1.26	1.35	1.44	1.61	1.78	1.94	2.19	2.43	2.59	2.75
40	0.49	0.58	0.77	0.96	1.15	1.33	1.42	1.52	1.69	1.87	2.05	2.31	2.57	2.74	2.90

（续）

外径/mm	壁厚/mm 钢管理论质量/(kg/m)														
	0.50	0.60	0.80	1.0	1.2	1.4	1.5	1.6	1.8	2.0	2.2	2.5	2.8	3.0	3.2
42				1.01	1.21	1.40	1.50	1.60	1.79	1.97	2.16	2.44	2.71	2.89	3.06
44.5				1.07	1.28	1.49	1.59	1.69	1.90	2.10	2.29	2.59	2.88	3.07	3.26
45				1.09	1.30	1.51	1.61	1.71	1.92	2.12	2.32	2.62	2.91	3.11	3.30
48				1.16	1.39	1.61	1.72	1.83	2.05	2.27	2.48	2.81	3.12	3.33	3.54
50				1.21	1.44	1.68	1.79	1.91	2.14	2.37	2.59	2.93	3.26	3.48	3.70
51				1.23	1.47	1.71	1.83	1.95	2.18	2.42	2.65	2.99	3.33	3.55	3.77
53				1.28	1.53	1.78	1.91	2.03	2.27	2.52	2.76	3.11	3.47	3.70	3.93
54				1.31	1.56	1.82	1.94	2.07	2.32	2.56	2.81	3.18	3.54	3.77	4.01
56				1.36	1.62	1.89	2.02	2.15	2.41	2.66	2.92	3.30	3.67	3.92	4.17
57				1.38	1.65	1.92	2.05	2.19	2.45	2.71	2.97	3.36	3.74	4.00	4.25
60				1.46	1.74	2.02	2.16	2.31	2.58	2.86	3.14	3.55	3.95	4.22	4.48
63				1.53	1.83	2.13	2.27	2.42	2.72	3.01	3.30	3.73	4.16	4.44	4.72
65				1.58	1.89	2.20	2.35	2.50	2.81	3.11	3.41	3.85	4.29	4.59	4.88
68				1.65	1.98	2.30	2.46	2.62	2.93	3.26	3.57	4.04	4.49	4.81	5.12
70				1.70	2.04	2.37	2.53	2.70	3.03	3.35	3.68	4.16	4.65	4.96	5.28
73				1.78	2.12	2.47	2.64	2.82	3.16	3.50	3.84	4.35	4.84	5.18	5.52
75							2.71	2.90	3.25	3.60	3.95	4.47	4.99	5.33	5.68
76							2.76	2.94	3.29	3.65	4.00	4.53	5.05	5.40	5.75
80							2.90	3.09	3.47	3.85	4.22	4.78	5.33	5.70	6.07
83							3.02	3.21	3.60	4.00	4.38	4.96	5.54	5.92	6.31
85							3.09	3.29	3.69	4.09	4.49	5.09	5.68	6.07	6.46
89							3.24	3.45	3.87	4.29	4.71	5.33	5.95	6.36	6.77
90							3.27	3.49	3.91	4.34	4.76	5.39	6.02	6.44	6.86
95							3.46	3.69	4.14	4.59	5.03	5.70	6.37	6.81	7.25
100							3.64	3.88	4.36	4.83	5.31	6.01	6.70	7.18	7.65
102							3.73	3.97	4.45	4.93	5.41	6.13	6.85	7.32	7.81
108							3.95	4.21	4.72	5.23	5.74	6.50	7.26	7.77	8.28
110							4.02	4.28	4.81	5.33	5.85	6.63	7.40	7.92	8.43
120							4.38	4.67	5.25	5.83	6.39	7.24	8.09	8.66	9.22
125									5.47	6.07	6.66	7.54	8.42	9.03	9.61
130												7.86	8.78	9.40	10.00
133												8.05	8.98	9.62	10.25
140														10.14	10.79
150														10.88	11.58

表 2-6　可锻铸铁管件形状和用途

种　类	用　途	种　类	用　途
内螺纹管接头	俗称内牙管、管箍、管接头等。用以连接两段公称直径相同的管子	异径三通	俗称 T 形管。用于接出支管,改变管路方向和连接三段公称直径相同的管子
外螺纹管接头	俗称外牙管、外接头、外丝扣等。用于连接两个公称直径相同的具有内螺纹的管件	等径三通	可以由管中接出支管,改变管路方向和连接三段公称直径不同的管子
活管接头	俗称活接头等。用于连接两段公称直径相同的管子	等径四通	俗称十字管。用于连接四段公称直径相同的管子
异径管	俗称大小头。用于连接两段公称直径不相同的管子	异径四通	俗称大小十字管。用于连接四段具有两种公称直径的管子
内外螺纹管接头	俗称内外牙管、补心等。用于连接一个公称直径较大的内螺纹的管件和一段公称直径较小的管子	外方堵头	俗称管塞、丝堵、堵头等。用于封闭管路
等径弯管	俗称弯头、肘管等。用于改变管路方向和连接两段公称直径相同的管子	管帽	俗称闷头。用于封闭管路
异径弯管	俗称大小弯头。用于改变管路方向和连接两段公称直径不同的管子	锁紧螺母	俗称背帽、根母等。它可以与内牙管联用,可以得到可拆的接头

表 2-7　可锻铸铁管件规格　　　　　　　　　（单位：mm）

公称直径	管箍	活接头	对丝	丝堵	管堵头	弯头	45°弯头	根母
6	22	40	29	15	14	18	16	6
8	26	40	36	18	15	19	17	8
10	29	44	38	20	17	23	19	9
15	34	48	44	24	19	27	21	9
20	38	53	48	27	22	32	25	10
25	44	60	54	30	25	38	29	11
32	50	65	60	34	28	46	34	12
40	54	69	62	37	31	48	37	13
50	60	78	68	40	35	57	42	15
65	70	86	78	46	38	69	49	17
80	75	95	84	48	40	78	54	18
100	85	116	99	57	50	97	65	22
125	95	132	107	62	55	113	74	25
150	105	146	119	71	62	132	82	33

表 2-8　三通和四通规格

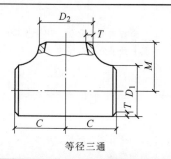

等径三通

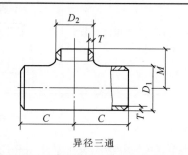

异径三通

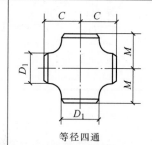

等径四通

公　称　通　径		坡口处外径/mm				中心至端面	
		D_1		D_2			
DN/mm×mm×mm	NPS	A 系列	B 系列	A 系列	B 系列	C/mm	M/mm
15×15×15	1/2×1/2×1/2	21.3	18	21.3	18	25	25
15×15×10	1/2×1/2×3/8	21.3	18	17.3	14	25	25
15×15×8	1/2×1/2×1/4	21.3	18	13.7	10	25	25
20×20×20	3/4×3/4×3/4	26.9	25	26.9	25	29	29
20×20×15	3/4×3/4×1/2	26.9	25	21.3	18	29	29
20×20×10	3/4×3/4×3/8	26.9	25	17.3	14	29	29
25×25×25	1×1×1	33.7	32	33.7	32	38	38
25×25×20	1×1×3/4	33.7	32	26.9	25	38	38
25×25×15	1×1×1/2	33.7	32	21.3	18	38	38
32×32×32	1.1/4×1.1/4×1.1/4	42.4	38	42.4	38	48	48
32×32×25	1.1/4×1.1/4×1	42.4	38	33.7	32	48	48

（续）

公称通径		坡口处外径/mm				中心至端面	
		D_1		D_2			
DN/mm×mm×mm	NPS	A 系列	B 系列	A 系列	B 系列	C/mm	M/mm
32×32×20	1.1/4×1.1/4×3/4	42.4	38	26.9	25	48	48
32×32×15	1.1/4×1.1/4×1/2	42.4	38	21.3	18	48	48
40×40×40	1.1/2×1.1/2×1.1/2	48.3	45	48.3	45	57	57
40×40×32	1.1/2×1.1/2×1.1/4	48.3	45	42.4	38	57	57
40×40×25	1.1/2×1.1/2×1	48.3	45	33.7	32	57	57
40×40×20	1.1/2×1.1/2×3/4	48.3	45	26.9	25	57	57
40×40×15	1.1/2×1.1/2×1/2	48.3	45	21.3	18	57	57
50×50×50	2×2×2	60.3	57	60.3	57	64	64
50×50×40	2×2×1.1/2	60.3	57	48.3	45	64	60
50×50×32	2×2×1.1/4	60.3	57	42.4	38	64	57
50×50×25	2×2×1	60.3	57	33.7	32	64	51
50×50×20	2×2×3/4	60.3	57	26.9	25	64	44
65×65×65	2.1/2×2/1/2×2.1/2	73.0	76	73.0	76	76	76
65×65×50	2.1/2×2/1/2×2	73.0	76	60.3	57	76	70
65×65×40	2.1/2×2/1/2×1.1/2	73.0	76	48.3	45	76	67
65×65×32	2.1/2×2/1/2×1.1/4	73.0	76	42.4	38	76	64
65×65×25	2.1/2×2/1/2×1	73.0	76	33.7	32	76	57
80×80×80	3×3×3	88.9	89	88.9	89	86	86
80×80×65	3×3×2.1/2	88.9	89	73.0	76	86	83
80×80×50	3×3×2	88.9	89	60.3	57	86	76
80×80×40	3×3×1.1/2	88.9	89	48.3	45	86	73
80×80×32	3×3×1.1/4	88.9	89	42.4	38	86	70
90×90×90	3.1/2×3.1/2×3.1/2	101.6	—	101.6	—	95	95
90×90×80	3.1/2×3.1/2×3	101.6	—	88.9	89	95	92
90×90×65	3.1/2×3.1/2×2.1/2	101.6	—	73.0	76	95	89
90×90×50	3.1/2×3.1/2×2	101.6	—	60.3	57	95	83
90×90×40	3.1/2×3.1/2×1.1/2	101.6	—	48.3	45	95	79
100×100×100	4×4×4	114.3	108	114.3	108	105	105
100×100×90	4×4×3.1/2	114.3	108	101.6	—	105	102
100×100×80	4×4×3	114.3	108	88.9	89	105	98
100×100×65	4×4×2.1/2	114.3	108	73.0	76	105	95
100×100×50	4×4×2	114.3	108	60.3	57	105	89
100×100×40	4×4×1.1/2	114.3	108	48.3	45	105	86
125×125×125	5×5×5	141.3	133	141.3	133	124	124
125×125×100	5×5×4	141.3	133	114.3	108	124	117

（续）

公称通径		坡口处外径/mm				中心至端面	
		D_1		D_2			
DN/mm×mm×mm	NPS	A系列	B系列	A系列	B系列	C/mm	M/mm
125×125×90	5×5×3.1/2	141.3	—	101.6	—	124	114
125×125×80	5×5×3	141.3	133	88.9	89	124	111
125×125×65	5×5×2.1.2	141.3	133	73.0	76	124	108
125×125×50	5×5×2	141.3	133	60.3	57	124	105
150×150×150	6×6×6	168.3	159	168.3	159	143	143
150×150×125	6×6×5	168.3	159	141.3	133	143	137
150×150×100	6×6×4	168.3	159	114.3	108	143	130
150×150×90	6×6×3.1/2	68.3	—	101.6	—	143	127
150×150×80	6×6×3	168.3	159	88.9	89	143	124
150×150×65	6×6×2.1/2	168.3	159	73.0	76	143	121
200×200×200	8×8×8	219.1	219	219.1	219	178	178
200×200×150	8×8×6	219.1	219	168.3	159	178	168
200×200×125	8×8×5	219.1	219	141.4	133	178	162
200×200×100	8×8×4	219.1	219	114.3	108	178	156
200×200×90	8×8×3.1/2	219.1	—	101.6	—	178	152
250×250×250	10×10×10	273.0	273	273.0	273	216	216
250×250×200	10×10×8	273.0	273	219.1	219	216	203
250×250×150	10×10×6	273.0	273	168.3	159	216	194
250×250×125	10×10×5	273.0	273	141.3	133	216	191
250×250×100	10×10×4	273.0	273	114.3	108	216	184
300×300×300	12×12×12	323.9	325	323.9	325	254	254
300×300×250	12×12×10	323.9	325	273.0	273	254	241
300×300×200	12×12×8	323.9	325	219.1	219	254	229
300×300×150	12×12×6	323.9	325	168.3	159	254	219
300×300×125	12×12×5	323.9	325	141.3	133	254	216
350×350×350	14×14×14	355.6	377	355.6	377	279	279
350×350×300	14×14×12	355.6	377	323.9	325	279	270
350×350×250	14×14×10	355.6	377	273.0	273	279	257
350×350×200	14×14×8	355.6	377	219.1	219	279	248
350×350×150	14×14×6	355.6	377	168.3	159	279	238
400×400×400	16×16×16	406.4	426	406.4	426	305	305
400×400×350	16×16×14	406.4	426	355.6	377	305	305
400×400×300	16×16×12	406.4	426	323.9	325	305	295
400×400×250	16×16×10	406.4	426	273.0	273	305	283
400×400×200	16×16×8	406.4	426	219.1	219	305	273

（续）

公 称 通 径		坡口处外径/mm				中心至端面	
		D_1		D_2			
DN/mm×mm×mm	NPS	A 系列	B 系列	A 系列	B 系列	C/mm	M/mm
400×400×150	16×16×6	406.4	426	168.3	159	305	264
450×450×450	18×18×18	457	480	457	480	343	343
450×450×400	18×18×16	457	480	406.4	426	343	330
450×450×350	18×18×14	457	480	355.6	377	343	330
450×450×300	18×18×12	457	480	323.9	325	343	321
450×450×250	18×18×10	457	480	273.0	273	343	308
450×450×200	18×18×8	457	480	219.1	219	343	298
500×500×500	20×20×20	508	530	508	530	381	381
500×500×450	20×20×20	508	530	457	480	381	368
500×500×400	20×20×20	508	530	406.4	426	381	356
500×500×350	20×20×20	508	530	355.6	377	381	356
500×500×300	20×20×20	508	530	323.9	325	381	346
500×500×250	20×20×20	508	530	273.0	273	381	333
500×500×200	20×20×20	508	530	219.1	219	381	324
550×550×550	22×22×22	559	—	559	—	419	419
550×550×500	22×22×20	559	—	508	—	419	406
550×550×450	22×22×18	559	—	457	—	419	394
550×550×400	22×22×16	559	—	406.4	—	419	381
550×550×350	22×22×14	559	—	355.6	—	419	381
550×550×300	22×22×12	559	—	323.9	—	419	371
550×550×250	22×22×10	559	—	273.0	—	419	359
600×600×600	24×24×24	610	630	610	630	432	432
600×600×550	24×24×22	610	—	559	—	432	432
600×600×500	24×24×20	610	630	508	530	432	432
600×600×450	24×24×18	610	630	457	480	432	419
600×600×400	24×24×16	610	630	406.4	426	432	406
600×600×350	24×24×14	610	630	355.6	377	432	406
600×600×300	24×24×12	610	630	323.9	325	432	397
600×600×250	24×24×10	610	630	273.0	273	432	384
650×650×650	26×26×26	660	—	660	—	495	495
650×650×600	26×26×24	660	—	610	—	495	483
650×650×550	26×26×22	660	—	559	—	495	470
650×650×500	26×26×20	660	—	508	—	495	457
650×650×450	26×26×18	660	—	457	—	495	444
650×650×400	26×26×16	660	—	406.4	—	495	432

（续）

公 称 通 径		坡口处外径/mm				中心至端面	
		D_1		D_2			
DN/mm×mm×mm	NPS	A 系列	B 系列	A 系列	B 系列	C/mm	M/mm
650×650×350	26×26×14	660	—	355.6	—	495	432
650×650×300	26×26×12	660	—	323.9	—	495	422
700×700×700	28×28×28	711	720	711	720	521	521
700×700×650	28×28×26	711	—	660	—	521	521
700×700×600	28×28×24	711	720	610	630	521	508
700×700×550	28×28×22	711	—	559	—	521	495
700×700×500	28×28×20	711	720	508	529	521	483
700×700×450	28×28×18	711	720	457	478	521	470
700×700×400	28×28×16	711	720	406.4	426	521	457
700×700×350	28×28×14	711	720	355.6	377	521	457
700×700×300	28×28×12	711	720	323.9	325	521	448
750×750×750	30×30×30	762	—	762	—	559	559
750×750×700	30×30×28	762	—	711	—	559	546
750×750×650	30×30×26	762	—	660	—	559	546
750×750×600	30×30×24	762	—	610	—	559	533
750×750×550	30×30×22	762	—	559	—	559	521
750×750×500	30×30×20	762	—	508	—	559	508
750×750×450	30×30×18	762	—	457	—	559	495
750×750×400	30×30×16	762	—	406.4	—	559	483
750×750×350	30×30×14	762	—	355.6	—	559	483
750×750×300	30×30×12	762	—	323.9	—	559	473
750×750×250	30×30×10	762	—	273.0	—	559	460
800×800×800	32×32×32	813	820	813	820	597	597
800×800×750	32×32×30	813	—	762	—	597	584
800×800×700	32×32×28	813	820	711	720	597	572
800×800×650	32×32×26	813	—	660	—	597	572
800×800×600	32×32×24	813	820	610	630	597	559
800×800×550	32×32×22	813	—	559	—	597	546
800×800×500	32×32×20	813	820	508	529	597	533
800×800×450	32×32×18	813	820	457	478	597	521
800×800×400	32×32×16	813	820	406.4	426	597	508
800×800×350	32×32×14	813	820	355.6	377	597	508
850×850×850	34×34×34	864	—	864	—	635	635
850×850×800	34×34×32	864	—	813	—	635	622
850×850×750	34×34×30	864	—	762	—	635	610

（续）

公称通径		坡口处外径/mm				中心至端面	
		D_1		D_2			
$DN/\text{mm} \times \text{mm} \times \text{mm}$	NPS	A 系列	B 系列	A 系列	B 系列	C/mm	M/mm
850×850×700	34×34×28	864	—	711	—	635	597
850×850×650	34×34×26	864	—	660	—	635	597
850×850×600	34×34×24	864	—	610	—	635	584
850×850×550	34×34×22	864	—	559	—	635	572
850×850×500	34×34×20	864	—	508	—	635	559
850×850×450	34×34×18	864	—	457	—	635	546
850×850×400	34×34×16	864	—	406.4	—	635	533
900×900×900	36×36×36	914	920	914	920	673	673
900×900×850	36×36×34	914	—	864	—	673	660
900×900×800	36×36×32	914	920	813	820	673	648
900×900×750	36×36×30	914	—	762	—	673	635
900×900×700	36×36×28	914	920	711	720	673	622
900×900×650	36×36×26	914	—	660	—	673	622
900×900×600	36×36×24	914	—	610	—	673	610
900×900×550	36×36×22	914	—	559	—	673	597
900×900×500	36×36×20	914	920	508	529	673	584
900×900×450	36×36×18	914	920	457	478	673	572
900×900×400	36×36×16	914	920	406.4	426	673	559

表 2-9　钢制管接头规格和质量

公称直径 /mm	管螺纹 d/in	钢制管接头		
		L/mm	δ/mm	质量/(kg/个)
15		35	5	0.066
20		40	5	0.11
25	1	45	6	0.21
32	$1\frac{1}{4}$	50	6	0.27
40	$1\frac{1}{2}$	50	7	0.45
50	2	60	7	0.63
65	$2\frac{1}{2}$	65	8	1.1
80	3	70	8	1.3
100	4	85	10	2.2
120	5	90	10	3.2
150	6	100	12	5.7

表 2-10　压制弯头规格　　　　　　　　　　（单位：mm）

公称通径	端部外径		中心至端面尺寸			中心至中心尺寸		北面至端面尺寸	
			45°弯头	90°弯头		180°弯头		180°弯头	
	A 系列	B 系列	长半径	长半径	短半径	长半径	短半径	长半径	短半径
15	21.3	18	16	38	—	76	—	48	—
20	26.9	25	16	38	—	76	—	51	—
25	33.7	32	16	38	25	76	51	56	41
32	42.4	38	20	48	32	95	64	70	52
40	48.3	45	24	57	38	114	76	83	81
50	60.3	57	32	76	51	152	102	106	100
65	76.1（73）	76	40	95	64	191	127	132	121
80	88.9	89	47	114	76	229	152	159	159
100	114.3	108	63	152	102	305	203	210	197
125	139.7	133	79	190	127	381	254	262	237
150	168.3	159	95	229	152	457	305	313	313
200	219.1	219	126	305	203	60	406	414	391
250	273.0	273	158	381	254	762	508	518	467
300	323.9	325	189	457	305	914	610	619	533
350	355.6	377	221	533	356	1067	711	711	610
400	406.4	426	253	610	406	1219	813	813	686
450	457.0	478	284	686	457	172	914	914	762
500	508.0	529	316	762	508	1524	1016	1016	
550	559.0	—	343	838	559				
600	610.0	630	381	914	610				
650	660.0	—	405	991	660				
700	711.0	720	438	1067	711				
750	762.0	820	470	1143	762				
800	813.0	—	502	1219	812				
850	864.0	920	533	1295	864				
900	814.0	1020	565	1372	914				
1000	1016	—	632	1524	1016				
1050	1067	1120	663	1600	1067				
1100	1118	1220	694	1676	1118				
1200	1219	—	758	1829	1219				
1300	121	—	821	1981	1321				
1400	1420	—	883	2134	1420				
1500	1524	—	947	2286	1524				
1600	162	—	1010	2438	1620				
1700	1727	—	1073	2591	1727				
1800	1820	—	1137	2743	1827				
2000	2020	—	1263	3048	2032				

3）压制异径管。

压制异径管，又称大小头，如图 2-9 所示，规格见表 2-11。

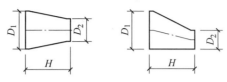

图 2-9　压制异径管

表 2-11　压制异径管规格　　　　　　　　　　　（单位：mm）

序号	公 称 直 径	高度
1	40×32，40×25，40×20，40×15	64
2	50×40，50×32，50×25，50×20	76
3	65×50，65×40，65×32，65×25	89
4	80×65，80×50，80×40，80×32	89
5	100×90，100×80，100×65，100×50	102
6	125×100，125×80，125×65	127
7	150×125，150×100，150×65，150×80	140
8	200×150，200×125，200×100，200×80	152
9	250×200，250×150，250×125，250×100	178
10	300×250，300×200，300×150，300×125	203
11	350×300，350×250，350×200，350×150	330
12	400×350，400×300，400×250，400×150	356
13	500×450，500×400，500×300，500×200	508
14	600×550，600×500，600×400，600×300	508

2.2.2　电线管

1. 普通碳素钢电线钢管

普通碳素钢电线管用于电线套管。电线钢管规格和理论质量见表 2-12。

表 2-12　电线钢管规格和理论质量

公称尺寸/mm	外径/mm	外径允许偏差/mm	壁厚/mm	理论质量（不计管接头）/（kg/m）
13	12.70	±0.20	1.60	0.438
16	15.88	±0.20	1.60	0.581
19	19.05	±0.25	1.80	0.766
25	25.40	±0.25	1.80	1.048
32	31.75	±0.25	1.80	1.329
38	38.10	±0.25	1.80	1.611
51	50.80	±0.30	2.00	2.407
64	63.50	±0.30	2.50	3.760
76	76.20	±0.30	3.20	5.761

2. 绝缘电工套管

绝缘电工套管用于电线穿管，有阻燃套管和非阻燃套管之分，规格见表2-13。

表2-13 绝缘电工套管规格

公称尺寸 /mm	外径/mm	极限偏差 /mm	最小内径 d_1/mm		米制螺纹	套管长度 L/m	
			硬质套管	半硬质、波纹套管		硬质套管	半硬质、波纹套管
16	16	-0.3	轻型 13.7 中型 13.0 重型 12.2	10.7	M16×1.5	也可根据运输及工程要求而定	25~100
20	20	-0.3	轻型 17.4 中型 16.9 重型 15.8	14.1	M20×1.5		
25	25	-0.4	轻型 22.1 中型 21.4 重型 20.6	18.3	M25×1.5		
32	32	-0.4	轻型 28.6 中型 27.8 重型 26.6	24.3	M32×1.5		
40	40	-0.4	轻型 35.8 中型 35.4 重型 34.4	31.2	M40×1.5		
50	50	-0.5	轻型 45.1 中型 44.3 重型 43.2	39.6	M50×1.5		
63	63	-0.6	轻型 57.0 中型 — 重型 —	52.6	M63×1.5		

3. 聚氯乙烯塑料波纹电线管

聚氯乙烯塑料波纹电线管用于建筑中电气装置连接导线的保护管。规格见表2-14和表2-15。

表2-14 聚氯乙烯塑料波纹电线管 A 系列规格

公称尺寸/mm	外径 D/mm		最小内径 d/mm	每卷长度/m
	基本尺寸	极限偏差		
9	14	±0.3	9.2	≥100
10	16	±0.3	10.7	≥100
15	20	±0.4	14.1	≥100
20	25	±0.4	18.3	≥50

（续）

公称尺寸/mm	外径 D/mm		最小内径 d/mm	每卷长度/m
	基本尺寸	极限偏差		
25	30 32	±0.4	24.3	≥50
32	40	±0.4	31.2	≥50
40	50	±0.5	39.6	≥25
50	63	±0.6	50.6	≥15

表 2-15　聚氯乙烯塑料波纹电线管 B 系列规格

公称尺寸/mm	外径 D/mm		最小内径 d/mm	每卷长度/m
	基本尺寸	极限偏差		
9	13.8	±0.10	9.3	≥100
10	15.8	±0.10	10.3	≥100
15	18.7	±0.10	13.8	≥100
20	21.2	±0.15	16.0	≥50
25	28.5	±0.15	22.7	≥50
32	34.5	±0.16	28.4	≥50
40	45.5	±0.20	35.6	≥25
50	54.5	±0.20	46.9	≥15

思考与练习

1. 消防工程常用设备和材料有哪些？
2. 消防工程专用设备和材料包括哪些？

第3章

消防工程安装施工图

消防工程安装施工图是施工单位编制施工方案和工程预算的主要依据，是指导施工的图样文件，是设备采购选型及数量的依据，在施工中起到至关重要的作用。

3.1　消防工程安装施工图组成

施工安装是将设计图实施为实体的重要步骤，要确保系统的使用性能，保证系统和组件的使用寿命，降低运行维护费用，安装必须体现设计意图，工艺技术必须先进，工序必须合理。

3.1.1　设计组成

消防工程是建筑施工过程的一个分项工程，要确保建筑防火安全，其消防设计具有至关重要的意义，不仅要求设计人员了解保护对象的火灾特点，正确地选择系统类型和组件，正确地确定基本数据，并且根据系统特点提出安装要求；还要求设计人员进行设计时，在满足施工功能的前提下追求经济和适用。

一套完整的消防工程施工图通常包括封面、目录、图例、设备材料表、设计说明、系统（原理）图、各系统平面图、大样图等。

3.1.2　设计说明

设计说明是一套施工图的核心，从中可以充分了解设计者的设计意图及设计思路。设计说明通常包括工程概况、设计依据、设计范围及各系统设备设置的区域、设计原理（工作原理）、设计参数及计算结果、设备材料的材质及规格要求、设备材料的安装要求、系统试验及调试的标准、系统管道的保温与刷漆等方面的内容。若一项工程中涵盖了众多的消防系统，通常情况下设计说明是按系统进行划分的，如火灾自动报警及联动系统设计说明、消防水系统设计说明（包括自动喷水灭火系统、泡沫灭火系统、消火栓系统及灭火器）、气体灭火系统设计说明等。

通过一份好的设计说明，施工技术人员可以对整个建筑的消防设计有全局的了解，从而可以大体掌握施工过程中的技术重点及难点，保证施工进度的顺利进行。

3.1.3　总设备材料表

总设备材料表是施工采购的标尺，其设备材料的数量是施工图预算的一个依据。在做施工图预算时，通常会将总设备材料表中的设备及材料数量与平面图中所核算的数量进行比较，确定最终的工程量。一项工程中总设备材料表中通常包括设备的名称、单位、数量、设置部位以及备注

（体现设备材料的一些技术参数及个别的特殊说明）。在火灾报警系统材料表中会特别注明导线的选型、敷设方式标注等事项，具体见表 3-1。

表 3-1　某工程设备材料表

名　　称	服　　务	类　　型	位　　置	数　　量	备　　注
气灭钢瓶	配电站、电话机房等	组合分配式	B1 气灭钢瓶间	17 只	每只钢瓶容积 120L，充装压力 4.2MPa，充装后钢瓶总质量 240kg
高压氮气瓶	启动管网式灭火系统	组合分配式	B1 气灭钢瓶间	4 只	每只钢瓶容积 5L，充装压力 5MPa
无管网气灭钢瓶柜	模块局	无管网式	B2 模块局内	3 只柜体（另备 3 只钢瓶）	每只钢瓶容积 120L，充装压力 2.5MPa，充装后钢瓶总质量 240kg
无管网气灭钢瓶柜	1 层消防中控室	无管网式	1 层消防中控室	3 只柜体（另备 3 只钢瓶）	每只钢瓶容积 100L，充装压力 2.5MPa，充装后钢瓶总质量 200kg
1#减压阀（PRV-1）	酒店 1~6 层喷淋系统	比例式	1 层 3#管井内	2 组（每组 1 个减压阀）	$DN150$，$PN=1.6$MPa，阀前压力 1.3MPa，阀后压力 0.55MPa
2#减压阀（PRV-2）	车库水幕系统	比例式	B2 报警阀	2 组（每组 1 个减压阀）	$DN150$，$PN=1.6$MPa，阀前压力 0.84MPa，阀后压力 0.3MPa
3#减压阀（PRV-3）	消火栓系统	比例式	6 层管井内	2 组（每组 1 个减压阀）	$DN150$，$PN=1.6$MPa，阀前压力约 0.8MPa，阀后压力 0.22MPa
消火栓箱	酒店			136 个	SN65 室内消火栓，配 ϕ19mm 水枪，25m 长、ϕ65mm 衬胶水龙带；消防卷盘内径 ϕ19mm，长 30m，配 ϕ6mm 水枪
减压稳压型消火栓箱	酒店及地库			135 个	SN65 室内消火栓，配 ϕ19mm 水枪，25m 长、ϕ65mm 衬胶水龙带；消防卷盘内径 ϕ19mm，长 30m，配 ϕ6mm 水枪
湿式报警阀	酒店及附楼		报警阀间	13 个	4#、5#、12#、13#、16~23#、28#、$DN150$、$PN=1.6$MPa
预作用报警阀	地下车库		报警阀间	3 个	1~3#，$DN150$，$PN=1.6$MPa
雨淋报警阀	车库水幕及高速水喷雾系统		报警阀间及锅炉房内	12 个	6~11#、14#、15#、24~27#，共计 12 个；$DN150$，$PN=1.6$MPa
空气压缩机	地下车库预作用系统		B2 报警阀间	2 个，1 用 1 备	1.5kW
自动扫描灭火装置	酒店大堂挑空区		3 层高位	6 个	每个自动扫描灭火装置流量 5L/s，工作压力 $\geqslant$0.4MPa
自动扫描灭火装置	附楼挑空区		7 层高位	5 个	每个自动扫描灭火装置流量 5L/s，工作压力 $\geqslant$0.5MPa

3.1.4 平面图

平面图是施工图中最基本和最重要的图，是施工图预算的依据。它主要表明建筑物内消防设施的平面布置情况，能详细标示水平管道的管径、坡度、定位尺寸及标高等内容，作为施工依据。在施工安装自检合格后，平面图是监理工程师及业主验收的依据，也是消防主管部门审核及验收的依据。

3.1.5 系统原理图

系统原理图是与设计说明相辅相成的，如果说设计说明是消防工程的"大脑"，那么系统图就是消防工程的"骨架"。系统原理图主要包括系统原理和流程，反映系统之间的相互关系和系统的工艺，包括系统中的管道、设备、仪表、阀门及部件等，能够标示出平面图中难以标示清楚的内容。

系统图可以配合平面图反映并规定整个系统的管道及设备连接状况，指导施工，如立管的设计、各层横管与立管的连接、设备及器件的设计及其在系统中所处的环节等。整个系统设计得正确、合理、先进与否，都在系统图上有反映。像管道系统图应标示出管道内的介质流经的设备、管道、附件、管件等连接和配置情况，并应与平面图中的立管、横干管、给水设备、附件、仪器仪表等要素相对应；立管排列应以建筑平面图左端立管为起点，顺时针方向自左向右按立管位置及编号依次顺序排列；管道上的阀门、附件、给水设备等，均应按图例示意绘出；立管、横管及末端装置等应标注管径。

在施工图设计中，设计人员通常根据工程规模及系统设计复杂程度来决定采用系统图、系统原理图或轴测图。下面举例进行简要说明，如图3-1~图3-5所示。

3.1.6 剖面图

在设备、设施数量多，各类管道重叠、交叉多，且用轴测图难以标示清楚时，应绘制剖面图。系统剖面图主要反映了设备、设施、构筑物、各类管道的定位尺寸、标高、管径以及建筑结构的空间尺寸。剖面图还应标示出设备、设施和管道上的阀门、附件和仪器仪表等的位置及支架。设备、附件、管件等制造详图，应以实际形状绘制总装图，并应对各零部件进行编号，再对零部件绘制制造图。该零部件下面或左侧应绘制包括编号、名称、规格、材质、数量、质量等内容的材料明细表。剖面图的建筑结构外形应与建筑结构专业一致，应用细实线绘制。图3-6所示为某工程管道系统剖面图，图3-7所示为ZSFP15排气阀剖面图。

3.1.7 大样图

系统大样图是设备安装空间定位尺寸的依据，往往跟剖面图相辅相成，来体现重要设备的结构特征及尺寸。平面图中因比例限制不能标示清楚的部分，如水泵房、水箱间、报警阀间等内容较复杂处通常需画大样图，方便施工人员按图施工。大样图的画图比例通常为1:50、1:25、1:10。图3-8为某消防泵房的设备安装平面大样图。在实际施工过程中，还需配合正、侧剖面来详细地标示各设备部件的安装高度及位置，如图3-9所示。

3.1.8 设计修改通知单

设计修改通知单是设计单位出具的设计变更内容，是设计变更的书面依据。通常各设计单位的设计修改通知单的形式有所不同。设计修改通知单中重点是对发生变更的原因、变更内容、变更内容对应的图样编号进行填写，便于在竣工图中体现设计变更。在现行的工程资料管理规程中，设计修改通知单的形式需转换成设计变更形式，方便竣工验收时的资料归档。

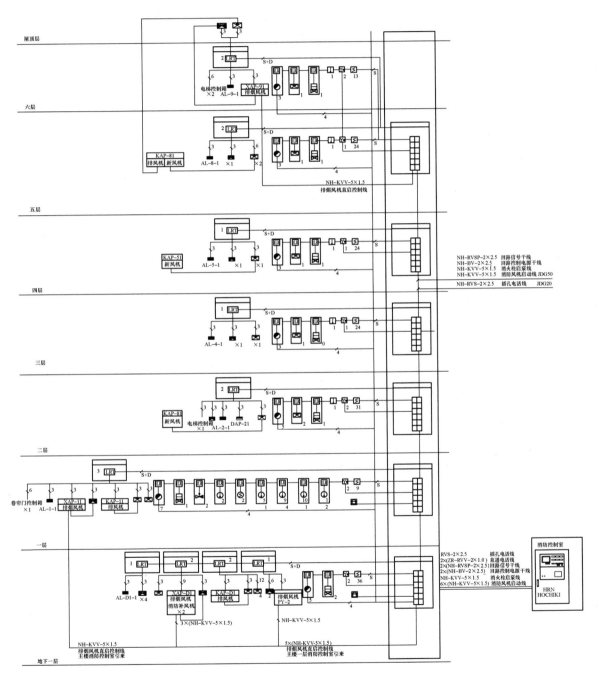

图 3-1　火灾自动报警及联动系统图

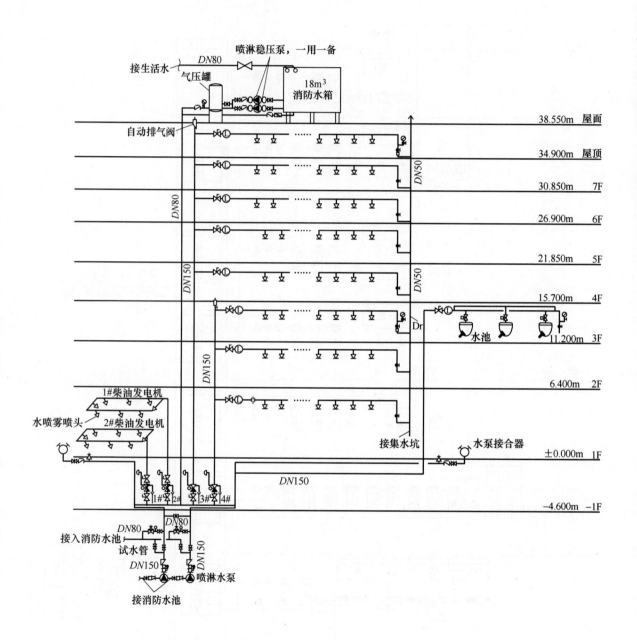

图 3-2 自动喷水灭火系统原理图

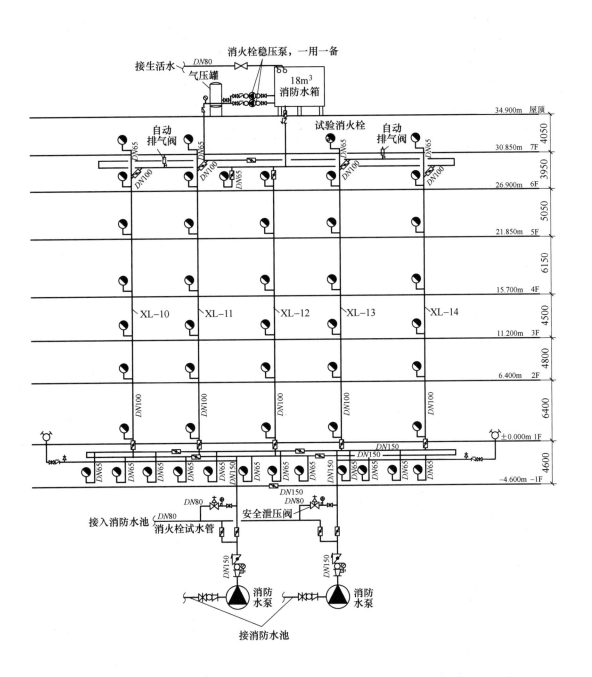

图 3-3　室内消火栓系统图

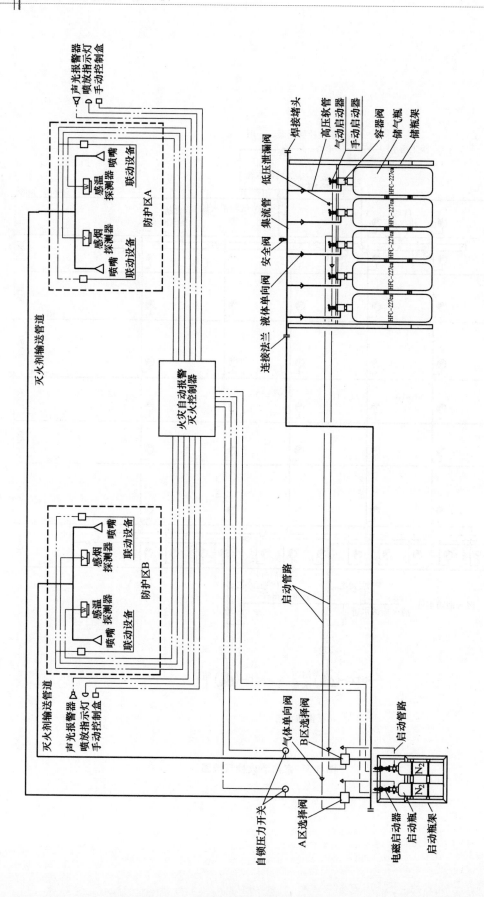

图 3-4 七氟丙烷灭火系统原理图（组合分配式）

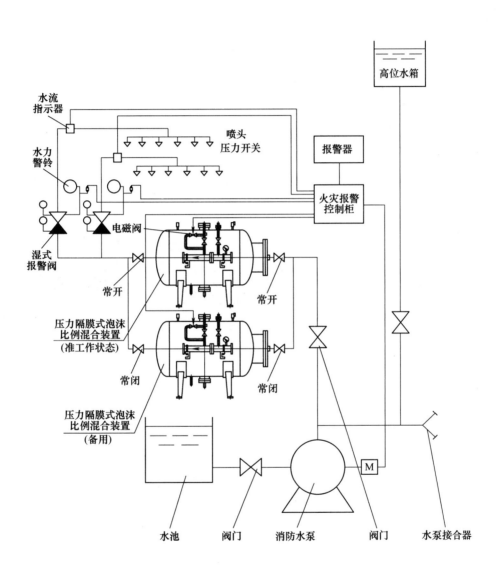

图 3-5　自动喷水-泡沫联用系统原理图

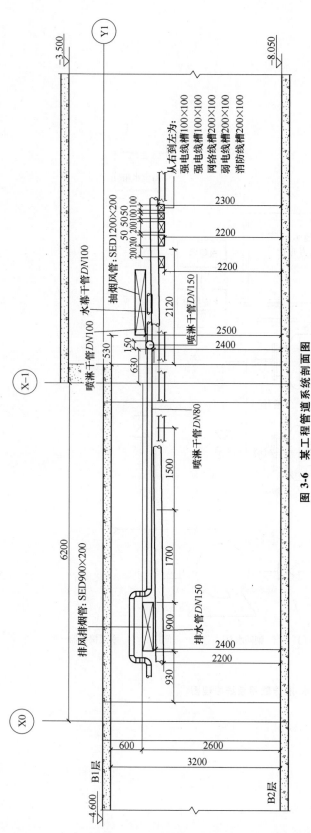

图 3-6 某工程管道系统剖面图

图 3-7 ZSFP15 排气阀剖面图

1—上阀盖 2—下阀芯 3—O 形密封圈 4—下阀体 5—浮体 6—上阀体 7—二次密封盖

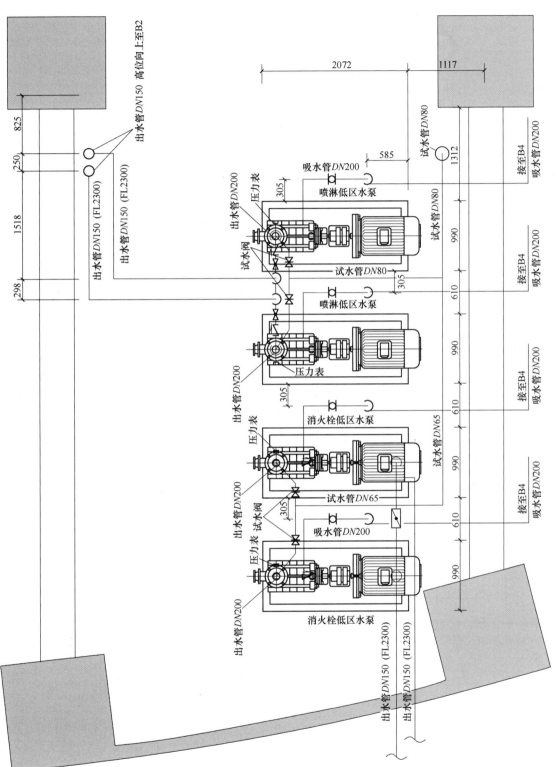

图 3-8 某消防泵房的设备安装平面大样图

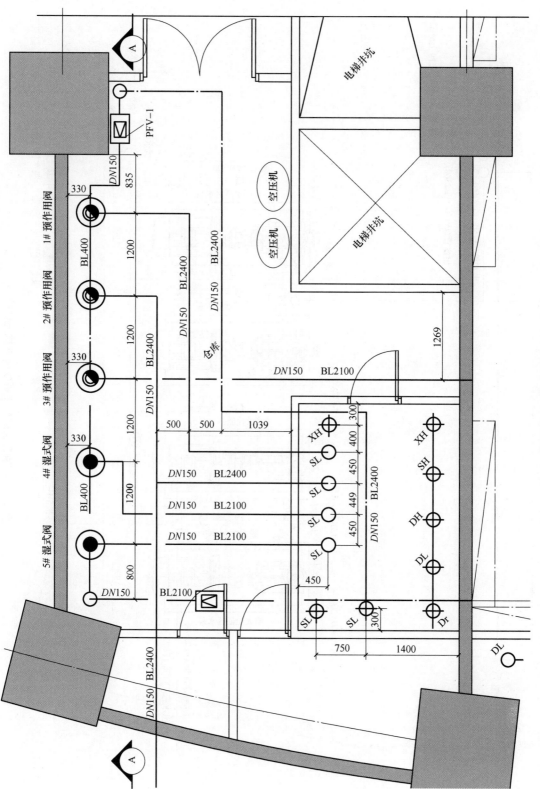

图3-9 某工程报警阀间的大样图及剖面图

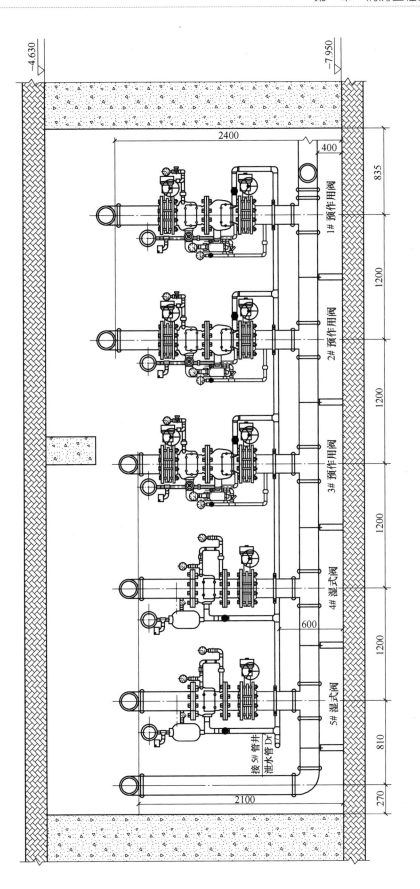

图 3-9　某工程报警阀间的大样图及剖面图（续）

3.2 消防工程安装施工图图例和代号

为规范统一施工图图例，方便施工人员快速读图，国家制定了一系列的制图标准，通常在施工及设计中采用《房屋建筑制图统一标准》（GB/T 50001—2017）、《总图制图标准》（GB/T 50103—2010）、《建筑制图标准》（GB/T 50104—2010）、《建筑结构制图标准》（GB/T 50105—2010）、《建筑给水排水制图标准》（GB 50106—2010）、《暖通空调制图标准》（GB/T 50114—2010）及《消防技术文件用消防设备图形符号》（GB/T 4327—2008）等标准及规范性文件。

各种类型消防设施的图形符号一般由基本符号与辅助符号按需要组合成不同的图形符号。单独使用的符号为单独使用的图形符号。同一张图上所有图形符号比例都应相同，并要与图的比例相适应，符号的大小应适宜于微缩复制。

3.2.1 基本符号

消防设施的基本符号见表3-2。

表3-2 消防设施的基本符号

符　号	意　义	备　注	符　号	意　义	备　注
△	手提式灭火器	ISO-6790-2.1	▢	报警启动装置（点式-手动或自动）	ISO-6790-2.8
△	推车式灭火器	ISO-6790-2.2	▭	线型探测器	ISO-6790-2.9
◇	固定式灭火系统（全淹没）	ISO-6790-2.3	⏢	火灾警报装置	ISO-6790-2.10
◇	固定式灭火系统（局部应用）	ISO-6790-2.4	⌂	消防通风口	ISO-6790-2.11
○	消防供水干线	ISO-6790-2.5	⬠	正压（烟气控制）	ISO-6790-2.12
◠	其他灭火设备	ISO-6790-2.6	⊓	特殊危险区域或房间	ISO-6790-2.13
▭	控制和指示设备	ISO-6790-2.7	▱	火灾报警装置	GB/T 4327-2008

3.2.2 辅助符号

消防设施的辅助符号见表3-3。

表 3-3　消防设施的辅助符号

符　号	意　义	备　注	符　号	意　义	备　注
⊗	水	ISO-6790-3.1.1	↓	热（温）	ISO-6790-3.5.1
●⊘●	泡沫或泡沫液（可任选一种）	ISO-6790-3.1.2	⟨	烟	ISO-6790-3.5.2
●⊗⊗	含有添加剂的水（可任选一种）	ISO-6790-3.1.3	∧	火焰	ISO-6790-3.5.3
○	无水	ISO-6790-3.1.4	⫬	易爆气体	ISO-6790-3.5.4
⊠	BC 类干粉	ISO-6790-3.2.1	Y	手动启动	ISO-6790-3.5.5
■▨■	ABC 类干粉（可任选一种）	ISO-6790-3.2.2	⌒	电铃	ISO-6790-3.6.1
□	非 BC 类和 ABC 类干粉	ISO-6790-3.2.3	◁	发声器	ISO-6790-3.6.2
⚠	卤代烷	ISO-6790-3.3.1	◁	扬声器	ISO-6790-3.6.3
▲△▲	二氧化碳（可任选一种）	ISO-6790-3.3.2	⌂	电话	ISO-6790-3.6.4
△	非卤代烷和二氧化碳灭火气体	ISO-6790-3.3.3	⍾	照明信号	ISO-6790-3.6.5
⋈	阀门	ISO-6790-3.4.1	⚡	爆炸材料	ISO-6790-3.9
⊢→	出口	ISO-6790-3.4.2	⍾	氧化剂	ISO-6790-3.8
→⊣	入口	ISO-6790-3.4.3	△	易燃材料	ISO-6790-3.7

3.2.3　灭火器符号

常用的灭火器符号见表 3-4。

表 3-4　常用的灭火器符号

符　号	意　义	备　注	符　号	意　义	备　注
	手提式灭火器	ISO-6790-2.1		推车式灭火器	ISO-6790-2.2
	手提式 BC 干粉灭火器	借 ISO-6790-3.2.1		推车式 BC 干粉灭火器	ISO-6790-5.4
	手提式 ABC 干粉灭火器	ISO-6790-5.2		推车式 ABC 干粉灭火器	ISO-6790-3.2.2
	非 BC 和 ABC 干粉手提式灭火器	ISO-6790-3.2.3 限定在平面图		非 BC 和非 ABC 干粉推车式灭火器	ISO-6790-3.2.3 限定在平面图
	泡沫或泡沫混合液手提式灭火器	借 ISO-6790-3.1.2		泡沫或泡沫混合液推车式灭火器	ISO-6790-3.1.2
	手提式二氧化碳灭火器	ISO-6790-5.3		二氧化碳推车式灭火器	借 ISO-6790-3.2.2
	非卤代烷和二氧化碳气体手提式灭火器	ISO-6790-3.3.3 限定在平面图		非卤代烷和二氧化碳气体推车式灭火器	ISO-6790-3.3.3 限定在平面图
	手提式清水灭火器	ISO-6790-5.1			

3.2.4　固定灭火系统符号

常用的固定灭火系统符号见表 3-5。

表 3-5　常用的固定灭火系统符号

符　号	意　义	备　注	符　号	意　义	备　注
	固定式灭火系统（全淹没）	ISO-6790-2.3		固定式灭火系统（局部应用）	ISO-6790-2.4
	BC 干粉灭火系统（全淹没）	借 ISO-6790-3.2.1		BC 干粉灭火系统（局部应用）	ISO-6790-5.6
	ABC 干粉灭火系统（全淹没）	借 ISO-6790-3.2.2		ABC 干粉灭火系统（局部应用）	借 ISO-6790-3.2.2
	非 BC 类和 ABC 类干粉（全淹没）	借 ISO-6790-3.2.3		非 BC 类和 ABC 类干粉（局部应用）	借 ISO-6790-3.2.3

（续）

符 号	意 义	备 注	符 号	意 义	备 注
◈	泡沫灭火系统（全淹没）	ISO-6790-5.5	◈	泡沫灭火系统（局部应用）	ISO-6790-5.5
◆	二氧化碳（全淹没）	借 ISO-6790-5.3	◆	二氧化碳（局部应用）	借 ISO-6790-5.3
◇	非卤代烷和二氧化碳灭火气体（全淹没）	借 ISO-6790-3.3.3	◇	非卤代烷和二氧化碳灭火气体（局部应用）	借 ISO-6790-3.3.3
◇	手动控制的灭火系统（全淹没）	ISO-6790-5.7			

3.2.5 灭火设备安装处符号

灭火设备安装处的符号见表 3-6。

表 3-6 灭火设备安装处的符号

符 号	意 义	备 注	符 号	意 义	备 注
	灭火设备	GB 13495.1—2015：3-11		消防软管卷盘	GB 13495.1—2015：3-15
	手提式灭火器	GB 13495.1—2015：3-12		地下消火栓	GB 13495.1—2015：3-16
	推车式灭火器	GB 13495.1—2015：3-13		地上消火栓	GB 13495.1—2015：3-17
	消防炮	GB 13495.1—2015：3-14		消防水泵接合器	GB 13495.1—2015：3-18

3.2.6 火灾、爆炸危险区符号

火灾、爆炸危险区符号见表 3-7。

表 3-7 火灾、爆炸危险区符号

符 号	意 义	备 注	符 号	意 义	备 注
	含有爆炸性材料的房间	ISO-6790-5.19		禁止吸烟	GB 13495.1—2015：3-19
	含有易燃材料的房间	借 ISO-6790-5.19		禁止烟火	GB 13495.1—2015：3-20
	含有氧化物材料的房间	借 ISO-6790-5.19		禁止放易燃物	GB 13495.1—2015：3-21
	含有易爆气体的房间	借 ISO-6790-5.19		禁止放鞭炮	GB 13495.1—2015：3-22
	禁止用水灭火	GB 13495.1—2015：3-23			

3.2.7 火灾警报装置符号

火灾警报装置符号见表3-8。

表3-8 火灾警报装置符号

符 号	意 义	备 注	符 号	意 义	备 注
	报警电话	借 ISO-6790-3.6.4		火灾光报警器	借 ISO-6790-3.6.5
	报警发声器	ISO-6790-5.16		火警电铃（警铃）	借 ISO-6790-3.6.1
	紧急事故广播	借 ISO-6790-3.6.3		火灾声光报警器	借 ISO-6790-3.6.3 借 ISO-6790-3.6.5

3.2.8 消防管路及配件符号

常用的消防管路及配件符号见表3-9。

表3-9 常用的消防管路及配件符号

符 号	意 义	备 注	符 号	意 义	备 注
—XH—	消火栓给水管			柔性接头	
—ZP—	自动喷水灭火给水管			减压孔板	
—YL—	雨淋灭火给水管			波纹管	
—SM—	水幕灭火给水管			闸阀	
—SP—	水炮灭火给水管			电动阀	
—SW—	水喷雾灭火给水管			电磁阀	
======	电伴热管道			球阀	
刚性套管 柔性套管	防水套管			截止阀	左侧为 DN<50 右侧为 DN≥50
	管道固定支架			防爆波阀	
	管道滑动支架			管道式水锤消除器	
	弯折管（表示管道向后及向下弯转90°）			减压阀（左侧为高压端）	
	管道丁字上接			止回阀	
	管道丁字下接			消声止回阀	

（续）

符　号	意　义	备　注	符　号	意　义	备　注
	管道交叉 （在下方和后面的管道 应断开）			蝶阀	
	偏心异径管			安全阀	
	异径管			过滤器	
	吸水喇叭口	左侧为平面 右侧为系统		自动排气阀	左侧为平面 右侧为系统
$i=0.003$	坡度（标值在管线上方）			浮球阀	左侧为平面 右侧为系统
-1.500	标高，单位：m			底阀	左侧为平面 右侧为系统
XL-1　XL-1 平面　立面	管网立管	X：表示管道类别 L：立管 1：编号			

3.2.9　控制和指示设备符号

常用的控制和指示设备符号见表 3-10。

表 3-10　常用的控制和指示设备符号

符　号	意　义	备　注	符　号	意　义	备　注
	火灾报警控制器	04X501-8	I/O	输入/输出模块	04X501-8
C	集中火灾报警控制器	04X501-8	O	输出模块	04X501-8
Z	区域火灾报警控制器	04X501-8	I	输入模块	04X501-8
S	可燃气体火灾报警控制器	04X501-8	SI	短路隔离器	04X501-8
RS	防火卷帘门控制器	04X501-8	M	模块箱	04X501-8
RD	防火门门磁释放器	04X501-8	D	火灾显示盘	04X501-8
FPA	火警广播系统	04X501-8	FI	楼层显示盘	04X501-8
MT	对讲电话主机	04X501-8	CRT	火灾计算机图形显示系统	04X501-8

3.2.10　报警启动装置符号

报警启动装置符号见表 3-11。

表 3-11 报警启动装置符号

符 号	意 义	备 注	符 号	意 义	备 注
	感烟探测器（点型）	ISO-6790-5.11		感温探测器（点型）	GB/T 4327-2008
	感烟探测器（线型）	GB/T 4327-2008		感温探测器（线型）	ISO-6790-5.15
	线型光束感烟探测器（发射部分）	GB/T 4327-2008		复合式感温感烟探测器（点型）	GB/T 4327-2008
	线型光束感烟探测器（接收部分）	GB/T 4327-2008		复合式感光感烟探测器（点型）	GB/T 4327-2008
	感光探测器（点型）	GB/T 4327-2008		复合式感光感温探测器（点型）	GB/T 4327-2008
	可燃气体探测器（点型）	GB/T 4327-2008		火灾报警电话机	GB/T 4327-2008
	手动报警按钮	GB/T 4327-2008		消防电话插孔	04X501-1-9
	消火栓按钮	04X501-1-9		放气指示灯	
	气体紧急启停按钮				

3.2.11 消防泄放口符号

消防泄放口符号见表 3-12。

表 3-12 消防泄放口符号

符 号	意 义	备 注	符 号	意 义	备 注
	消防通风口处的手动控制器	ISO-6790-5.17	70℃	常开防火阀（70°熔断关闭）	14X505-1-5
	消防通风口处的热启动控制器	借 ISO-6790-5.17	280℃	常开防火阀（280°熔断关闭）	14X505-1-5
	正压（烟气控制）	ISO-6790-2.12	280℃	常闭防火阀（电控开启，280°熔断关闭）	14X505-1-5

3.2.12 疏散通道符号

疏散通道符号见表 3-13。

表 3-13 疏散通道符号

符 号	意 义	备 注	符 号	意 义	备 注
	疏散方向诱导灯	借 ISO-6790-3.4.3	EXIT	安全出口	
	疏散方向出口灯	借 ISO-6790-3.4.2		禁止阻塞	GB 13495.1—2015：3-24
	逃生线路，逃生方向	ISO-6790-4.5		禁止锁闭	GB 13495.1—2015：3-25
	逃生线路最终出口	ISO-6790-4.6			

3.2.13　消防设施符号

常用的消防设施符号见表 3-14。

表 3-14　常用的消防设施符号

符　号	意　义	备　注	符　号	意　义	备　注
	室外消火栓			水泵接合器	
	单栓室内消火栓	左侧为平面 右侧为系统		开式自动喷洒头	左侧为平面 右侧为系统
	双栓室内消火栓	左侧为平面 右侧为系统		闭式下喷自动喷洒头	左侧为平面 右侧为系统
	干式报警阀	左侧为平面 右侧为系统		闭式上喷自动喷洒头	左侧为平面 右侧为系统
	湿式报警阀	左侧为平面 右侧为系统		闭式上下喷自动喷洒头	左侧为平面 右侧为系统
	预作用报警阀	左侧为平面 右侧为系统		直立式边墙型喷洒头	左侧为平面 右侧为系统
	雨淋阀	左侧为平面 右侧为系统		水平式边墙型喷洒头	左侧为平面 右侧为系统
	末端测试装置	左侧为平面 右侧为系统		水炮	
	水泵 （三角尖指向水流方向）			压力表	左侧为压力表 右侧为压力控制器
	灭火剂罐			泡沫液罐	

3.2.14　其他相关符号

消防设施其他相关符号见表 3-15。

表 3-15　消防设施其他相关符号

符　号	意　义	备　注	符　号	意　义	备　注
	水桶	ISO-6790-4.1		消防泵站	GB/T 4327-2008
	砂桶	ISO-6790-4.2		消防水罐（池）	GB/T 4327-2008

3.3　消防工程安装常用标准图

本节中所列的常用安装图及设备组件图主要选自国家建筑标准设计图集 04X501《火灾报警及消防控制》、04S206《自动喷水与水喷雾灭火设施安装》、07S207《气体消防系统选用、安装与建筑灭火器配置》、15S202《室内消火栓安装》、13S201《室外消火栓及消防水鹤安装》、99（03）S203《消防水泵接合器安装》等以及生产厂商的设备技术资料。

3.3.1 火灾自动报警系统

1. 各种探测器在不同场所的安装图

（1）点型探测器在楼板上的暗装图

点型探测器在楼板上的暗装图如图 3-10 所示。

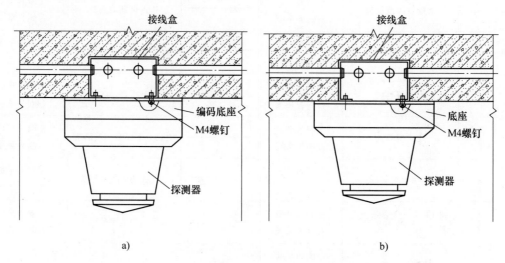

图 3-10　点型探测器在楼板上的暗装图

a）编码型安装方式　b）非编码型安装方式

（2）点型探测器在楼板上的明装图

点型探测器在楼板上的明装图如图 3-11 所示。

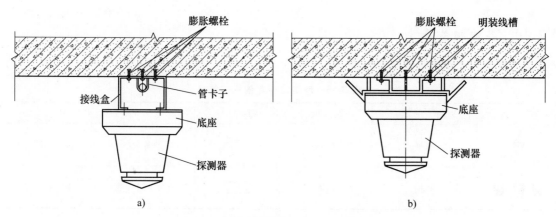

图 3-11　点型探测器在楼板上的明装图

a）安装方式一　b）安装方式二

（3）点型探测器在吊顶上的安装图

点型探测器在吊顶上的安装图如图 3-12 所示。

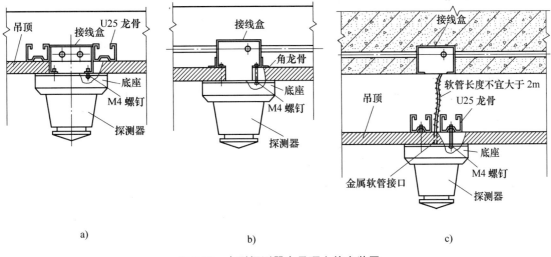

图 3-12 点型探测器在吊顶上的安装图

a）安装方式一 b）安装方式二 c）安装方式三

（4）点型探测器在斜面上的安装图

点型探测器在斜面上的安装图如图 3-13 所示。

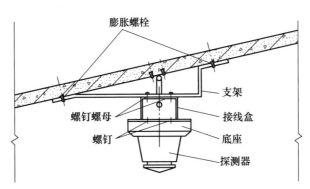

图 3-13 点型探测器在斜面上的安装图

（5）点型探测器在活动地板下的安装图

点型探测器在活动地板下的安装图如图 3-14 所示。

（6）缆式感温探测器的安装图

缆式感温探测器的安装图如图 3-15、图 3-16 所示。

（7）红外光束感烟探测器的安装图

红外光束感烟探测器的安装图如图 3-17 所示。

2. 手动报警按钮安装图

手动报警按钮安装图如图 3-18 所示。

3. 消火栓按钮安装图

消火栓按钮安装图如图 3-19 所示。

4. 报警显示灯安装图

报警显示灯安装图如图 3-20 所示。

5. 模块箱安装图

模块箱安装图如图 3-21 所示。

6. 壁挂式火灾报警控制器安装图

壁挂式火灾报警控制器安装图如图 3-22 所示。

7. 电动防火卷帘门安装图

电动防火卷帘门安装图如图 3-23、图 3-24 所示。

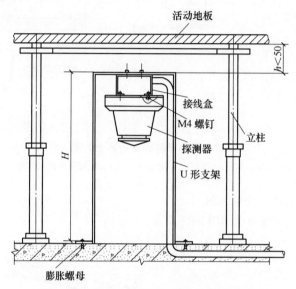

图 3-14　点型探测器在活动地板下的安装图

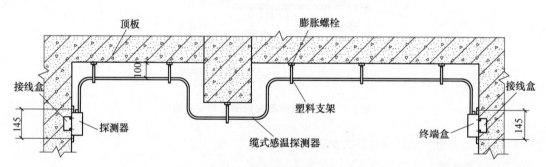

图 3-15　缆式感温探测器在楼板下的安装图

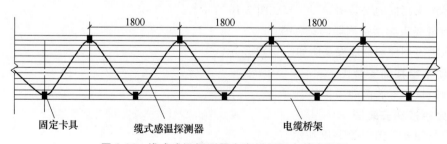

图 3-16　缆式感温探测器在电缆桥架上的安装图

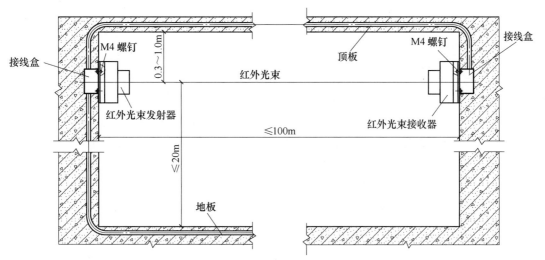

图 3-17 红外光束感烟探测器的安装图

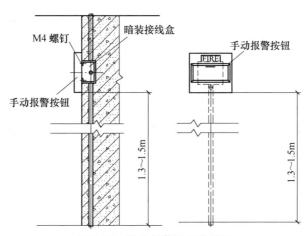

图 3-18 手动报警按钮安装图

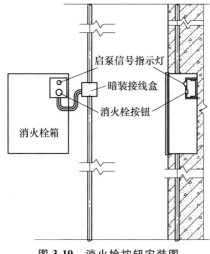

图 3-19 消火栓按钮安装图

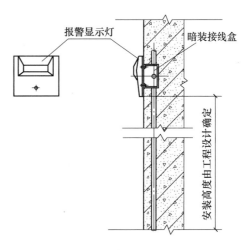

图 3-20 报警显示灯安装图

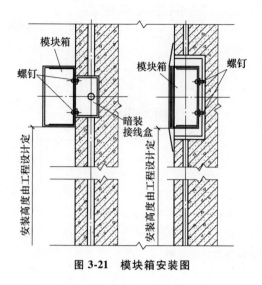

图 3-21 模块箱安装图

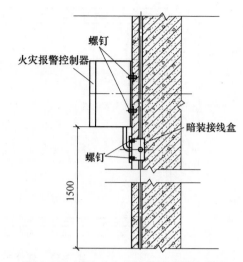

图 3-22 壁挂式火灾报警控制器安装图

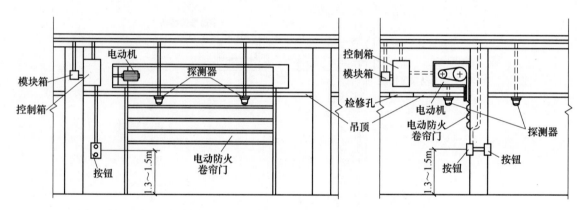

图 3-23 电动防火卷帘门安装图（用在疏散通道上）

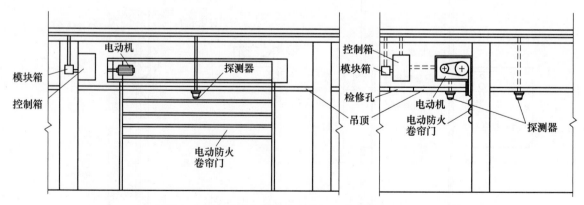

图 3-24 电动防火卷帘门安装图（作防火分隔用）

注：防火卷帘设置在疏散通道上采用两步降的方式，用做防火分隔时采用一步降的方式。

8. 电动防火门安装图

电动防火门安装图如图 3-25 所示。

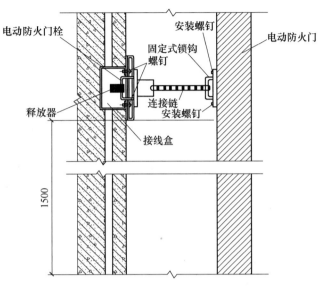

图 3-25　电动防火门安装图

3.3.2　自动喷水灭火系统安装图

1. 各种喷头在不同场所的安装图

各种喷头在不同场所的安装图如图 3-26～图 3-30 所示。

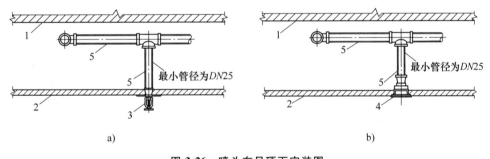

图 3-26　喷头在吊顶下安装图

a）下垂型喷头　b）隐蔽型喷头

1—顶板　2—吊顶　3—下垂型喷头　4—隐蔽型喷头　5—管道

2. 水流指示器和信号阀的安装图

水流指示器和信号阀的安装图如图 3-31 所示。

3. 减压阀组的安装图

减压阀组的安装图如图 3-32 所示。

4. 各种报警阀组的安装图

各种报警阀组的安装图如图 3-33～图 3-36 所示。

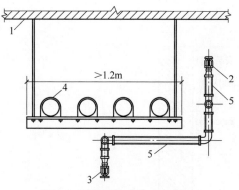

图 3-27 障碍物下喷头安装图

1—顶板 2—直立型喷头 3—下垂型喷头

4—排管（或梁、通风管道、桥架等） 5—管道

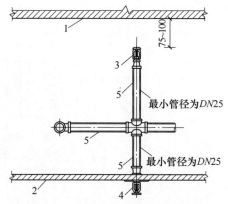

图 3-28 吊顶上、下喷头安装图

1—顶板 2—吊顶 3—直立型喷头

4—下垂型喷头 5—管道

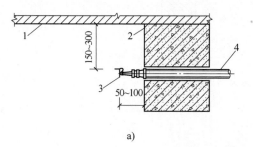

a)

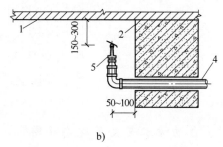

b)

图 3-29 边墙型喷头安装图

a）水平边墙型 b）直立边墙型

1—顶板 2—背墙 3—水平边墙型喷头 4—管道 5—直立边墙型喷头

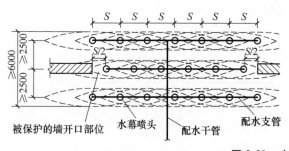

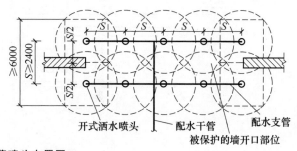

图 3-30 水幕喷头布置图

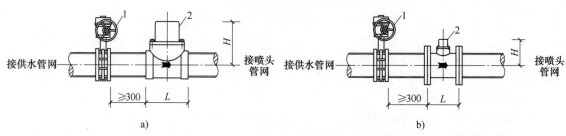

a)   b)

图 3-31 水流指示器和信号阀的安装图

a）螺纹安装 b）法兰安装

1—水流指示器 2—信号蝶阀

注：H、L 的尺寸根据各厂家的设备数据而定。

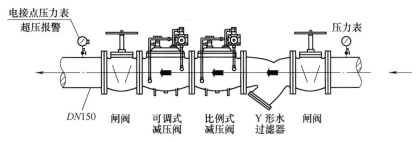

图 3-32 减压阀组的安装图

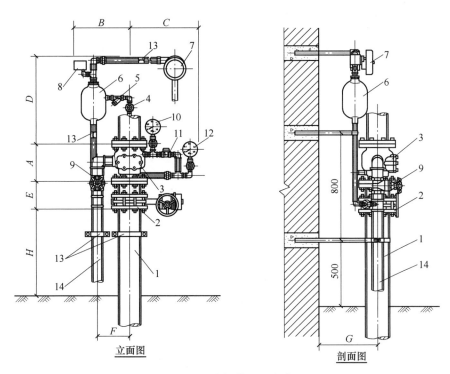

图 3-33 湿式报警阀组安装图

1—消防供水管 2—信号蝶阀 3—湿式报警阀 4—球阀 5—过滤器 6—延迟器 7—水力警铃 8—压力开关
9—球阀 10—出水口压力表 11—止回阀 12—进水口压力表 13—管卡 14—排水管

注：A～H 为湿式报警阀组安装尺寸，其数值根据设备尺寸及安装空间而存在差异。报警阀组安装在便于操作的明显位置，距离室内地面高度宜为 1.2m，两侧与墙的距离不应小于 0.5m，与正面墙面的距离不应小于 1.2m。室内地面应有排水设施。表 3-16 所列为北京某消防设备公司的 ZSFZ 系列湿式报警阀组的安装尺寸。

表 3-16 ZSFZ 系列湿式报警阀组的安装尺寸 （单位：mm）

型号	A	B	C	D	E	F	G	H
ZSFZ100	247	300	400	375	235	200	300	840
ZSFZ150	280	380	400	400	260	240	310	800

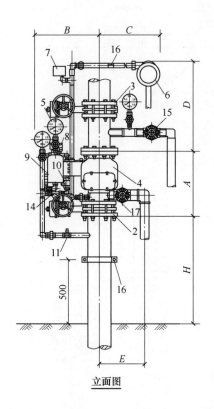
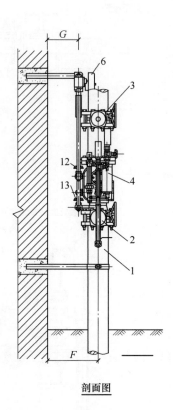

立面图　　　　　　　　　　　　剖面图

图 3-34　雨淋报警阀组安装图

1—消防供水管　2—信号蝶阀　3—试验信号阀　4—雨淋报警阀　5—压力表　6—水力警铃

7—压力开关　8—电磁阀　9—手动开启阀　10—止回阀　11—控制管球阀

12—报警管球阀　13—试验铃球阀　14—过滤器

15—试验放水阀　16—管卡　17—泄水阀

注：$A \sim H$ 为雨淋报警阀组安装尺寸，其数值根据设备尺寸及安装空间而存在差异。报警阀组安装在安全且便于操作的明显位置，两侧与墙的距离不应小于0.5m，与正面墙面的距离不应小于1.2m。室内地面应有排水设施。表3-17所列为北京某消防设备公司的 ZSFY 系列雨淋报警阀组的安装尺寸。

表 3-17　ZSFY 系列雨淋报警阀组的安装尺寸　　　　　　　（单位：mm）

型号 \ 尺寸	A	B	C	D	E	F	G	H
ZSFY100	420	500	400	500	400	300	100	990
ZSFY150	480	580	400	500	400	370	100	960
ZSFY200	690	680	500	500	480	470	150	855

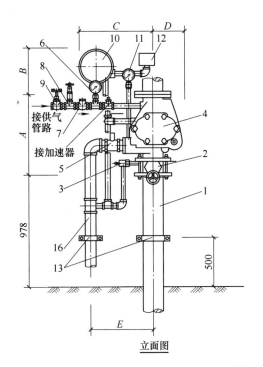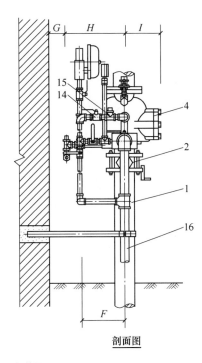

立面图　　　　　　　　　　剖面图

图 3-35　干式报警阀组安装图

1—消防供水管　2—信号蝶阀　3—自动滴水阀　4—干式报警阀　5—主排水阀　6—气压表
7—气路止回阀　8—安全阀　9—供气截止阀　10—水力警铃　11—水压表　12—压力开关
13—管卡　14—冷凝水排水阀　15—注水口管堵　16—排水管

注：A～I 为干式报警阀组安装尺寸，其数值根据设备尺寸及安装空间而存在差异。报警阀组安装
在便于操作的明显位置，距离室内地面高度宜为 1.2m，两侧与墙的距离不应小于 0.5m，与正面墙面
的距离不应小于 1.2m。室内地面应有排水设施。表 3-18 所列为北京某消防设备公司的 ZSFC 系列干式
报警阀组的安装尺寸。

表 3-18　ZSFC 系列干式报警阀组的安装尺寸　　　　　　　　　（单位：mm）

尺 寸 型 号	A	B	C	D	E	F	G	H	I
ZSFC100	445	245	423	173	335	260	200	360	215

5. 末端试水装置安装图

末端试水装置安装图如图 3-37 所示。

6. 消防水泵的安装图

消防水泵的安装图如图 3-38 所示。

3.3.3　消火栓系统常用的安装图

1. 室外消火栓安装图

室外消火栓安装图如图 3-39、图 3-40 所示。

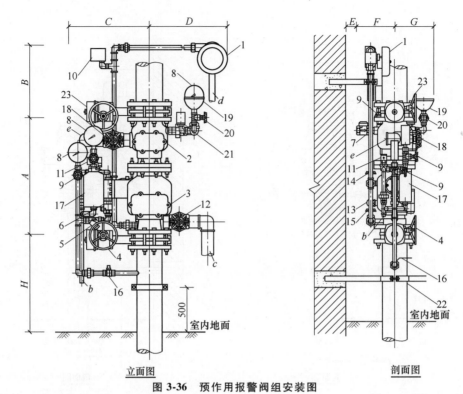

立面图　　　　　　　　剖面图

图 3-36　预作用报警阀组安装图

1—消防供水管　2—试验放水阀　3—信号蝶阀　4—雨淋报警阀　5—压力表　6—水力警铃　7—压力开关　8—电磁阀　9—放水阀　10—手动快开阀　11—止回阀　12—控制腔供水阀　13—过滤器　14—警铃测试阀　15—电磁阀　16—手动报警阀　17—补压接口　18—压力表　19—过滤减压阀　20—空气补偿球阀　21—主充气阀　22—止回阀　23—低压监控开关

注：$A \sim H$ 为预作用报警阀组安装尺寸，其数值根据设备尺寸及安装空间而存在差异。报警阀组安装在便于操作的明显位置，两侧与墙的距离不应小于 0.6m，与正面墙面的距离不应小于 1.2m。室内地面应有排水设施。表 3-19 所列为北京某消防设备公司的 ZSFU 系列预作用报警阀组的安装尺寸。

表 3-19　ZSFU 系列预作用报警阀组的安装尺寸　　　　　　（单位：mm）

尺寸 型号	A	B	C	D	E	F	G	H	泄水管管径			
									b	c	d	e
ZSFU100	340	500	380	400	120	180	130	1030	DN15	DN50	DN25	DN50
ZSFU150	392	500	460	400	170	240	140	1004	DN15	DN50	DN25	DN50

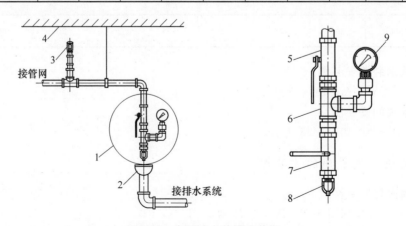

图 3-37　末端试水装置安装图

1—末端试水装置　2—排水漏斗　3—喷头　4—顶板　5—球阀（常开）　6—三通　7—球阀（常闭）　8—试水接头　9—压力表

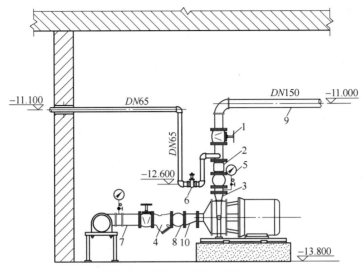

图 3-38　消防水泵的安装图

1—闸阀　2—止回阀　3—同心异径接头　4—过滤器　5—压力表　6—泄水管闸阀　7—吸水管

8—软接头　9—出水管　10—偏心异径接头

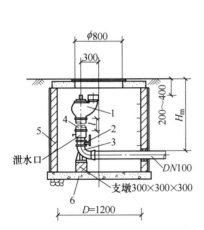

图 3-39　地下式室外消火栓安装图（SA100）

1—地下式消火栓　2—蝶阀　3—弯管底座

4—法兰接管　5—圆形立式闸阀井

6—混凝土支墩

注：H_m 为支管埋土深度；l 为法兰连接管的长度，由设计者确定。

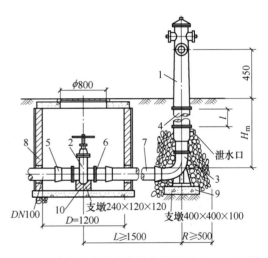

图 3-40　地上式室外消火栓安装图（SS100/65 型）

1—地上式消火栓　2—闸阀　3—弯管底座　4—法兰接管

5—短管甲　6—短管乙　7—铸铁管　8—圆形立式闸阀井

9—混凝土支墩　10—砖砌支墩

注：H_m 为支管埋土深度；l 为法兰连接管的长度，由设计者确定。

2. 室内消火栓安装图

室内消火栓安装图如图 3-41～图 3-43 所示。

目前消火栓箱的规格主要有 800mm×650mm×240mm（180mm、160mm）、1000mm×700mm×240mm（180mm、160mm）、1800mm×700mm×240mm（180mm、160mm）等，箱体内配件的位置、进水管方向可根据实际情况进行调整。

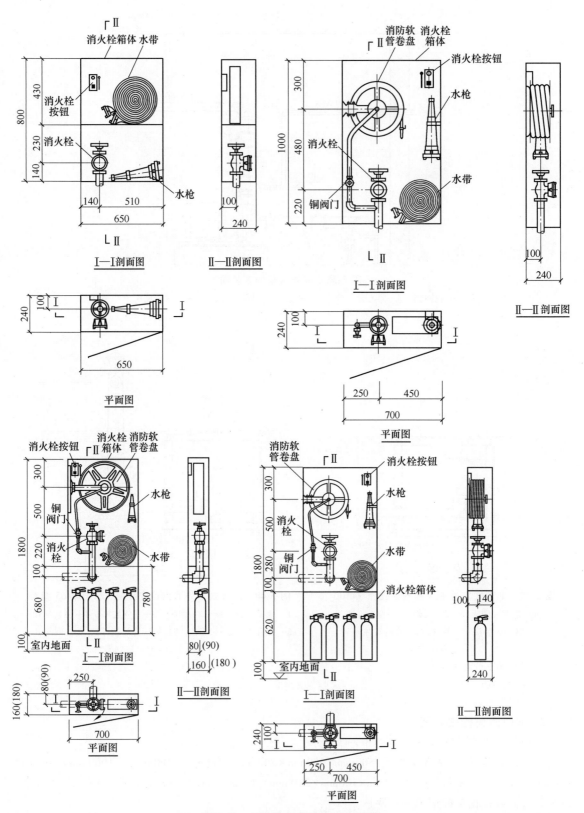

图3-41　几种常用的室内消火栓箱

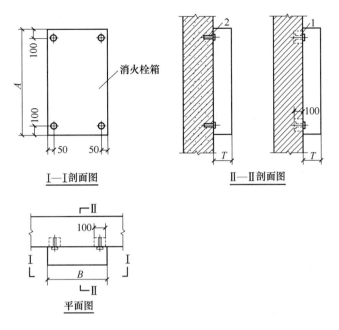

图 3-42 消火栓箱明装图

1—镀锌螺栓 2—镀锌膨胀螺栓

A—消火栓箱体长度 *B*—箱体宽度 *T*—箱体厚度

注：预埋螺栓砖墙（含砌块）上留洞或凿孔处用 C20 混凝土填塞。

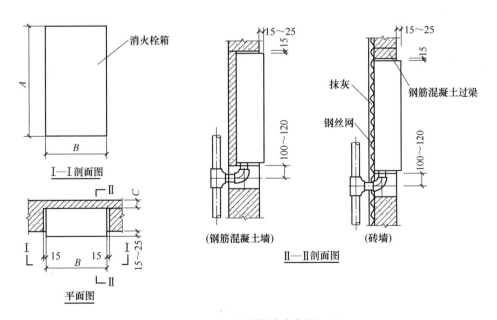

图 3-43 消火栓箱暗装图

A—消火栓箱体长度 *B*—箱体宽度 *C*—箱体洞口后面剩余墙厚

3. 消防水泵接合器安装图

消防水泵接合器安装图如图 3-44～图 3-46 所示。

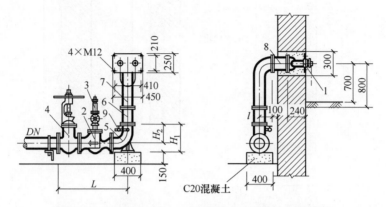

图 3-44　SQB100/150—A 型墙壁式水泵接合器安装图

1—消防接口本体　2—止回阀　3—安全阀　4—闸阀　5—90°弯头　6—法兰直管

7—法兰弯头　8—法兰直管　9—截止阀

注：L、l、H_1、H_2 表示管道的安装尺寸，其数值见表 3-20。当两个以上消防接口本体并排安装时，其中心距宜为 1m。

表 3-20　管道安装尺寸　　　　　　　　　　　　　（单位：mm）

管径 DN	L	l	H_1	H_2
100	870	130	318	208
150	1140	160	465	323

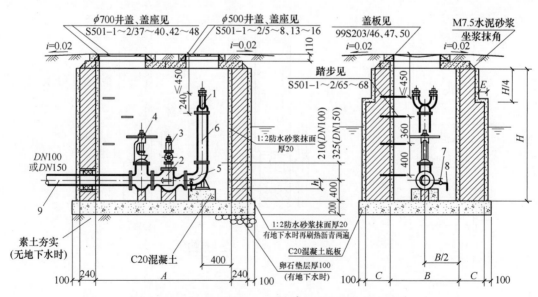

图 3-45　SQX100/150—A 型地下式水泵接合器安装图

1—消防接口本体　2—止回阀　3—安全阀　4—闸阀　5—90°弯头　6—法兰接管　7—截止阀　8—镀锌钢管　9—法兰直管

注：A、B、H、C、E、h 的具体尺寸可见 99S203 的第 17 页。

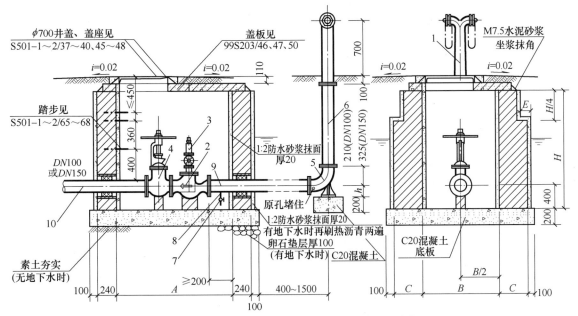

图 3-46 SQS100/150—A 型地上式水泵接合器安装图

1—消防接口本体 2—止回阀 3—安全阀 4—闸阀 5—90°弯头 6—法兰接管 7—截止阀 8—镀锌钢管 9、10—法兰直管

注：A、B、C、E、H、h 的具体尺寸可见图集 99S203 的第 11 页。

4. 消防水箱安装图

消防水箱安装图如图 3-47 所示。

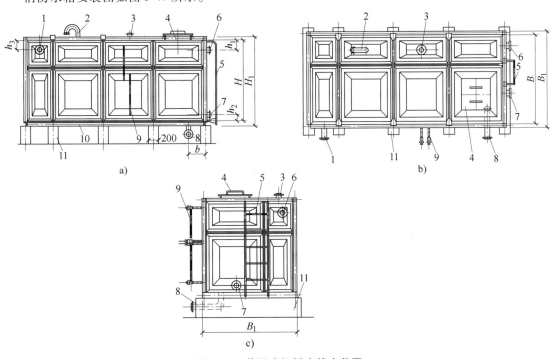

a)   b)

c)

图 3-47 装配式钢板水箱安装图

a) 正视图 b) 俯视图 c) 侧视图

1—溢流管 2—透气管 3—预留管 4—人孔 5—外人梯 6—进水管 7—出水管

8—泄水管 9—水位计 10—型钢箱箍 11—基础

注：B、H 表示箱体尺寸；B_1、H_1 表示外部尺寸；b、h_1、h_2、h_3 表示部位参数；其数值根据水箱容积选用。

5. 稳压增压设备安装图

稳压增压设备安装图如图 3-48 所示。

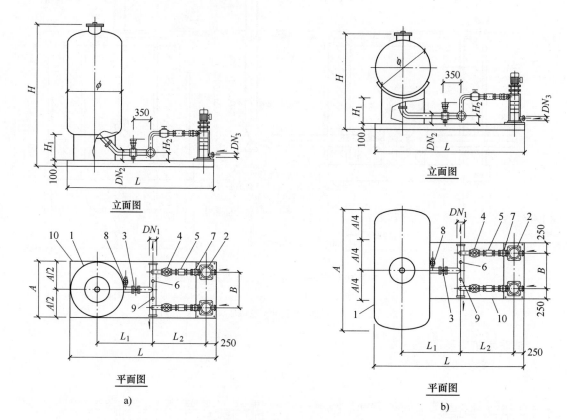

图 3-48 稳压增压设备安装图

a) 立式气压罐 b) 卧式气压罐

1—隔膜式气压罐 2—水泵 3—蝶阀 4—截止阀 5—止回阀 6—安全阀 7—橡胶软接头
8—泄水阀 9—远传压力表 10—底座

注：H、H_1 表示罐体尺寸；H_2 表示罐体出水管与底座的间距；DN_1、DN_2、DN_3 表示连接管的管径；通常 DN_1、DN_2 为 DN100，DN_3 为选用的水泵的泵口尺寸；L、L_1、L_2 表示稳压增压设备的安装尺寸，可根据选用的设备及安装空间而定；A 表示稳压罐的基础尺寸；B 表示增压泵的中心间距。

3.3.4 气体灭火系统安装图

1. 气体喷嘴安装图

气体喷嘴安装图如图 3-49~图 3-51 所示。

2. 气体储瓶安装图

气体储瓶安装图如图 3-52 所示。

3.3.5 自动喷水-泡沫联用系统安装图

自动喷水-泡沫联用系统安装图如图 3-53 所示。

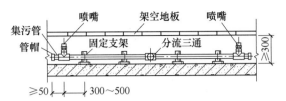

图 3-49　防护区架空地板内喷嘴安装图

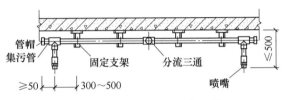

图 3-50　防护区无吊顶喷嘴安装图

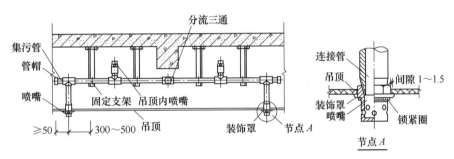

图 3-51　防护区有吊顶喷嘴安装图及喷嘴节点图

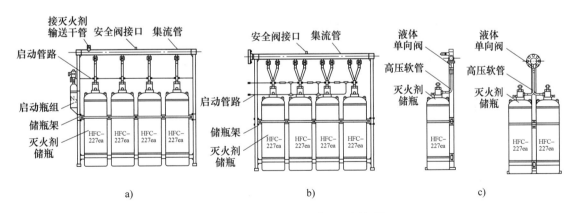

a)　　　　　　　　　　b)　　　　　　　　　　c)

图 3-52　气体储瓶组安装图和侧视图

a）组合分配系统储瓶组　b）单元独立系统储瓶　c）单排和双排瓶组侧视图

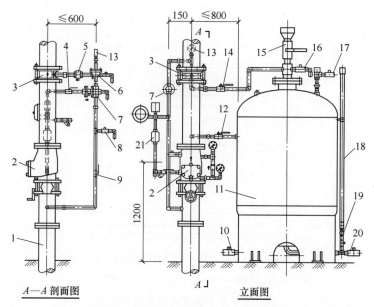

图 3-53 自动喷水-泡沫联用系统安装图

1—给水管 2—湿式报警阀 3—泡沫比例混合器 4—球阀 5—止回阀 6—泡沫液控制阀 7—压力泄放阀
8—手动泄压阀 9—控制管路进水阀 10—充水/排水阀 11—泡沫液储罐 12—泡沫液供水阀 13—压力表
14—泡沫液截止阀 15—充液/排气阀 16—囊内排气阀 17—罐内排气阀 18—液位管 19—液位截止阀
20—充液/排液阀 21—延迟器

3.4 消防工程安装施工图阅读

　　阅读消防施工图,除了应该了解消防施工图的特点外,还应该按照一定阅读程序进行阅读,这样才能比较迅速、全面地读懂施工图,以完全理解及实现设计的意图和目标。

3.4.1 阅读步骤

　　常规的施工图在阅读的时候一般遵循以下步骤,有时还有必要进行相互对照阅读。

1. 阅读目录

　　根据目录了解工程图的总体情况,了解工程名称项目内容、设计日期、工程全部图纸数量、图纸编号等。

2. 阅读总设计说明

　　了解工程总体概况及设计依据,了解图中未能表达清楚的各有关事项。通过阅读设计说明可充分了解设计参数、设备种类、系统的划分、选材、工程特点及施工要求等。如火灾报警系统的设计方式、线路敷设方式,设备安装高度及安装方式,补充使用的非国标图形符号,施工注意事项等。有些分项局部问题是在各分项工程的施工图上进行说明的,看分项工程图时,也要先看设计说明。

3. 阅读系统图

　　以系统图为线索深入阅读平面图、系统图及详图。先对系统图有大致了解,看给水系统图时,可由建筑的给水引入管开始,沿水流方向经干管、立管、支管到用水设备;看排水系统图时,可由排水设备开始,沿排水方向经支管、横管、立管、干管到排出管。

4. 阅读平面图

确定并阅读有代表性的图，可根据目录找出这些图，如泵房平面图、消防中控室布置图等。阅读图时先从平面图开始，然后再看其他辅助性图纸（如剖面图、大样图等）。平面布置图是消防工程施工图中的重要图样之一，它们都是用来表示设备安装位置，线路敷设部位、敷设方法以及所用导线型号、规格、数量，管径大小的，是安装施工、编制工程预算的主要依据。

若在平面图上不能清楚全面反映的问题，就要根据平面图上的提示找出系统详图及大样图等相关的辅助性图进行对照阅读。

5. 阅读设备材料表

设备材料表提供了该工程所使用的主要设备、材料的型号、规格和数量，是编制工程预算，编制购置主要设备、材料计划的重要参考资料。

严格地说，阅读工程图的顺序并没有统一的硬性规定，可以根据需要，自己灵活掌握，并应有所侧重。有时一张图需反复阅读多遍。为更好地利用工程图指导施工，使之安装质量符合要求，阅读工程图时，还应配合阅读有关施工及检验规范、质量检验评定标准以及国家标准图集，以详细了解安装技术要求及具体安装方法。

3.4.2   阅读注意事项

1）阅读主要工程图之前，应当首先看设计说明和设备材料表，然后以系统图为线索深入阅读平面图、系统图及详图。查明系统重要设备的类型、数量、安装位置及定位尺寸。

2）在阅读自动喷水灭火系统平面图时，报警阀、水泵、钢瓶组、泡沫液罐通常都是用图例表示出来的，这只能说明设备的类型，而不能说明各部分的尺寸及构造，因此在阅读时必须结合有关详图和技术资料，弄清这些设备的构造、接管方式及尺寸。从平面图上可清楚地查明管道是明装还是暗装，以确定施工方法。

在阅读消防水系统图时要注意查明给水干管、立管、支管的平面位置与走向、管径尺寸及立管的编号，管道与设备的连接方式及阀门之间的关系。

3）阅读消火栓系统图时要查明消火栓的布置、口径大小及消防箱的形式与位置。

火灾报警系统要查明管线敷设方式、导线线型及设备的安装方式。对于消防联动控制设备，要注意设备的选型、电流大小、电压等级，尽早确定接口条件。在阅读其系统图时要了解系统的基本组成，主要电气设备、元件等连接关系及它们的规格、型号、参数等，掌握该系统的基本概况。

4）阅读气体灭火系统图时，要首先了解系统设置方式、设备材料的规格及压力等级要求等，最重要的是要查明钢瓶间设备布置及安装方式。

阅读消防施工图的一个主要目的是编制施工方案和工程预算，指导工程施工，指导设备的维修和管理。而一些安装、使用、维修等方面的技术要求不能在图中完全反映出来，也没有必要一一标注清楚，因为这些技术要求在有关的国家标准和规范、规程中都有明确的规定，所以有的消防工程施工图对于安装施工要求仅在说明栏内注出"参照××规范"的说明。因此在读图时，还应了解、熟悉有关规程、规范的要求。

思考与练习

1. 消防工程施工图一般包含哪些图？
2. 消防工程施工图的基本符号由哪些组成？
3. 简述阅读消防工程施工图一般应遵循的步骤。

第4章

建设工程预算定额

4.1　建设工程预算基本知识

根据工程计价依据的不同，目前我国处于定额计价和工程量清单计价两种模式并存的状态。

定额计价是按照定额的分部分项子目，逐项计算工程量，套用定额单价（或单位估价表）确定直接费，然后按规定的取费标准确定措施费、企业管理费、利润、规费和税金，加上材料价差汇总后形成工程预算。

工程量清单计价是在同一工程量清单项目设置基础上，制定工程量计算规则，根据施工图计算出各个清单项目的工程量，再根据定额或相关规定、工程造价信息和经验数据得到工程造价。其编制过程分为两个阶段，即工程量清单的编制和利用工程量清单来编制投标报价（或招标控制价）。

消防工程预算，可选用定额计价也可选用工程量清单计价，它属于一个建设项目中的单位工程预算，是建设项目的一部分。以下介绍建设项目的一些基本概念。

建设项目，是指具有计划任务书和总体设计，经济上实行独立核算，行政上具有独立组织形式的基本建设单位。如一个工厂、一所医院、一所学校等。一个建设项目中，可以有几个主要工程项目，也可能只有一个主要工程项目。

按照建设项目分解管理的需要可将建设项目分解为单项工程、单位工程、分部工程和分项工程。

单项工程是指具有独立的设计文件，建成竣工后可以独立发挥生产能力或使用效益的工程，它是基建项目的组成部分。如学校中的教学楼、食堂、宿舍等；又如一个居民楼的建造，竣工后可以居住，这就是一个单项工程。

单位工程是单项工程的组成部分，指具有独立性的设计文件和独立的施工条件，但竣工后不能独立发挥生产能力或使用效益的工程。例如宿舍中的消防工程、电气照明工程、给水排水工程、通风空调工程等均为单位工程。

分部工程是单位工程的组成部分，是指在单位工程中，按不同的结构形式、工程部位、构件性质、使用材料、设备种类等而划分的工程项目。例如，在消防安装工程中的管道安装、阀门安装、设备安装等都是分部工程。

分项工程是分部工程的组成部分，是施工图预算中最基本的计算单位。它是按照不同的施工方法、不同材料的不同规格等，将分部工程进一步划分的最基本的工程项目。例如，消火栓管道安装分部工程中，镀锌钢管安装、无缝钢管安装等则为分项工程。

4.2　建设工程定额

定额从本义上可以理解为规定的额度或限度，它也是一种标准，它所包含的内容和范围是非常广泛的。建设工程定额是工程建设中各类定额的总称。

4.2.1　定额的一般概念

定额，指的是在一定时期的生产、技术、管理水平下，生产活动中资源的消耗所应遵守或达到的数量标准。工程定额主要指国家、地方或行业主管部门制定的各种定额，包括工程消耗量定额和工程计价定额等。工程消耗量定额主要是指完成规定计量单位的合格建筑安装产品所消耗的人工、材料、施工机具台班的数量标准。工程计价定额是指直接用于工程计价的定额或指标，包括预算定额、概算定额、概算指标和投资估算指标。此外，部分地区和行业造价管理部门还会颁布工期定额，工期定额是在正常的施工技术和组织条件下，完成建设项目和各类工程建设投资费用的计价依据。

4.2.2　定额的作用

定额的作用主要表现在以下几个方面：

（1）定额是编制计划的基础

无论是国家还是企业在制订计划时，都会直接或间接地以各种定额为尺度来计算相关人力、物力、财力等各种资源的需要量。

（2）定额是确定工程造价的依据

生产任何合格产品都必须消耗一定数量的劳动力、材料及机械设备台班，而它们的消耗量是根据定额决定的。所以，定额是确定工程造价的依据。在生产同一产品时，采用不同的设计方案所产生的经济效果是有差别的。那么，如果需要对不同方案进行经济技术比较时，定额就是评价设计方案是否经济合理的尺度。

（3）定额是加强企业管理的重要工具

企业在计算和平衡资源需要量、组织材料供应、编制施工进度计划和作业计划、组织劳动力、签发任务书、考核工料消耗、实行承包责任制等一系列管理工作时，需要以定额作为计算标准。企业要把施工过程科学、合理地组织起来，在统一协调的工作过程中，定额将会起着重要的作用。同时，定额也可用来对每个劳动者完成的工作进行考核，来确定其所完成劳动量的多少，并以此来决定应支付的劳动报酬。

4.2.3　建设工程定额的分类

1. 按定额反映的物质消耗性质分类

按定额反映的物质消耗性质分类，建设工程定额可分为劳动消耗定额、材料消耗定额及机械台班消耗定额三种形式，也被称为三大基本定额，它们是组成任何使用定额消耗内容的基础。三大基本定额都是计量性定额。

（1）劳动消耗定额

简称劳动定额（或人工定额），是指在正常的生产技术和生产组织条件下，完成单位合格产品所规定的劳动消耗量标准。因表现形式不同，又可分为时间定额和产量定额两种。

时间定额是指在正常的作业条件下，工人为生产单位合格产品所消耗的劳动时间。以单位工程的时间计量单位表示。例如，2.2 工日/10m DN25 镀锌钢管（螺纹连接）。

产量定额是指在正常的作业条件下，工人在单位时间内完成的合格产品的数量标准。以单位时间的单位工程计量单位表示。例如，4.55m DN25 镀锌钢管（螺纹连接）/工日。

由上可知，时间定额和产量定额互为倒数关系，只要知道其中一个，便可求出另一个。

（2）材料消耗定额

材料消耗定额是指在节约和合理使用材料的条件下，完成单位合格产品所需消耗的材料数量，以单位工程的材料计量单位来表示。例如，安装 10 个无吊顶 $\phi15$ 的喷头，需要消耗棉纱头 0.1kg、机油 0.03kg、99.5%工业酒精 0.05kg、密封带 6.42m、镀锌丝堵 DN151 个、镀锌管箍 DN25 10.1 个、$\phi400$ 砂轮片 0.1 片。

（3）机械台班消耗定额

机械台班消耗定额，也称施工机械台班使用定额，是指在正常施工条件和合理组织条件下，为完成单位合格产品所必需消耗的各种机械设备的数量标准。它表示机械设备的生产效率，即一个台班应完成质量合格的单位产品的数量标准，或完成单位合格产品所需台班数量标准。

机械台班消耗定额可以用时间定额和产量定额两种形式表现，且在数量上互为倒数关系。

2. 按定额的编制程序和用途分类

按定额的编制程序和用途分类，建设工程定额可分为施工定额、预算定额、概算定额、概算指标、投资估算指标等。

（1）施工定额

施工定额是以同一性质的施工过程或工序作为研究对象，表示生产产品数量与时间消耗综合关系的定额。施工定额是施工企业（建筑安装企业）为组织生产和加强管理而在企业内部使用的一种定额，属于企业定额的性质。施工定额是建设工程定额中分项最细、定额子目最多的一种定额，也是建设工程定额中的基础性定额。施工定额由人工定额、材料消耗定额和施工机械台班使用定额所组成。

施工定额是施工企业进行施工组织、成本管理、经济核算和投标报价的重要依据。施工定额直接应用于施工项目的管理，用来编制施工作业计划、签发施工任务单、签发限额领料单以及结算计件工资或计量奖励工资等。施工定额和施工生产结合紧密，施工定额的定额水平反映施工企业生产与组织的技术水平和管理水平。施工定额也是编制预算定额的基础。

（2）预算定额

预算定额是以建筑物或构筑物单位工程各分部分项工程为对象编制的定额。预算定额是以施工定额为基础综合扩大编制的，同时也是编制概算定额的基础。其中人工、材料和机械台班的消耗水平根据施工定额综合取定，定额项目的综合程度大于施工定额。预算定额是编制施工图预算的主要依据，是编制单位估价表、确定工程造价、控制建设工程投资的基础和依据。与施工定额不同，预算定额是社会性的，而施工定额则是企业性的。

（3）概算定额

概算定额是以扩大的分部分项工程为对象编制的定额，是编制扩大初步设计概算、确定建设项目投资额的依据。概算定额一般是在预算定额的基础上综合扩大而成的，每一综合分项概算定额都包含了数项预算定额。

（4）概算指标

概算指标是概算定额的扩大与合并，它是以整个建筑物和构筑物为对象，以更为扩大的计量单位来编制的。概算指标的设定与初步设计的深度相适应，一般是在概算定额和预算定额的基础上编制的，是设计单位编制设计概算或建设单位编制年度投资计划的依据，也可作为编制估算指标的基础。

（5）投资估算指标

投资估算指标通常是以独立的单项工程或完整的工程项目为对象编制确定的生产要素消耗的数量标准或项目费用标准，是根据已建工程或现有工程的价格数据和资料，经分析、归纳和整理编制而成的。投资估算指标是在项目建议书和可行性研究阶段编制投资估算、计算投资需要量时使用的一种指标，是合理确定建设工程项目投资的基础。

各种定额间关系的比较见表 4-1。

表 4-1　各种定额间关系的比较

定额 内容	施工定额	预算定额	概算定额	概算指标	投资估算指标
对象	施工过程 或基本工序	分项工程 或结构构件	扩大的分项 工程或扩大 的结构构件	单位工程	建设项目、 单项工程、 单位工程
用途	编制施工 预算	编制施工 图预算	编制扩大初 步设计概算	编制初步 设计概算	编制投资 估算
项目划分	最细	细	较粗	粗	很粗
定额水平	平均先进	平均			
定额性质	生产性定额	计价性定额			

3. 按定额的主编单位和管理权限分类

按定额的主编单位和管理权限分类，建设工程定额可分为全国统一定额、行业统一定额、地区统一定额、企业定额、补充定额等。

1）全国统一定额是由国家建设行政主管部门综合全国工程建设中技术和施工组织管理的情况编制，并在全国范围内执行的定额，是由国务院有关部门制定和颁发的定额。

2）行业统一定额是考虑到各行业专业工程技术特点，以及施工生产和管理水平编制的。一般只在本行业和相同专业性质的范围内使用。

3）地区统一定额包括省、自治区和直辖市定额。地区统一定额主要是考虑地区性特点及全国统一定额水平做适当调整和补充编制的。

4）企业定额是施工单位根据本企业的施工技术、机械装备和管理水平编制的人工、材料、机械台班等的消耗标准。企业定额在企业内部使用，是企业综合素质的标志。企业定额水平一般应高于国家现行定额，才能满足生产技术发展、企业管理和市场竞争的需要。在工程量清单计价方法下，企业定额是施工企业进行建设工程投标报价的计价依据。

5）补充定额是指随着设计、施工技术的发展，现行定额不能满足需要的情况下，为了补充缺陷所编制的定额。补充定额只能在指定的范围内使用，可以作为以后修订定额的基础。

4. 按不同专业分类

由于工程建设涉及众多的专业，不同的专业所含的内容也不同，因此就确定人工、材料和机械台班消耗量标准的工程定额来说，也需要按不同的专业分别进行编制和执行。

1）建筑工程定额按专业对象分类，可分为建筑及装饰工程定额、房屋修缮工程定额、市政工程定额、铁路工程定额、公路工程定额、矿山井巷工程定额等。

2）安装工程定额按专业对象分类，可分为电气设备安装工程定额、机械设备安装工程定额、热力设备安装工程定额、通信设备安装工程定额、工业管道安装工程定额、消防工程定额、工艺金属结构安装工程定额等。

4.2.4 建设工程定额的特点

定额具有法令性、科学性、稳定性与时效性、系统性和统一性等特点。

（1）定额的法令性。定额是国家或其授权机关统一组织编制和颁发的一种法令性指标，各地区、各部门及有关施工企业单位都必须严格遵守和执行，不得随意变更改动。

（2）定额的科学性。定额的编制是在认真研究客观规律的基础上，尊重客观实际，用科学的方法和技术来确定各项标准，使其能代表一定时期的生产、技术和管理水平。

（3）定额的稳定性和时效性。定额在一段时间内会表现出稳定的状态，这对于维护定额的权威性以及贯彻执行定额来说是必要的。不同的定额，稳定的时间也不尽相同。定额的稳定性是相对的，它会随着生产力水平的变化而变化，当原有的定额不能适应生产力发展要求时，就有必要根据新的情况进行修改和补充。

（4）定额的系统性和统一性。建设工程定额是由多种定额组合而成的有机整体，有其特定的适用范围，层次鲜明、目标明确。定额的统一性，主要是由国家对经济发展的有计划的宏观调控职能所决定的。表现在定额的制定、颁布和执行都有统一的原则、程序、要求和用途。

4.3 施工定额

为了适应组织生产和管理的需要，施工定额的项目划分很细，是工程建设定额中分项最细、定额子目最多的一种定额，也是工程建设定额中的基础性定额。

根据工程的性质不同，施工定额可分为以下几类。

1）土建工程施工定额。

2）给水排水、采暖通风工程施工定额。

3）电气照明工程施工定额。

4）电气设备安装施工定额。

5）机械设备安装工程施工定额。

6）自动化仪表安装工程施工定额。

7）金属油罐工程施工定额。

8）输油管道工程施工定额。

9）金属容器及构件制作安装工程施工定额。

施工定额由劳动定额、材料消耗定额和机械台班使用定额三部分组成。上述三种定额在4.2节中已有介绍，不再赘述。

4.4 企业定额

企业定额是施工企业根据本企业的施工技术和管理水平、施工设备配备情况、材料来源渠道以及有关工程造价资料等制定的，是完成工程实体消耗的各种人工、材料、机械和其他费用的标准。

4.4.1　企业定额的作用

随着我国社会主义市场经济体制的不断完善，工程价格管理制度改革的不断深入，企业定额将成为施工企业管理工作中越来越重要的工具。企业定额不仅反映出企业的劳动生产率和技术装备水平，同时也是衡量企业管理水平的标尺。

1. 企业定额是施工企业确定工程施工成本，科学进行经营决策的依据

企业定额是根据本企业的人员技能、施工机械装备程度、现场管理和企业管理水平制定的。企业定额中的工时、物料、机具消耗量的确定，是建立在价格与价值基本统一的基础上，反映的是一定时期本企业平均先进消耗水平。按企业定额计算得到的工程费用是企业进行施工生产所需的成本。在施工过程中，对实际施工成本的控制和管理，就应以企业定额作为控制的计划目标数，用企业定额对直接影响成本的资金因素、工期因素、技术因素、质量因素、环境因素等做准确测算、分析和评判，是提高企业管理水平的重要工作，是企业科学地进行经营决策的依据。

2. 企业定额是施工企业进行工程投标、编制工程投标报价的基础和主要依据

企业定额水平反映出企业施工生产的技术水平和管理水平，在确定工程投标报价时，首先要根据企业定额计算出施工企业拟完成投标工程需发生的计划成本。在掌握工程成本的基础上，再根据所处的环境和条件，确定在该工程上拟获得的利润、预计的工程风险费用和其他因素，从而确定投标报价。企业定额的应用，促使了企业在市场竞争中按实际消耗水平报价。因此，企业定额是施工企业编制计算投标报价的基础。

3. 企业定额是施工企业编制施工组织设计、制订施工作业计划的依据

企业定额可应用于工程的施工管理。施工单位依据企业定额来签发施工任务单、限额领料单以及结算计件工资或计量奖励工资等。企业定额直接反映本企业的劳动生产率和技术装备水平，运用企业定额，可以更合理地组织施工生产，有效确定和控制施工中人力、物力消耗，降低成本。

4.4.2　企业定额的编制原则

编制施工企业定额，应该坚持既要结合历年定额水平，也要考虑企业实际情况，还要兼顾企业今后的发展趋势，并按市场经济规律办事的原则。就一个施工企业而言，不但要与历史最好水平相比，还要与客观实际相比，是企业在正常情况下，经过努力可以达到的定额水平。

1. 定额水平的平均先进性原则

我国现行《全国统一安装工程基础定额》的水平是按照正常的施工条件，多数施工企业的机械装备程度，合理的施工工期、施工工艺、劳动组织为基础编制的，反映了社会平均消耗水平标准；而企业定额水平是某一施工企业在正常的施工条件下，大多数施工班组和生产者经过努力能够达到和超过的水平。这种水平既要在技术上先进，又要在经济上合理可行，要能正确地反映企业先进的施工技术和管理水平。

2. 定额划项的适用性原则

企业定额作为参与市场经济竞争和承发包计价的依据，在编制定额划项时，应与国家标准《建设工程工程量清单计价规范》的编号、项目名称和计量单位等保持一致，有利于报价组价的需要，也可以比较分析企业个别成本与社会平均成本之间的差异。在划项时确保定额的适用性的前提下，对影响工程造价的主要的、常用的项目，应具体详尽；对次要的、不常用的、价值相对小的项目，可进行综合，以减少零散项目，这样便于进行定额管理。

3. 独立自主编制的原则

施工企业应根据自身的具体情况，以获得利润为目标，结合政府的价格政策，自主编制企业定额。主要体现在能够自主地确定定额水平、划分定额项目和根据需要增加新的定额项目。企业定额在工程量计算规则、项目划分规定和计量单位等方面应考虑国家相关政策规定，并保持衔接。贯彻这一原则有利于企业自主经营，有利于促进新的施工技术和施工方法的采用，施工企业可更好地面对市场竞争环境。

4. 时效性和保密性原则

制定一套完善的企业定额，要充分利用各种技术和资源，去完成原始数据资料的收集、整理、分析等任务。企业定额的数据采集，主要是自己的资料，企业定额要充分体现企业的个性，但同时又要反映本企业不同时期、不同地点、不同特点的各个工程项目的共性。企业定额是一定时期企业生产力水平的反映，企业要根据自身施工技术、管理水平等的不断进步，增加新的定额项目和更新定额数据等，实行动态管理。

在使用企业定额报价时要考虑物价水平、劳动力价格水平、设备购置与租赁、政策因素、取费标准等诸多因素。要经过市场调查、信息采集和测算分析及商务决策等一系列技术操作过程，这些都是企业经营的策略和商业秘密，所以需要保密。

4.4.3 企业定额的编制内容及依据

企业定额的编制内容应包括：编制方案，总说明，工程量计算规则，定额划项，定额水平的制定（人工、材料、机械台班消耗水平和管理成本费的测算和制定），定额水平的测算（典型工程测算及与全国基础定额的对比测算），定额编制基础资料的整理、归类和编写。

定额的编制依据主要有：国家的有关法律、法规，政府的价格政策，现行的建筑安装工程施工及验收规范，安全技术操作规程和现行职业健康安全法律、法规，国家设计规范，各种类型具有代表性的标准图集，施工图，企业技术与管理水平，工程施工组织方案，现场实际调查和测定的有关数据，工程具体结构和难易程度状况，以及采用新工艺、新技术、新材料、新方法的情况等。

4.4.4 企业定额制定的程序

企业定额的确定实际就是企业定额的编制过程。企业定额的编制过程是一个系统而又复杂的过程，一般包括以下阶段：

（1）筹备阶段。在筹备阶段，首先确定由负责人和财务、材料设备、劳资、技术、造价等专业人员组成的工作班子，具体实施企业定额的编制工作。工作班子应根据要求，提出建立企业定额的整体计划和各阶段的具体计划，企业定额编制的目的、定额水平的确定原则，定额编制的原则和方法等。

（2）收集资料阶段。由各专业人员负责收集、积累有关定额调研和测定内容的资料，具体有：现行定额、工程量计算规则，相关法律、法规、经济政策和劳动制度等与工程建设有关的各种文件；工程设计规范、施工及验收规范、工程质量检验评定标准和安全操作规程；现行的全国通用标准设计图集、具有代表性的设计图等；有关工程的科学实验、技术测定和经济分析数据；采用新技术、新材料和新的施工方法情况等；企业近几年各工程项目的财务报表等各类经济数据、各工程项目的施工组织设计、施工方案；企业目前拥有的机械设备状况和材料库存状况；工人技术素质、构成比例、家庭状况等。

（3）编制定额阶段。根据编制目的，确定企业定额的内容及专业划分，企业定额的册、章、节的划分和内容的框架；确定企业定额的结构形式及步距划分原则；具体参编人员的工作内容、职责、要求等。企业定额的编制，以实事求是计算实际成本满足施工需要为前提，按照国家规范标准的要求，统一工程量计算规则、项目划分、计量单位、编码，并参照造价管理部门发布的工、料、机消耗量标准进行编制。工、料、机消耗量可以根据企业实际水平进行调整。工、料、机价格可以在调研价格的基础上实行一定幅度的浮动价格,以满足编制定额的需要。管理费及利润可根据实际测算的费率计算。

(4)审核、试行阶段。首先将编制的定额进行初步书面审核,然后是试行阶段。试行阶段一般选择管理水平较高的一两个项目部的几个工程,重点对分部分项工程的工、料、机消耗量和费用,周转材料使用费,项目部和公司机关应分摊在工程上的管理费和利润等进行考查。评审及修改主要是通过对比分析、专家论证等方法,对定额的水平、使用范围、结构及内容的合理性,以及存在的缺陷进行综合评估,并根据评审结果对定额进行修正。

(5)资料整理阶段。将试行好的资料进行整理并打印,然后归档,为今后的定额编制工作提供资料。

4.5 安装工程预算定额

4.5.1 预算定额概述

1. 预算定额的概念

预算定额是指在正常的施工技术和组织条件下,规定拟完成一定计量单位的分部分项工程所需消耗的人工、材料和机械台班的数量标准。

预算定额是工程建设中的一项重要的技术经济文件。它能反映出在完成规定计量单位符合设计标准和施工质量验收规范要求的分项工程所消耗的劳动,以及物化劳动的数量限度。这种限度就决定着单项工程和单位工程的成本和造价。

预算定额是工程建设中的一项重要的技术经济文件,是编制施工图预算的主要依据,是确定和控制工程造价的基础。

2. 预算定额的作用

(1)预算定额是编制施工图预算、确定建筑安装工程造价的基础

施工图设计一经确定,工程预算造价就取决于预算定额水平和人工、材料及机具台班的价格。预算定额起着控制劳动消耗、材料消耗和机具台班消耗的作用,进而起着控制建筑产品价格的作用。

(2)预算定额是编制施工组织设计的依据

施工组织设计的重要任务之一,是确定施工中所需人力、物力的供求量,并做出最佳安排。施工单位在缺乏本企业的施工定额的情况下,根据预算定额,也能够比较精确地计算出施工中各项资源的需要量,为有计划地组织材料采购和预制件加工、劳动力和施工机具的调配,提供可靠的计算依据。

(3)预算定额是工程结算的依据

工程结算是建设单位和施工单位按照工程进度对已完成的分部分项工程实现货币支付的行为。按进度支付工程款,需要根据预算定额将已完成分项工程的造价算出。单位工程验收后,再按竣工工程量、预算定额和施工合同规定进行结算,以保证建设单位建设资金的合理使用和施工单位的经济收入。

(4)预算定额是施工单位进行经济活动分析的依据

预算定额规定的物化劳动和劳动消耗指标,是施工单位在生产经营中允许消耗的最高标准。施工单位必须以预算定额作为评价企业工作的重要标准,作为努力实现的目标。施工单位可根据预算定额对施工中的人工、材料、机具的消耗情况进行具体的分析,以便找出并克服低功效、高

消耗的薄弱环节，提高竞争能力。只有在施工中尽量降低劳动消耗，采用新技术、提高劳动者素质、提高劳动生产率，才能取得较好的经济效益。

（5）预算定额是编制概算定额的基础

概算定额是在预算定额基础上综合扩大编制的。利用预算定额作为编制依据，不但可以节省编制工作所需的大量人力、物力和时间，起到事半功倍的效果，还可以使概算定额在水平上与预算定额保持一致，以避免执行中不一致。

（6）预算定额是合理编制招标控制价和投标报价的基础

在深化改革中，预算定额的指令性作用虽日益削弱，但对施工单位按照工程个别成本报价的指导性作用依然存在，因此预算定额作为编制招标控制价的依据和施工企业报价的基础性作用仍将存在，这也是由于预算定额本身的科学性和指导性决定的。

3. 预算定额的编制原则

（1）按社会平均必要劳动量确定定额水平

预算定额是确定和控制建筑安装工程造价的主要依据。在商品生产和商品交换的条件下，确定预算定额的消耗指标，应遵循价值规律的客观要求，按照产品生产中所消耗的平均必要劳动时间确定定额水平。预算定额的平均水平，是在正常的施工条件下，合理的施工组织和工艺条件、平均劳动熟练程度和劳动强度下，完成单位分项工程基本构造要素所需要的劳动时间。

（2）简明适用，严谨准确

预算定额的内容和形式，要满足各方面使用的需要，具有多方面的适应性。在编制预算定额时，对于那些主要的、常用的、价值量大的项目，分项工程划分更应细致；而相对次要的、不常用的、价值量较小的项目则可以粗略一些。同时预算定额又要简明扼要，层次清楚，结构严谨，以免在执行中因模棱两可而产生争议。

（3）统一性和差别性相结合

预算定额的统一性，体现在由中央主管部门归口管理，依照国家的方针政策和经济发展的要求，统一制定编制定额的方案、原则和方法，颁发有关工程造价管理的规章制度办法等。

所谓差别性则是在统一性的基础上，各部门和各省、自治区、直辖市在其管辖范围内，根据本部门和地区的具体情况，按照国家的编制原则和条例细则，编制本部门本地区的预算定额，颁发补充性的条例规定，以对预算定额实行动态管理。

（4）技术先进，经济合理

技术先进是指定额项目的确定、施工方法和材料的选择等，能够正确反映设计和施工技术与管理水平，及时采用已经成熟并普遍推广的新技术、新结构、新材料，以便使先进的生产技术和管理经验能够得到进一步的推广和使用。

经济合理是指纳入预算定额的材料规格、质量、数量、劳动效率和施工机械的配备等，要符合当前大多数施工企业的施工和经营管理水平。

4.5.2 预算定额的编制

预算定额是在施工定额的基础上进行综合扩大编制而成的。预算定额中的人工、材料和施工机械台班的消耗水平根据施工定额综合取定，定额子目的综合程度大于施工定额，从而可以简化施工图预算的编制工作。预算定额是编制施工图预算的主要依据。

预算定额项目中人工、材料和施工机械台班消耗量指标，应根据编制预算定额的原则、依据，采用理论与实际相结合、施工图计算与施工现场测算相结合、编制定额人员与现场工作人员相结合等方法进行计算。

1. 人工消耗量指标的确定

预算定额中人工消耗量水平和技工、普工比例，以人工定额为基础，通过有关设计图规定，计算定额人工的工日数。

（1）人工消耗指标的组成

预算定额中人工消耗量指标包括完成该分项工程必需的各种用工量。

1）基本用工，指完成分项工程的主要用工量。

2）其他用工，是辅助基本用工消耗的工日。按其工作内容不同又分以下三类：

①超运距用工。指超过人工定额规定的材料、半成品运距的用工。

②辅助用工。指材料需在现场加工的用工，如电焊点火用工等增加的用工量。

③人工幅度差用工。指人工定额中未包括的，而在一般正常施工情况下又不可避免的一些零星用工，其内容如下：

a. 各种专业工种之间的工序搭接及土建工程与安装工程的交叉、配合中不可避免的停歇时间。

b. 施工机械在场内单位工程之间变换位置及在施工过程中移动临时水电线路引起的临时停水、停电所发生的不可避免的间歇时间。

c. 施工过程中水电维修用工。

d. 隐蔽工程验收等工程质量检查影响的操作时间。

e. 现场内单位工程之间操作地点转移影响的操作时间。

f. 施工过程中工种之间交叉作业造成的不可避免的修复、清理等用工。

g. 施工过程中不可避免的直接少量零星用工。

（2）人工消耗指标的计算

预算定额的各种用工量，应根据测算后综合取定的工程数量和人工定额进行计算。

1）综合取定工程量。预算定额是一项综合性定额，它是按组成分项工程内容的各工序综合而成的。

编制分项定额时，要按工序划分的要求测算、综合取定工程量，如安装水喷淋喷头工程除了主要安装喷头外，还需综合喷头装饰盘、镀锌弯头等含量。综合取定工程量是指按照一个地区历年实际设计工程的情况，选用多份设计图，进行测算取定数量。

2）计算人工消耗量。按照综合取定的工程量或单位工程量和劳动定额中的时间定额，计算出各种用工的工日数量。

①基本用工的计算：

$$基本用工数量 = \sum（工序工程量×时间定额）\tag{4-1}$$

②超运距用工的计算：

$$超运距用工数量 = \sum（超运距材料数量×时间定额）\tag{4-2}$$

其中，超运距=预算定额规定的运距−劳动定额规定的运距。

③辅助用工的计算：

$$辅助用工数量 = \sum（加工材料数量×时间定额）\tag{4-3}$$

④人工幅度差用工的计算：

$$人工幅度差用工数量 = \sum（基本用工+超运距用工+辅助用工）×人工幅度差系数\tag{4-4}$$

2. 材料耗用量指标的确定

材料耗用量指标是在节约和合理使用材料的条件下，生产单位合格产品所必须消耗的一定品种规格的材料、燃料、半成品或配件数量标准。材料耗用量指标是以材料消耗定额为基础，按预算定额的定额项目，综合材料消耗定额的相关内容，经汇总后确定。

3. 机械台班消耗指标的确定

预算定额中的施工机械消耗指标，是以台班为单位进行计算，每一台班为8小时工作制。预算定额的机械化水平，应以多数施工企业采用的和已推广的先进施工方法为标准。预算定额中的机械台班消耗量按合理的施工方法取定并考虑增加了机械幅度差。

（1）机械幅度差

机械幅度差是指在施工定额中未曾包括的，而机械在合理的施工组织条件下所必需的停歇时间，在编制预算定额时应予以考虑。其内容包括：

1）施工机械转移工作面及配套机械互相影响损失的时间。

2）在正常的施工情况下，机械施工中不可避免的工序间歇。

3）检查工程质量影响机械操作的时间。

4）临时水、电线路在施工中移动位置所发生的机械停歇时间。

5）工程结尾时，工作量不饱满所损失的时间。

（2）机械台班消耗指标的计算

1）小组产量计算法。按小组日产量大小来计算耗用机械台班多少，计算公式如下：

$$分项定额机械台班使用量 = \frac{分项定额计量单位值}{小组产量} \qquad (4\text{-}5)$$

2）台班产量计算法。按台班产量大小来计算定额内机械消耗量大小，计算公式如下：

$$机械台班用量 = \frac{定额单位}{台班产量} \times 机械幅度差系数 \qquad (4\text{-}6)$$

4.5.3 通用安装工程消耗量定额

2015年住房和城乡建设部发布建标〔2015〕34号文，《通用安装工程消耗量定额》（TY02-31—2015）自2015年9月1日起施行；2000年发布的《全国统一安装工程预算定额》废止。

《通用安装工程消耗量定额》（TY02-31—2015）是完成规定计量单位分项工程所需的人工、材料、施工机械台班的消耗量标准，是各地区、部门工程造价管理机构编制建设工程定额确定消耗量，编制国有投资工程投资估算、设计概算、最高投标限价的依据。消防工程的预算定额参照《通用安装工程消耗量定额》执行。

《通用安装工程消耗量定额》（TY02-31—2015）共十二册，各册相关说明介绍如下。

1. 第一册：机械设备安装工程

内容主要包括：切削设备安装，锻压设备安装，铸造设备安装，起重设备安装，起重机轨道安装，输送设备安装，电梯安装，风机安装，泵安装，压缩机安装，工业炉设备安装，煤气发生设备安装，制冷设备安装，其他机械安装及设备灌浆等。

2. 第二册：热力设备安装工程

内容主要包括：锅炉安装工程，锅炉附属、辅助设备安装工程，汽轮发电机安装工程，汽轮发电机附属、辅助设备安装工程，燃煤供应设备安装工程，燃油供应设备安装工程，除渣、除灰设备安装工程，发电厂水处理专用设备安装工程，脱硫、脱硝设备安装工程，炉墙保温与砌筑，耐磨衬砌工程，工业与民用锅炉安装工程，热力设备调试工程等。

3. 第三册：静置设备与工艺金属结构制作安装工程

内容主要包括：静置设备制作、说明、工程量计算规则，容器制作，碳钢平底平盖容器制作，碳钢平底锥顶容器制作，静置设备附件制作，鞍座制作，支座制作，设备接管制作安装（碳钢、合金钢），设备接管制作安装（不锈钢），设备人孔制作安装，设备手孔制作安装，设备法兰、塔器地脚螺栓制作等。

4. 第四册：电气设备安装工程

内容主要包括：变压器工程，配电装置安装工程，绝缘子、母线安装工程，配电控制、保护、直流装置安装工程，蓄电池安装工程，发电机、电动机检查接线工程，滑触线安装工程，防雷及接地装置安装工程，电压等级小于或等于10kV架空线路输电工程，配管和配线工程，照明器具安装工程，低压电器设备安装工程，运输设备电气安装工程，电气设备调试工程等。

5. 第五册：建筑智能化工程

内容主要包括：计算机及网络系统工程，综合布线系统工程，建筑设备自动化系统工程，有线电视、卫星接收系统工程，音频、视频系统工程，安全防范系统工程，智能建筑设备防雷接地。

6. 第六册：自动化控制仪表安装工程

内容主要包括：过程检测仪表，过程控制仪表，机械量监控装置，过程分析及环境检测装置，安全、视频及控制系统，工业计算机安装与试验，仪表管路敷设、伴热及脱脂，自动化线路、通信，仪表盘、箱、柜及附件安装，仪表附件安装制作。

7. 第七册：通风空调工程

本册适用于通风空调设备及部件制作安装，通风管道制作安装，通风管道部件制作安装工程。

8. 第八册：工业管道工程

内容主要包括：碳钢有缝钢管（螺纹连接），碳钢管（氧乙炔焊），碳钢管（电弧焊），碳钢管（氩电联焊），碳钢伴热管（氧乙炔焊），碳钢伴热管（氩弧焊），碳钢板卷管（电弧焊），碳钢板卷管（氩电联焊），碳钢板卷管（埋弧自动焊），不锈钢管（电弧焊）等。

9. 第九册：消防工程

内容主要包括：水灭火系统，气体灭火系统，泡沫灭火系统，火灾自动报警系统，消防系统调试。

10. 第十册：给排水、采暖、燃气工程

本册适用于工业与民用建筑的生活用给排水、采暖、室内空调水、燃气管道系统中的管道、附件、配件、器具及附属设备等安装工程。

11. 第十一册：通信设备及线路工程

本册适用于以有线接入方式实现与通信核心网络相连的接入网以及用户交换系统、局域网、综合布线系统等各类用户网的建设工程。

12. 第十二册：刷油、防腐蚀、绝热工程

内容主要包括：硬质瓦块安装，泡沫玻璃瓦块安装，纤维类制品安装，泡沫塑料瓦块安装，毡类制品安装，棉席（被）类制品安装，纤维类散状材料安装，聚氨酯泡沫喷涂发泡安装，聚氨酯泡沫喷涂发泡补口安装，硅酸盐类涂抹材料安装等。

思考与练习

1. 什么是建设项目、单项工程、单位工程、分项工程和分部工程？

2. 何谓定额？定额的性质有哪些？

3. 简述定额的分类，并说明各种定额的含义及作用。

4. 简述预算定额的主要内容及其作用。

5. 《通用安装工程消耗量定额》（TY02-31—2015）共分为多少册？简述每册的内容组成。

第5章

工程设计概算

本章重点介绍工程设计概算。工程设计概算按编制的范围与程序可分为单位工程概算、单项工程综合概算及建设项目总概算等。单位工程概算、单项工程综合概算是建设项目总概算的子项，三者之间具有系统性关系。当一个建设项目只有一个单项工程甚至只有一个单位工程时，编制的概算也可称为建设项目设计（总）概算，这时该项目的所谓单项工程综合概算或单位工程（综合）概算的费用构成，就类同于建设项目总概算。

5.1 工程设计概算概述

根据国家有关文件的规定，一般建设项目设计可按初步设计和施工图设计两个阶段进行，称为"两阶段设计"；对于技术上复杂、在设计时有一定难度的工程，根据项目有关管理部门的意见和要求，可以按初步设计、技术设计和施工图设计三个阶段进行，称为"三阶段设计"。小型工程建设项目，技术上较简单的，经项目相关管理部门同意可以简化为施工图设计一阶段进行。

5.1.1 设计概算的基本含义

设计概算是以初步设计文件为依据，按照规定的程序、方法和依据，对建设项目总投资及其构成进行的概略计算。具体而言，设计概算是在投资估算的控制下由设计单位根据初步设计或扩大初步设计的设计图及说明，利用国家或地区颁发的概算指标，概算定额，综合指标预算定额，各项费用定额或取费标准（指标），建设地区自然、技术经济条件和设备、材料预算价格等资料，按照设计要求，对建设项目从筹建至竣工交付使用所需全部费用进行的预计。设计概算的成果文件称作设计概算书，也简称设计概算。设计概算书是初步设计文件的重要组成部分，其特点是编制工作相对简略，无须达到施工图预算的准确程度。采用两阶段设计的项目，初步设计阶段必须编制设计概算；采用三阶段设计的，扩大初步设计阶段必须编制修正概算。

设计概算的编制包括静态投资和动态投资两个层次。静态投资作为考核工程设计和施工图预算的依据；动态投资作为项目筹措、供应和控制资金使用的限额。

政府投资项目的设计概算经批准后，一般不得调整。如果由于下列原因需要调整概算时，应由建设单位调查分析变更原因，报主管部门审批同意后，由原设计单位核实编制调整概算，并按有关审批程序报批。当影响工程概算的主要因素查明且工程量完成了一定量后，方可对其进行调整。一个工程只允许调整一次概算。允许调整概算的原因包括以下几点：①超出原设计范围的重大变更；②超出基本预备费规定范围不可抗拒的重大自然灾害引起的工程变动和费用增加；③超出工程造价调整预备费的国家重大政策性的调整。

5.1.2　设计概算的编制依据与原则

1. 设计概算的编制依据

1）国家、行业和地方有关规定。

2）相应工程造价管理机构发布的概算定额（或指标）。

3）工程勘察与设计文件。

4）拟定或常规的施工组织设计和施工方案。

5）建设项目资金筹措方案。

6）工程所在地编制同期的人工、材料、机具台班市场价格，以及设备供应方式及供应价格。

7）建设项目的技术复杂程度，新技术、新材料、新工艺以及专利使用情况等。

8）建设项目批准的有关文件、合同、协议等。

9）政府有关部门、金融机构等发布的价格指数、利率、汇率、税率以及工程建设其他费用等。

10）委托单位提供的其他技术经济资料。

2. 设计概算的编制原则

1）执行国家的建设方针、贯彻国家经济与社会可持续发展理念的原则。初步设计方案与编制的设计总概算，应符合国民经济与社会发展中长期规划、行业及地区规划、产业政策及生产力布局等方面的要求，确保生态环境与建设安全的需要与要求，在工程、技术、经济效益和外部条件等方面，应认真进行全面分析比较、论证，做多方案比较并选择最佳方案，有利于促进国家经济与社会的可持续发展。

2）理论与实践、设计与施工、技术与经济相结合的原则。设计概算编制人员应结合建设项目的性质特点和建设地点等条件，注意初步设计中所采用的新技术、新工艺和新材料对概算造价的影响，以便合理计算各项费用。

3）深入调查研究和掌握第一手资料的原则。在熟悉初步设计的基础上，设计概算编制人员应深入施工现场，调查研究和掌握第一手资料，对新结构、新技术、新工艺、新材料和非标准设备的价格要查对、核准。

4）突出重点、保证编制质量的原则。由于初步设计编制的深度有限，使设计细部难以做到详尽清楚。因此，应突出重点，注意关键项目和主要部分的计算精度，确保设计概算编制质量。

5）概算造价不突破投资估算的原则。设计概算编制人员编制概算时，概算造价应在投资估算空间范围内，不得随意突破投资估算，如突破投资估算，应分析原因，拟定解决措施，并报主管部门备案。

5.2　工程设计概算的组成和编制方法

5.2.1　设计概算的组成

设计概算文件的编制应采用单位工程概算、单项工程综合概算、建设项目总概算三级概算编制形式。当建设项目为一个单项工程时，可采用单位工程概算、总概算两级概算编制形式，即：建设项目总概算由一个或若干个单项工程综合概算和工程建设其他费用概算等内容组成；单项工程综合概算由若干个单位建设工程概算和若干个设备及安装工程概算等内容组成。因此，建设项目设计总概算是由单个到整体、局部到综合，逐个编制、层层汇总而成。三级概算之间的相互关系和费用构成如图 5-1 所示。

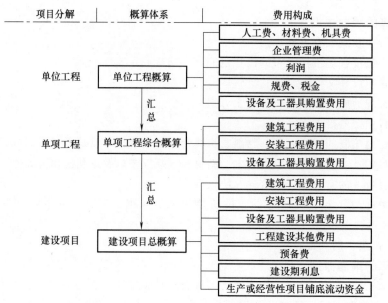

图 5-1 三级概算之间的相互关系和费用构成

三级概算具体组成内容分述如下。

1. 单位工程概算

单位工程是指具有独立的设计文件，能够独立组织施工，但不能独立发挥生产能力或使用功能的工程项目，是单项工程的组成部分。单位工程概算是以初步设计文件为依据，按照规定的程序、方法和依据，计算单位工程费用的成果文件，是编制单项工程综合概算（或项目总概算）的依据，是单项工程综合概算的组成部分。单位工程概算按其工程性质可分为建筑工程概算和设备及安装工程概算两大类。建筑工程概算包括土建工程概算，给水排水、采暖工程概算，通风空调工程概算，电气照明工程概算，弱电工程概算，特殊构筑物概算等；设备及安装工程概算包括机械设备及安装工程概算，电气设备及安装工程概算，热力设备及安装工程概算，工具、器具及生产家具购置费概算等。

2. 单项工程综合概算

单项工程是指在一个建设项目中，具有独立的设计文件，建成后能够独立发挥生产能力或使用功能的工程项目，如生产车间、办公楼、食堂、图书馆、学生宿舍、住宅楼、配水厂等，是建设项目的组成部分。单项工程概算是以初步设计文件为依据，在单位工程概算的基础上汇总单项工程工程费用的成果文件，由单项工程中的各单位工程概算汇总编制而成，是建设项目总概算的组成部分。单项工程综合概算的组成内容如图 5-2 所示。

3. 建设项目总概算

建设项目总概算是以初步设计文件为依据，在单项工程综合概算的基础上计算建设项目概算总投资的成果文件，它是由各单项工程综合概算、工程建设其他费用概算、预备费、建设期利息和铺底流动资金概算汇总编制而成的。

若干个单位工程概算汇总后成为单项工程概算，若干个单项工程概算和工程建设其他费用、预备费、建设期利息、铺底流动资金等概算文件汇总后成为建设项目总概算。单项工程概算和建设项目总概算仅是一种归纳、汇总性文件，因此，最基本的计算文件是单位工程概算书。若建设项目为一个独立单项工程，则该工程综合概算书与建设项目总概算书可合并编制，并以总概算书的形式出具。

建设项目总概算的组成内容如图 5-3 所示。

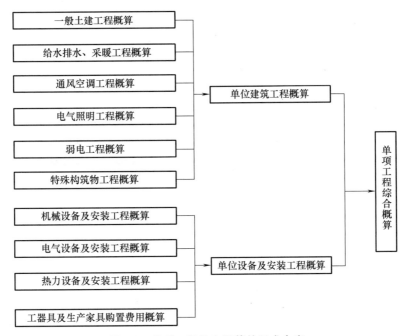

图 5-2　单项工程综合概算的组成内容

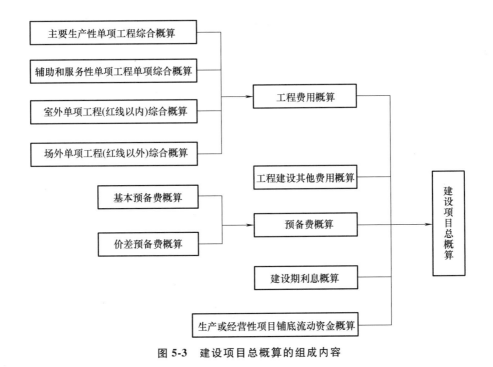

图 5-3　建设项目总概算的组成内容

5.2.2 单位工程概算的编制方法

单位工程概算应根据单项工程中所属的每个单体按专业分别编制，一般分土建、装饰、采暖通风、给水排水、照明、工艺安装、自控仪表、通信、道路、总图竖向等专业或工程分别编制。总体而言，单位工程概算包括单位建筑工程概算和单位设备及安装工程概算两类。其中，建筑工程概算的编制方法有概算定额法、概算指标法、类似工程预算法等；设备及安装工程概算的编制方法有预算单价法、扩大单价法、设备价值百分比法和综合吨位指标法等。

1. 单位建筑工程概算编制方法

（1）概算定额法

概算定额法又称扩大单价法或扩大结构定额法，是一种套用概算定额编制建筑工程概算的方法。运用概算定额法，要求初步设计必须达到一定深度，建筑结构尺寸比较明确，能按照初步设计的平面图、立面图、剖面图计算出楼地面、墙身、门窗和屋面等扩大分项工程（或扩大结构构件）项目的工程量时方可采用。

（2）概算指标法

概算指标法是用拟建的厂房、住宅的建筑面积（或体积）乘以技术条件相同或基本相同的概算指标而得出人、材、机费，然后按规定计算出企业管理费、利润、规费和税金等，得出单位工程概算的方法。

（3）类似工程预算法

类似工程预算法是利用技术条件与设计对象相类似的已完成或在建的工程造价资料来编制拟建工程设计概算的方法。

当拟建工程初步设计与已完工程或在建工程的设计相类似而又没有可用的概算指标时可采用类似工程预算法。

2. 单位设备及安装工程概算编制方法

单位设备及安装工程概算包括单位设备及工器具购置费概算和单位设备安装工程费概算两大部分。

（1）设备及工器具购置费概算

设备及工器具购置费是根据初步设计的设备清单计算出设备原件，并汇总求出设备总原价，然后按有关规定的设备运杂费率乘以设备总原价，两项相加再考虑工具、器具及生产家具购置费即为设备及工器具购置费概算。设备及工器具购置费概算的编制依据包括：设备清单、工艺流程图；各部、省、市、自治区规定的现行设备价格和运费标准、费用标准。设备购置费的计算如下：

$$设备购置费 = 设备原价 + 设备运杂费 \tag{5-1}$$

1）设备原价。编制方法如下：

① 国产标准设备。国产标准设备是指按照主管部门颁布的标准图纸和技术要求，由国内设备生产厂批量生产的，符合国家质量检测标准的设备。国产标准设备一般有完善的设备交易市场，因此可通过查询相关交易市场或向设备生产厂家询价得到国产标准设备原价。

② 国产非标准设备。国产非标准设备是指国家尚无定型标准，各设备生产厂不可能在工艺过程中采用批量生产，只能按订货要求并根据具体的设计图制造的设备。非标准设备由于单件生产、无定型标准，所以无法获取市场交易价格，只能按其成本构成或相关参数估算其价格。非标准设备原价有多种不同的计算方法，如成本计算估价法、系列设备插入估价法、分部组合估价法、定额估价法等。

③ 进口设备的原价是指进口设备的抵岸价，即设备抵达买方边境、港口或车站，交纳完各种手续费、税费后形成的价格。抵岸价通常由设备到岸价和进口从属费构成。进口设备的到岸价，即设备抵达买方边境港口或边境车站所形成的价格。在国际贸易中，交易双方所使用的交货类别不同，则交易价格的构成内容也有所差异。进口设备从属费用是指进口设备在办理进口手续过程中发生的应计入设备原价的银行财务费、外贸手续费、进口关税、消费税、进口环节增值税及进口车辆的车辆购置税等。

2）设备运杂费。计算如下：

$$设备运杂费 = 设备原价 \times 设备运杂费率 \qquad (5-2)$$

其中，设备运杂费率按各部门及省、市有关规定计取。

（2）设备安装工程费概算的编制方法

设备安装工程费概算的编制方法应根据初步设计深度和要求所明确的程度而采用，其主要编制方法有：

1）预算单价法。当初步设计较深，有详细的设备清单时，可直接按安装工程预算定额单价编制安装工程概算，概算编制程序与安装工程施工图预算程序基本相同。该法的优点是计算比较具体，精确性较高。

2）扩大单价法。当初步设计深度不够，设备清单不完备，只有主体设备或仅有成套设备的重量时，可采用主体设备、成套设备的综合扩大单价编制概算。

上述两种方法的具体编制步骤与建筑工程概算相类似。

3）设备价值百分比法，又叫安装设备百分比法。当初步设计深度不够，只有设备出厂价而无详细规格、重量时，安装费可按占设备费的百分比计算。其百分比值（即安装费率）由相关主管部门制定或由设计单位根据已完类似工程确定。该法常用于价格波动不大的定型产品和通用设备产品，其计算公式如下：

$$设备安装费 = 设备原价 \times 安装费率(\%) \qquad (5-3)$$

4）综合吨位指标法。当初步设计提供的设备清单有规格和设备重量时，可采用综合吨位指标编制概算，其综合吨位指标由相关主管部门或由设计单位根据已完类似工程的资料确定。该法常用于设备价格波动较大的非标准设备和引进设备的安装工程概算，其计算公式如下：

$$设备安装费 = 设备吨位 \times 每吨设备安装费指标(元/t) \qquad (5-4)$$

5.2.3　单项工程综合概算的编制方法

单项工程概算与单项工程综合概算，两者是既有联系又有区别的两个不同的概念。如前所述，单位工程概算分为建筑工程概算和设备及安装工程概算两大类。单项工程综合概算是确定单项工程建设费用的综合性文件，它是由该单项工程各专业的单位工程概算汇总而成的，是建设项目总概算的组成部分。因此，单项工程概算与单项工程综合概算具有不同的含义。

单项工程是具有独立设计文件，在竣工后可以独立发挥设计的生产能力和效益的工程。当一个建设项目中只有一个单项工程，即其自身就是一个建设项目时；或当需要一个单项工程提前投产时，为了便于对该单项工程的经济核算，需编制单项工程综合概算。

《建设项目设计概算编审规程》（CECA/GC 2—2015）规定："对单一的、具有独立性的单项工程建设项目，按二级编制形式编制，直接编制总概算。"可见，单项工程综合概算的组成内容及编制方法，与建设项目总概算的相应内容与编制方法类同，将在下文中一并加以介绍。

5.2.4 建设项目总概算的编制程序与计算方法

建设项目总概算的编制是从局部到整体、从单位工程到单项工程再到建设项目的汇总综合过程。

1. 总概算书的编制程序

首先，应根据初步设计说明、总平面图和全部工程项目一览表等资料，对工程项目内容、性质、建设单位的要求，做一个较全面性的了解；其次，在此基础上作出编制总概算书的全面规划，明确编制工作的主要内容、重点、编制步骤、审查方法；再次，根据确定下来的编制总概算的提纲，及时广泛、深入地收集资料，合理确定和选用编制依据；最后，审查综合概算书（当编制综合概算时）及其他费用概算书，然后汇总编制总概算书。

2. 总概算书的编制方法

总概算书的编制通常采用表格形式，按总概算书组成的顺序和各项费用的性质，先编制单位工程，后编制单项工程，最后依照设计总概算的五大部分内容归纳工程总概算的基本编制程序和步骤，逐一将各项概算书或综合概算书及其他费用概算书汇总列入总概算表。第一部分工程费用的编制按单位工程概算或按综合概算汇总，第三、四、五部分费用按有关规定计算。

3. 工程建设项目其他费用的计算

一般建设项目其他费用包括建设用地费、与项目建设有关的其他费用（建设管理费、可行性研究费、研究试验费、勘察设计费、专项评价及验收费、场地准备及临时设施费、引进技术和引进设备其他费、工程保险费、特殊设备安全监督检验费、市政公用设施费）、与未来生产经营有关的其他费用（联合试运转费、专利及专有技术使用费、生产准备费）。

（1）建设用地费

1）根据征用建设用地面积、临时用地面积，按建设项目所在省、市、自治区人民政府制定颁发的土地征用补偿费、安置补助费标准和耕地占用税、城镇土地使用税标准计算。

2）建设用地上的建（构）筑物如需迁建，其迁建补偿费应按迁建补偿协议计列或按新建同类工程造价计算。

3）建设项目采用"长租短付"方式租用土地使用权，在建设期间支付的租地费用计入建设用地费，在生产经营期间支付的土地使用费应计入营运成本中核算。

（2）建设管理费

1）以建设投资中的工程费用为基数，乘以建设管理费费率计算。

$$建设管理费 = 工程费用 \times 建设管理费费率 \qquad (5\text{-}5)$$

2）工程监理是受建设单位委托的工程建设技术服务，属建设管理范畴。如采用监理，建设单位的部分管理工作会转移至监理单位。监理费应根据委托的监理工作范围和监理深度在监理合同中商定或按照《国家发展改革委员会关于进一步放开建设项目专业服务价格的通知》（发改价格〔2015〕299号）的规定计算。

3）如建设管理采用工程总承包方式，其总包管理费由建设单位与总包单位根据总包工作范围在合同中商定，从建设管理费中支出。

4）改扩建项目的建设管理费费率应较新建项目适当降低。

5）建设项目建成后，应及时组织验收，移交生产或使用。已超过批准的试运行期，并已符合验收条件但未及时办理竣工验收手续的建设项目，视同项目已交付生产，其费用不得从基建投资中支付，所实现的收入作为生产经营收入，不再作为基建收入。

（3）可行性研究费

1）依据前期研究委托合同计列，按照《国家发展改革委员会关于进一步放开建设项目专业服务价格的通知》（发改价格〔2015〕299 号）规定计算。

2）编制可行性研究报告费用参照编制项目建议书收费标准并可适当调增。

（4）研究试验费

1）研究试验费按照设计单位根据本工程项目的需要提出的研究试验内容和要求进行计算。

2）研究试验费不包括以下项目：

① 应由科技三项费用（即新产品试制费、中间试验费和重要科学研究补助费）开支的项目。

② 应在建筑安装费用中列支的施工企业对建筑材料、构件和建筑物进行一般鉴定、检查所发生的费用及技术革新的研究试验费。

③ 应由勘察设计费或工程费用列支的项目。

（5）勘察设计费

按照《国家发展改革委员会关于进一步放开建设项目专业服务价格的通知》（发改价格〔2015〕299 号）规定计算，此项费用实行市场调节价。

（6）专项评价及验收费

专项评价及验收费包括环境影响评价费、安全预评价及验收评价费、职业病危害预评价及控制效果评价费、地震安全性评价费、地质灾害危险性评价费、水土保持评价及验收费、压覆矿产资源评价费、节能评估及评审费、危险与可操作性分析及安全完整性评价费以及其他专项评价及验收费。按照《国家发展改革委员会关于进一步放开建设项目专业服务价格的通知》（发改价格〔2015〕299 号）规定计算，这些评价及验收费用均实行市场调节价。

（7）场地准备及临时设施费

1）场地准备及临时设施费应尽量与永久性工程统一考虑。建设场地的大型土石方工程应纳入工程费用中的总图运输费用。

2）新建项目的场地准备和临时设施费应根据实际工程量估算，或按工程费用的比例计算。改扩建项目一般只计拆除清理费。

$$场地准备和临时设施费 = 工程费用 \times 费率 + 拆除清理费 \tag{5-6}$$

3）发生拆除清理费时可按新建同类工程造价或主材费、设备费的比例计算。凡可回收材料的拆除工程采用以料抵工方式冲抵拆除清理费。

4）此项费用不包括已列入建筑安装工程费用中的施工单位临时设施费用。

（8）引进技术和引进设备其他费

1）引进项目图纸资料翻译复制费、备品备件测绘费。根据引进项目的具体情况计列或按引进货价的比例估列；引进项目发生备品备件测绘费时按具体情况估列。

2）出国人员费用。依据合同或协议规定的出国人次、期限以及相应的费用标准计算。生活费按照财政部、外交部规定的现行标准计算，旅费按中国民航公布的票价计算。

3）来华人员费用。依据引进合同或协议有关条款及来华技术人员派遣计划进行计算。来华人员接待费用可按每人次费用指标计算。引进合同价款中已包括的费用内容不得重复计算。

4）银行担保及承诺费。应按担保或承诺协议计取。投资估算和概算编制时可以担保金额或承诺金额为基数，乘以费率计算。

（9）工程保险费

1）不投保的工程不计取此项费用。

2）根据不同的工程类别，分别以其建筑、安装工程费乘以建筑安装工程保险费率计算。

（10）特殊设备安全监督检验费

按照建设项目所在省、市、自治区安全监察部门的规定标准计算。无具体规定的，在编制投资估算和概算时可按受检设备现场安装费的比例估算。

（11）市政公用设施费

按工程所在地人民政府规定标准计列。不发生或按规定免征项目不计算。

（12）联合试运转费

1）不发生试运转或试运转收入大于（或等于）费用支出的工程，不列此项费用。

2）当联合试运转收入小于试运转支出时，计算如下：

$$联合试运转费 = 联合试运转费用支出 - 联合试运转收入 \tag{5-7}$$

3）联合试运转费不包括应由设备安装工程费用中列支的调试及试车费用，以及在试运转中因施工原因或设备缺陷等发生的处理费用。

4）试运行期按照以下规定确定：引进国外设备项目按建设合同中规定的试运行期执行；国内一般性建设项目试运行期原则上按照批准的设计文件所规定的期限执行。个别行业的建设项目试运行期需要超过规定试运行期的，应报项目设计文件审批机关批准。试运行期一经确定，各建设单位应严格按规定执行，不得擅自缩短或延长。

（13）专利及专有技术使用费

1）按专利使用许可协议和专有技术使用合同的规定计列。

2）专有技术的界定应以省、部级鉴定批准为依据。

3）项目投资中只计需要在建设期支付的专利及专有技术使用费。协议或合同规定在生产期支付的使用费应在生产成本中核算。

4）一次性支付的商标权、商誉及特许经营权费按协议或合同规定计列。协议或合同规定在生产期支付的商标权或特许经营权费应在生产成本中核算。

5）为项目配套的专用设施投资，包括专用铁路线、专用公路、专用通信设施、变送电站、地下管道、专用码头等，如由项目建设单位负责投资但产权不归属本单位的，应作无形资产处理。

（14）生产准备及开办费

1）新建项目以设计定员为基数计算，改扩建项目以新增设计定员为基数计算：

$$生产准备费 = 设计定员 \times 生产准备费用指标(元／人) \tag{5-8}$$

2）可采用综合的生产准备费用指标进行计算，也可以按费用内容的分类指标计算。

5.2.5 设计概算文件的编制形式

概算文件应视项目情况采用三级概算编制或二级概算编制形式。

1. 三级概算编制

三级概算编制（总概算、综合概算、单位工程概算）形式、概算文件的组成及其格式介绍如下。

（1）封面、签署页及目录

封面、签署页及目录，式样见图5-4、图5-5和表5-1。

```
┌─────────────────────────────────────────────┐
│                                             │
│              （工程名称）                    │
│                                             │
│              设计概算                        │
│                                             │
│          档案号：                            │
│                                             │
│      共　册　　第　册                        │
│                                             │
│          （编制单位名称）                    │
│      （工程造价咨询单位执业章）              │
│          年　月　日                          │
│                                             │
└─────────────────────────────────────────────┘
```

图 5-4　设计概算封面式样

```
┌─────────────────────────────────────────────┐
│                                             │
│              （工程名称）                    │
│                                             │
│                                             │
│              设计概算                        │
│                                             │
│                                             │
│          档案号：                            │
│                                             │
│                                             │
│      共　册　　　第　册                      │
│                                             │
│                                             │
│  编制人：_____ ［执业（从业）印章］_____ │
│  审核人：_____ ［执业（从业）印章］_____ │
│  审定人：_____ ［执业（从业）印章］_____ │
│  法定代表人或其授权人：_____       │
│                                             │
└─────────────────────────────────────────────┘
```

图 5-5　设计概算签署页式样

表 5-1　设计概算目录式样

序　号	编　号	名　称	页　次
1		编制说明	
2		总概算表	
3		工程建设其他费用表	
4		预备费计算表	
5		专项费用计算表	
6		综合概算表	

（续）

序　号	编　号	名　称	页　次
6.1		×××综合概算表	
⋮		⋮	
7		单项工程概算表	
7.1		×××单项工程概算表	
⋮		⋮	
8		概算综合单价分析表	
9		补充单位估价表	
10		主要设备材料数量及价格表	
11		其他概算相关资料	
⋮		⋮	

（2）编制说明

编制说明的式样如图 5-6 所示。

编 制 说 明

1. 工程概况
2. 主要技术经济指标
3. 编制依据
4. 工程费用计算
（1）建筑工程工程费用计算
（2）设备及安装工程工程费用计算
5. 进口设备材料有关费率取定及依据：国外运输费、国外运输保险费、海关税费、进口环节增值税、国内运杂费、其他有关税费
6. 进口设备材料从属费用计算表
7. 工程建设其他费用、预备费、建设期利息、铺底流动资金等的计算说明
8. 概算与可研设计概算对比及分析表
9. 其他应说明的问题

图 5-6　编制说明式样

填写说明：

1）工程概况：简述建设项目的建设地点、设计规模、建设性质（新建、扩建或改建）、工程类别、建设期（年限）、主要工程内容、主要工程量、主要工艺设备及数量等。

2）主要技术经济指标：项目概算总投资（有引进的给出所需外汇额度）及主要分项投资、主要技术经济指标（主要单位工程投资指标）等。

（3）总概算表

概算总投资由工程费用、工程建设其他费用、预备费、建设期利息及铺底流动资金几项费用组成，见表 5-2。

表 5-2　总概算表（三级编制形式）

总概算编号：_____工程名称：_____　　　　　　　（单位：万元）共　页　第　页

序号	概算编号	工程项目或费用名称	建筑工程费	设备购置费	安装工程费	其他费用	合计	其中：引进部分		占总投资比例（%）
								美元	折合人民币	
一		工程费用								
1		主要工程								
（1）		××××××								
⋮		⋮								
2		辅助工程								
（1）		××××××								
⋮		⋮								
3		配套工程								
（1）		××××××								
⋮		⋮								
二		工程建设其他费用								
1		××××××								
2		××××××								
⋮		⋮								
三		预备费								
四		建设期利息								
五		铺底流动资金								
		建筑项目概算总投资								

编制人：　　　　　　　　　　审核人：　　　　　　　　　　审定人：

填表说明：

1）第一部分：工程费用。按单项工程综合概算组成编制，采用二级编制的按单位工程概算组成编制。

① 市政民用建设项目一般排列顺序：主体建（构）筑物、辅助建（构）筑物、配套系统。

② 工业建设项目一般排列顺序：主要工艺生产装置、辅助工艺生产装置、公用工程、总图运输、生产管理服务性工程、生活福利工程、厂外工程。

2）第二部分：工程建设其他费用。工程建设其他费用概算表格形式见表 5-3 和表 5-4。

表 5-3 工程建设其他费用汇总表

工程名称：_____ （单位：万元）共 页 第 页

序　号	费用项目编号	费用项目名称	费用计算基数	金　额	备　注
	合计				

编制人： 审核人： 审定人：

表 5-4 工程建设其他费用计算表

工程建设其他费用编号：_____ 费用名称：_____ （单位：万元）共 页 第 页

序　号	费用项目名称	费用计算基数	费率（%）	金　额	计 算 公 式	备　注
	合计					

编制人： 审核人： 审定人：

　3）第三部分：预备费。预备费包括基本预备费和价差预备费，基本预备费以总概算第一部分"工程费用"和第二部分"其他费用"之和为基数计算。

　4）第四部分：建设期利息，根据不同资金来源及利率分别计算。

　5）第五部分：铺底流动资金，按国家或行业有关规定计算。

　（4）单项工程、单位工程概算表

　1）表 5-5 为单项工程综合概算表。

表 5-5 单项工程综合概算表

综合概算编号：_____工程名称（单项工程）：_____ （单位：万元）共 页 第 页

序号	概算编号	工程项目或费用名称	设计规模或主要工程量	建筑工程费	设备购置费	安装工程费	合计	其中：引进部分		主要技术经济指标		
								美元	折合人民币	单位	数量	单位价值
一		主要工程										
1	×××	××××××										
⋮												
2	×××	××××××										
⋮												
二		辅助工程										
1	×××	××××××										
⋮												

（续）

序号	概算编号	工程项目或费用名称	设计规模或主要工程量	建筑工程费	设备购置费	安装工程费	合计	其中：引进部分		主要技术经济指标		
								美元	折合人民币	单位	数量	单位价值
2	×××	××××××										
⋮												
三		配套工程										
1	×××	××××××										
⋮												
2	×××	××××××										
⋮												
		单项工程概算费用合计										

编制人：　　　　　　　　　　审核人：　　　　　　　　　　审定人：

2）表5-6为单位工程（设备及安装工程）概算表。

表 5-6　设备及安装工程概算表

单位工程概算编号：＿＿＿＿＿＿＿工程名称（单项工程）：＿＿＿＿＿＿＿　　　共　　页　第　　页

序号	定额编号	工程项目或费用名称	单位	数量	单价/元					合价/元				
					设备费	主料费	定额基价	其　中		设备费	主料费	定额费	其　中	
								人工费	机械费				人工费	机械费
一		设备安装												
1	××	×××××												
2	××	×××××												
⋮														
二		管道安装												
1	××	×××××												
2	××	×××××												
⋮														
三		防腐保温												
1	××	×××××												
2	××	×××××												
⋮														
		小计												

（续）

序号	定额编号	工程项目或费用名称	单位	数量	单价/元					合价/元				
					设备费	主料费	定额基价	其　中		设备费	主料费	定额费	其　中	
								人工费	机械费				人工费	机械费
		工程综合取费												
⋮														
		单位工程概算费用合计												

编制人：　　　　　　　　　审核人：　　　　　　　　　审定人：

注：1. 设备及安装工程概算费用由设备购置费和安装工程费组成。

　　2. 设备购置费。

$$定型或成套设备费=设备出厂价格+运输费+采购保管费$$

引进设备费用分外币和人民币两种支付方式，外币部分按美元或其他国际主要流通货币计算。

非标准设备原价有多种不同的计算方法，如综合单价法、成本计算估价法、系列设备插入估价法、分部组合估价法、定额估价法等。一般采用不同种类设备综合单价法计算，计算公式为：

$$设备费=\sum 综合单价（元/t）\times 设备单重（t）$$

工具、器具及生产家具购置费一般以设备购置费为计算基数，按照部门或行业规定的工具、器具及生产家具费率计算。

　　3. 安装工程费用。安装工程费用的内容组成以及工程费用计算方法见《住建部、财政部关于印发〈建筑安装工程费用项目组成〉的通知》（建标〔2013〕44 号）。其中，辅助材料费按概算定额（指标）计算，主要材料费以消耗量按工程所在地当年预算价格（或市场价）计算。

　　4. 引进材料费用计算方法与引进设备费用计算方法相同。

　　5. 设备及安装工程概算采用"设备及安装工程概算表"（表 5-6）形式，按构成单位工程的主要分部分项工程编制，初步设计工程量按工程所在省、市、自治区颁发的概算定额（指标）或行业概算定额（指标），以及工程费用定额计算。

　　6. 概算编制深度可参照《建设工程工程量清单计价规范》（GB 50500）执行。

（5）补充单位估价表

当概算定额或指标不能满足概算编制要求时，应编制补充单位估价表，内容见表 5-7。

2. 二级概算编制

1）封面、签署页及目录。二级概算编制的封面、签署页及目录的格式同上述三级概算编制相关内容。

2）编制说明。二级概算编制中编制说明的格式及填写说明同上述三级概算编制的相关内容。

3）总概算见表 5-8。

表 5-7　补充单位估价表

子目名称：＿＿＿＿＿＿＿＿　工作内容：＿＿＿＿＿＿＿＿＿＿　　　　　　　　　　共　　页　　第　　页

补充单位估价表编号				
定额基价				
人工费				
材料费				
机械费				
名　　称	单　位	单　价	数　　量	
综合工日				
材料				
其他材料费				

编制人：　　　　　　　　　　　　　　　审核人：

表 5-8　总概算表（二级编制形式）

总概算编号：＿＿＿＿＿＿＿＿　工作名称：＿＿＿＿＿＿＿＿　　　　（单位：万元）共　　页　　第　　页

序号	概算编号	工程项目或费用名称	设计规模或主要工程量	建筑工程费	设备购置费	安装工程费	其他费用	合计	其中：引进部分		占总投资比例
									美元	折合人民币	
一		工程费用									
1	×××	××××××									
2	×××	××××××									

（续）

序号	概算编号	工程项目或费用名称	设计规模或主要工程量	建筑工程费	设备购置费	安装工程费	其他费用	合计	其中：引进部分		占总投资比例
									美元	折合人民币	
二		工程建设其他费用									
1		××××××									
2		××××××									
三		预备费									
四		建设期利息									
五		铺底流动资金									
		建设项目概算总投资									

编制人：　　　　　　　　　　审核人：　　　　　　　　　　审定人：

4）单位工程概算表。二级概算编制中单位工程概算表的格式及填写说明同上述三级概算编制相关内容。

5）补充单位估价表。二级概算编制中补充单位估价表的格式同上述三级概算编制的相关内容。

3. 设计概算编制常用表格

（1）主要设备材料数量及价格表

主要设备材料数量及价格表见表5-9。

表5-9 主要设备材料数量及价格表

序号	设备材料名称	规格型号及材质	单位	数量	单价/元	价格来源	备注

编制人：　　　　　　　　　　审核人：

（2）进口设备材料货价及从属费用计算表

进口设备材料货价及从属费用计算表见表 5-10。

表 5-10　进口设备材料货价及从属费用计算表

| 序号 | 设备、材料规格名称及费用名称 | 单位 | 数量 | 单价/美元 | 外币金额/美元 | | | | | 折合人民币/元 | 人民币金额/元 | | | | | | 合计/元 |
					货价	运输费	保险费	其他费用	合计		关税	增值税	银行财务费	外贸手续费	国内运杂费	合计	

编制人：　　　　　　　　　　　　　　审核人：

（3）工程费用计算程序表

工程费用计算程序表见表 5-11。

表 5-11　工程费用计算程序表

序　　号	费用名称	取费基础	费　　率	计 算 公 式

（4）总概算对比表

总概算对比表见表 5-12。

表 5-12　总概算对比表

| 序号 | 工程项目或费用名称 | 原批准概算 | | | | | 调整概算 | | | | | 差额（调整概算−原批准概算） | 备　　注 |
		建筑工程费	设备购置费	安装工程费	其他费用	合计	建筑工程费	设备购置费	安装工程费	其他费用	合计		
一	工程费用												
1	主要工程												
（1）	××××××												
⋮	⋮												
2	辅助工程												
（1）	××××××												
⋮	⋮												

（续）

序号	工程项目或费用名称	原批准概算					调整概算					差额（调整概算－原批准概算）	备　注
		建筑工程费	设备购置费	安装工程费	其他费用	合计	建筑工程费	设备购置费	安装工程费	其他费用	合计		
3	配套工程												
（1）	××××××												
⋮	⋮												
二	工程建设其他费用												
1	××××××												
2	××××××												
⋮	⋮												
三	预备费												
四	建设期利息												
五	铺底流动资金												
	建设项目概算总投资												

编制人：　　　　　　　　　　审核人：　　　　　　　　　　审定人：

（5）综合概算对比表

综合概算对比表见表5-13。

表5-13　综合概算对比表

综合概算编号：＿＿＿＿＿＿＿工程名称：＿＿＿＿＿＿　　　　　　（单位：万元）共　页　第　页

序　　号	工程项目或费用名称	原批准概算				调整概算				差额（调整概算－原批准概算）	调整的主要原因
		建筑工程费	设备购置费	安装工程费	合计	建筑工程费	设备购置费	安装工程费	合计		
一	主要工程										
1	××××××										
2	××××××										
⋮	⋮										

（续）

序　号	工程项目或费用名称	原批准概算				调整概算				差额（调整概算−原批准概算）	调整的主要原因
		建筑工程费	设备购置费	安装工程费	合计	建筑工程费	设备购置费	安装工程费	合计		
二	辅助工程										
1	×××××										
2	×××××										
⋮	⋮										
三	配套工程										
1	×××××										
2	×××××										
⋮	⋮										
	单项工程概算费用合计										

编制人：　　　　　　　　　　审核人：　　　　　　　　　　审定人：

4. 设计概算文件的编制程序和质量控制

1）设计概算文件编制的有关单位应当一起制定编制原则、方法，以及确定合理的概算投资水平，对设计概算的编制质量、投资水平负责。

2）项目设计负责人和概算负责人对全部设计概算的质量负责；概算文件编制人员应参与设计方案的讨论；设计人员要树立以经济效益为中心的观念，严格按照批准的工程内容及投资额度设计，提出满足概算文件编制深度的技术资料；概算文件编制人员对投资的合理性负责。

3）概算文件需要经编制单位自审，建设单位（项目业主）复审，主管部门审批。

4）概算文件的编制与审查人员必须具有国家注册造价工程师资格，或者具有省、市（行业）颁发的造价员资格证。

5）各地方工程造价协会和中国建设工程造价管理协会各专业委员会、造价主管部门可根据所主管的工程特点制定概算编制质量的管理办法，并对编制人员采取相应的措施进行考核。

思考与练习

1. 简述工程设计概算的定义及分类。

2. 工程概算的编制依据有哪些？

3. 设计概算的特点及其作用有哪些？

4. 概算编制依据应满足哪些要求？

5. 如何编制单位工程概算？

6. 如何编制总概算？

第6章

施工图预算基本知识

6.1 施工图预算概述

6.1.1 施工图预算的定义

施工图预算，是在设计的施工图完成以后，以施工图为依据，根据预算定额、费用标准以及工程所在地区的人工、材料、施工机械设备台班的预算价格编制的，是确定建筑工程、安装工程预算造价的文件。

施工图预算在我国是建筑企业和建设单位签订承包合同、实行工程预算包干、拨付工程款和办理工程结算的依据，也是建筑企业控制施工成本、实行经济核算和考核经营成果的依据。在实行招标承包制的情况下，施工图预算是建设单位确定招标控制价和建筑企业投标报价的依据。施工图预算是关系建设单位和建筑企业经济利益的技术经济文件，如在执行过程中发生经济纠纷，应按合同经协商或仲裁机关仲裁，或按民事诉讼等其他法律规定的程序解决。

6.1.2 施工图预算的内容

施工图预算包括单位工程预算、单项工程预算和建设项目总预算。首先根据施工图设计文件、现行预算定额、费用定额，以及人工、材料、设备、机械台班等预算价格资料，以一定方法，编制单位工程的施工图预算；汇总所有各单位工程施工图预算，成为单项工程施工图预算；然后再汇总各所有单项工程施工图预算，便构成一个建设项目建筑安装工程的总预算。

6.1.3 施工图预算的作用

施工图预算作为建设工程建设程序中一个重要的技术经济文件，在工程建设实施过程中具有十分重要的作用。施工图预算的作用可以归纳为以下几个方面：

（1）施工图预算对投资方的作用

1）施工图预算是控制造价及资金合理使用的依据。

2）施工图预算是确定工程招标控制价的依据。

3）施工图预算是拨付工程款及办理工程结算的依据。

（2）施工图预算对施工企业的作用

1）施工图预算是投标报价的依据。

2）施工图预算是建筑工程包干和签订施工合同的主要依据。

3）施工图预算是施工企业安排调配施工力量，组织材料供应的依据。

4）施工图预算是施工企业控制工程成本的依据。

5）施工图预算是进行"两算"对比的依据。

（3）施工图预算其他方面的作用

1）对于工程咨询单位，客观、准确地为委托方编制施工图预算，可以强化投资方对工程造价的控制，有利于节省投资，提高建设项目的投资效益。

2）对于工程造价管理部门，施工图预算是其监督检查执行定额标准、合理确定工程造价、测算工程造价指数及审定工程招标控制价的重要依据。

6.2 施工图预算的费用组成

施工图预算是在施工图设计完成后、工程开工前，根据已批准的施工图、现行的预算定额、费用定额以及地区人工、材料、设备与机械台班等资源价格，在施工方案或施工组织设计已大致确定的前提下，按照规定的计算程序计算分部分项工程费、措施项目费、其他项目费，并计取利润、规费、税金等，确定单位工程造价的技术经济文件。

根据《建筑安装工程费用项目组成》（建标〔2013〕44 号）的规定，建筑安装工程费用包括按照费用构成要素组成划分和按照工程造价形成划分两类划分方法。

6.2.1 按费用构成要素划分的建筑安装工程费用项目组成

建筑安装工程费按照费用构成要素划分，由人工费、材料（包含工程设备，下同）费、施工机具使用费、企业管理费、利润、规费和税金组成。其中，人工费、材料费、施工机具使用费、企业管理费和利润包含在分部分项工程费、措施项目费、其他项目费中，如图 6-1 所示。

1. 人工费

人工费指按工资总额构成规定，支付给从事建筑安装工程施工的生产工人和附属生产单位工人的各项费用，其内容包括：

（1）计时工资或计件工资

指按计时工资标准和工作时间或对已做工作按计件单价支付给个人的劳动报酬。

（2）奖金

指对超额劳动和增收节支支付给个人的劳动报酬。如节约奖、劳动竞赛奖等。

（3）津贴补贴

指为了补偿职工特殊或额外的劳动消耗和因其他特殊原因支付给个人的津贴，以及为了保证职工工资水平不受物价影响支付给个人的物价补贴。如流动施工津贴、特殊地区施工津贴、高温（寒）作业临时津贴、高空津贴等。

（4）加班加点工资

指按规定支付的在法定节假日工作的加班工资和在法定日工作时间外延时工作的加点工资。

（5）特殊情况下支付的工资

指根据国家法律、法规和政策规定，因病、工伤、产假、计划生育假、婚丧假、事假、探亲假、定期休假、停工学习、执行国家或社会义务等原因按计时工资标准或计时工资标准的一定比例支付的工资。

2. 材料费

材料费指施工过程中耗费的原材料、辅助材料、构配件、零件、半成品或成品、工程设备

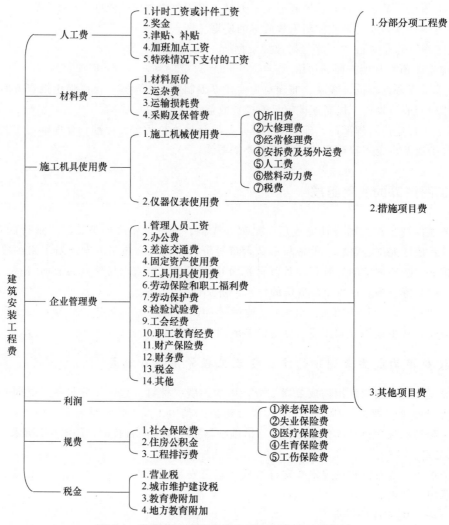

图 6-1　按费用构成要素划分的建筑安装工程费用

（工程设备是指构成或计划构成永久工程一部分的机电设备、金属结构设备、仪器装置及其他类似的设备和装置）的费用，其构成包括：

（1）材料原价

指材料、工程设备的出厂价格或商家供应价格。

（2）运杂费

指材料、工程设备自来源地运至工地仓库或指定堆放地点所发生的全部费用。

（3）运输损耗费

指材料在运输装卸过程中不可避免的损耗。

（4）采购及保管费

指为组织采购、供应和保管材料、工程设备的过程中所需要的各项费用，包括采购费、仓储费、工地保管费、仓储损耗。

3. 施工机具使用费

施工机具使用费指施工作业所发生的施工机械、仪器仪表使用费或其租赁费。

（1）施工机械使用费

以施工机械台班耗用量乘以施工机械台班单价表示，施工机械台班单价应由以下七项费用组成：

1）折旧费：指施工机械在规定的使用年限内，陆续收回其原值的费用。

2）大修理费：指施工机械按规定的大修间隔台班进行必要的大修理，以恢复其正常功能所需的费用。

3）经常修理费：指施工机械除大修理以外的各级保养和临时故障排除所需的费用。包括为保障机械正常运转所需替换设备与随机配备工具附具的摊销和维护费用，机械运转中日常保养所需润滑与擦拭的材料费用及机械停滞期间的维护和保养费用等。

4）安拆费及场外运费：安拆费指施工机械（大型机械除外）在现场进行安装与拆卸所需的人工、材料、机械和试运转费用以及机械辅助设施的折旧、搭设、拆除等费用；场外运费指施工机械整体或分体自停放地点运至施工现场或由一施工地点运至另一施工地点的运输、装卸、辅助材料及架线等费用。

5）人工费：指机上司机（司炉）和其他操作人员的人工费。

6）燃料动力费：指施工机械在运转作业中所消耗的各种燃料及水、电等。

7）税费：指施工机械按照国家规定应缴纳的车船使用税、保险费及年检费等。

（2）仪器仪表使用费

仪器仪表使用费指工程施工所需使用的仪器仪表的摊销及维修费用。

4. 企业管理费

企业管理费指建筑安装企业组织施工生产和经营管理所需的费用，其内容包括：

（1）管理人员工资

指按规定支付给管理人员的计时工资、奖金、津贴补贴、加班加点工资及特殊情况下支付的工资等。

（2）办公费

指企业管理办公用的文具、纸张、账表、印刷、邮电、书报、办公软件、现场监控、会议、水电、烧水和集体取暖降温（包括现场临时宿舍取暖降温）等费用。

（3）差旅交通费

指职工因公出差、调动工作的差旅费、住勤补助费，市内交通费和误餐补助费，职工探亲路费，劳动力招募费，职工退休、退职一次性路费，工伤人员就医路费，工地转移费以及管理部门使用的交通工具的油料、燃料等费用。

（4）固定资产使用费

指管理和试验部门及附属生产单位使用的属于固定资产的房屋、设备、仪器等的折旧、大修、维修或租赁费。

（5）工具用具使用费

指企业施工生产和管理使用的不属于固定资产的工具、器具、家具、交通工具和检验、试验、测绘、消防用具等的购置、维修和摊销费。

（6）劳动保险和职工福利费

指由企业支付的职工退职金、按规定支付给离休干部的经费、集体福利费、夏季防暑降温、冬季取暖补贴、上下班交通补贴等。

（7）劳动保护费

指企业按规定发放的劳动保护用品的支出。如工作服、手套、防暑降温饮料以及在有碍身体健康的环境中施工的保健费用等。

（8）检验试验费

指施工企业按照有关标准规定，对建筑以及材料、构件和建筑安装物进行一般鉴定、检查所发生的费用，包括自设试验室进行试验所耗用的材料等费用。不包括新结构、新材料的试验费，对构件做破坏性试验及其他特殊要求检验试验的费用和建设单位委托检测机构进行检测的费用，对此类检测发生的费用，由建设单位在工程建设其他费用中列支。但对施工企业提供的具有合格证明的材料进行检测不合格的，该检测费用由施工企业支付。

（9）工会经费

指企业按《工会法》规定的全部职工工资总额比例计提的工会经费。

（10）职工教育经费

指按职工工资总额的规定比例计提，企业为职工进行专业技术和职业技能培训，专业技术人员继续教育、职工职业技能鉴定、职业资格认定以及根据需要对职工进行各类文化教育所发生的费用。

（11）财产保险费

指施工管理用财产、车辆等的保险费用。

（12）财务费

指企业为施工生产筹集资金或提供预付款担保、履约担保、职工工资支付担保等所发生的各种费用。

（13）税金

指企业按规定缴纳的房产税、车船使用税、土地使用税、印花税等。

（14）其他

包括技术转让费、技术开发费、投标费、业务招待费、绿化费、广告费、公证费、法律顾问费、审计费、咨询费、保险费等。

5. 利润

利润指施工企业完成所承包工程获得的盈利。

6. 规费

规费指按国家法律、法规规定，由省级政府和省级有关权力部门规定必须缴纳或计取的费用。包括：

（1）社会保险费

1）养老保险费：指企业按照规定标准为职工缴纳的基本养老保险费。

2）失业保险费：指企业按照规定标准为职工缴纳的失业保险费。

3）医疗保险费：指企业按照规定标准为职工缴纳的基本医疗保险费。

4）生育保险费：指企业按照规定标准为职工缴纳的生育保险费。

5）工伤保险费：指企业按照规定标准为职工缴纳的工伤保险费。

（2）住房公积金

指企业按规定标准为职工缴纳的住房公积金。

（3）工程排污费

指按规定缴纳的施工现场工程排污费。

其他应列而未列入的规费，按实际发生计取。

7. 税金

税金指国家税法规定的应计入建筑安装工程造价内的营业税、城市维护建设税、教育费附加以及地方教育附加。

6.2.2 按造价形成划分的建筑安装工程费用项目组成

建筑安装工程费按照工程造价形成由分部分项工程费、措施项目费、其他项目费、规费、税金组成，分部分项工程费、措施项目费、其他项目费包含人工费、材料费、施工机具使用费、企业管理费和利润，如图 6-2 所示。

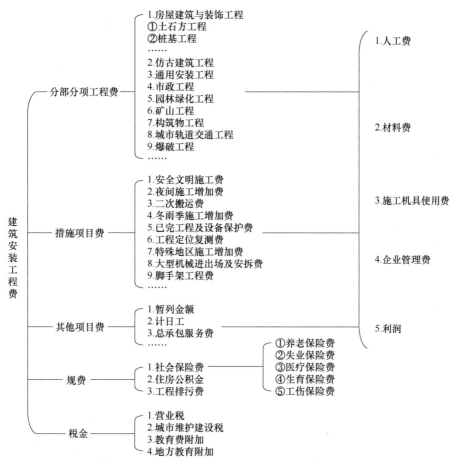

图 6-2 按造价形成划分的建筑安装工程费用

1. 分部分项工程费

分部分项工程费指各专业工程的分部分项工程应予列支的各项费用（人工费、材料费、机械费、企业管理费、利润）。

（1）专业工程

指按现行国家计量规范划分的房屋建筑与装饰工程、仿古建筑工程、通用安装工程、市政工程、园林绿化工程、矿山工程、构筑物工程、城市轨道交通工程、爆破工程等各类工程。

（2）分部分项工程

指按现行国家计量规范对各专业工程划分的项目。如房屋建筑与装饰工程划分的土石方工程、地基处理与桩基工程、砌筑工程、钢筋及钢筋混凝土工程等。

各类专业工程的分部分项工程划分见现行国家或行业计量规范。

2. 措施项目费

措施项目费指为完成建设工程施工，发生于该工程施工前和施工过程中的技术、生活、安全、环境保护等方面的费用，其内容包括：

（1）安全文明施工费

1）环境保护费：指施工现场为达到环保部门要求所需要的各项费用。

2）文明施工费：指施工现场文明施工所需要的各项费用。

3）安全施工费：指施工现场安全施工所需要的各项费用。

4）临时设施费：指施工企业为进行建设工程施工所必须搭设的生活和生产用的临时建筑物、构筑物和其他临时设施费用。包括临时设施的搭设、维修、拆除、清理费或摊销费等。

（2）夜间施工增加费

夜间施工增加费指因夜间施工所发生的夜班补助费、夜间施工降效、夜间施工照明设备摊销及照明用电等费用。

（3）二次搬运费

二次搬运费指因施工场地条件限制而发生的材料、构配件、半成品等一次运输不能到达堆放地点，必须进行二次或多次搬运所发生的费用。

（4）冬雨季施工增加费

冬雨季施工增加费指在冬季或雨季施工需增加的临时设施、防滑、排除雨雪，人工及施工机械效率降低等费用。

（5）已完工程及设备保护费

已完工程及设备保护费指竣工验收前，对已完工程及设备采取的必要保护措施所发生的费用。

（6）工程定位复测费

工程定位复测费指工程施工过程中进行全部施工测量放线和复测工作的费用。

（7）特殊地区施工增加费

特殊地区施工增加费指工程在沙漠或其边缘地区、高海拔、高寒、原始森林等特殊地区施工增加的费用。

（8）大型机械设备进出场及安拆费

大型机械设备进出场及安拆费指机械整体或分体自停放场地运至施工现场或由一个施工地点运至另一个施工地点，所发生的机械进出场运输及转移费用及机械在施工现场进行安装、拆卸所需的人工费、材料费、机械费、试运转费和安装所需的辅助设施的费用。

（9）脚手架工程费

脚手架工程费指施工需要的各种脚手架搭、拆、运输费用以及脚手架购置费的摊销（或租赁）费用。

措施项目及其包含的内容详见各类专业工程的现行国家或行业计量规范。

3. 其他项目费

（1）暂列金额

暂列金额指建设单位在工程量清单中暂定并包括在工程合同价款中的一笔款项。用于施工合同签订时尚未确定或者不可预见的所需材料、工程设备、服务的采购，施工中可能发生的工程变更、合同约定调整因素出现时的工程价款调整以及发生的索赔、现场签证确认等的费用。

（2）计日工

计日工指在施工过程中，施工企业完成建设单位提出的施工图以外的零星项目或工作所需的费用。

（3）总承包服务费

总承包服务费指总承包人为配合、协调建设单位进行的专业工程发包，对建设单位自行采购的材料、工程设备等进行保管以及施工现场管理、竣工资料汇总整理等服务所需的费用。

4. 规费

定义同按构成要素划分的规费。

5. 税金

定义同按构成要素划分的税金。

6.2.3　建筑安装工程费用

1. 各费用构成要素

（1）人工费

公式 1：

$$人工费 = \sum（工日消耗量 \times 日工资单价）$$

$$日工资单价 = \frac{生产工人平均月工资（计时、计件）+ 平均月（奖金 + 津贴补贴 + 特殊情况下支付的工资）}{年平均每月法定工作日}$$

(6-1)

日工资单价是指施工企业平均技术熟练程度的生产工人在每工作日（国家法定工作时间内）按规定从事施工作业应得的日工资总额。

工程造价管理机构确定日工资单价应通过市场调查、根据工程项目的技术要求，参考实物工程量人工单价综合分析确定。

工程计价定额不可只列一个综合工日单价，应根据工程项目技术要求和工种差别适当划分多种日人工单价，确保各分部工程人工费的合理构成。

注：公式 1 主要适用于施工企业投标报价时自主确定人工费，也是工程造价管理机构编制计价定额确定定额人工单价或发布人工成本信息的参考依据。

公式 2：

$$人工费 = \sum（工程工日消耗量 \times 日工资单价）\tag{6-2}$$

注：公式 2 适用于工程造价管理机构编制计价定额时确定定额人工费，是施工企业投标报价的参考依据。

（2）材料（含工程设备）费

1）材料费，计算如下：

$$材料费 = \sum（材料消耗量 \times 材料单价）\tag{6-3}$$

$$材料单价 = （材料原价 + 运杂费）\times（1 + 运输损耗率（\%））\times（1 + 采购保管费率（\%））\tag{6-4}$$

2）工程设备费，计算如下：

$$工程设备费 = \sum（工程设备量 \times 工程设备单价）\tag{6-5}$$

$$工程设备单价 = （设备原价 + 运杂费）\times（1 + 采购保管费率（\%））\tag{6-6}$$

（3）施工机具使用费

1）施工机械使用费，计算如下：

$$施工机械使用费 = \sum（施工机械台班消耗量 \times 机械台班单价）\tag{6-7}$$

$$机械台班单价 = 台班折旧费 + 台班大修费 + 台班经常修理费 + 台班安拆费及场外运费 +$$
$$台班人工费 + 台班燃料动力费 + 台班车船税费 \tag{6-8}$$

注：工程造价管理机构在确定计价定额中的施工机械使用费时，应根据《建筑施工机械台班

费用计算规则》（2015年版）结合市场调查编制施工机械台班单价。施工企业可以参考工程造价管理机构发布的台班单价，自主确定施工机械使用费的报价，如租赁施工机械，计算公式为：施工机械使用费=∑（施工机械台班消耗量×机械台班租赁单价）。

2）仪器仪表使用费，计算如下：

$$仪器仪表使用费 = 工程使用的仪器仪表摊销费 + 维修费$$

（4）企业管理费

1）企业管理费费率以分部分项工程费为计算基础。

$$企业管理费费率(\%) = \frac{生产工人年平均管理费}{年有效施工天数×人工单价} × 人工费占分部分项工程费比例(\%) \quad (6-9)$$

2）企业管理费费率以人工费和机械费合计为计算基础。

$$企业管理费费率(\%) = \frac{生产工人年平均管理费}{年有效施工天数×(人工单价+每一工日机械使用费)} × 100\% \quad (6-10)$$

3）企业管理费费率以人工费为计算基础。

$$企业管理费费率(\%) = \frac{生产工人年平均管理费}{年有效施工天数×人工单价} × 100\% \quad (6-11)$$

注：上述公式适用于施工企业投标报价时自主确定管理费，是工程造价管理机构编制计价定额确定企业管理费的参考依据。

工程造价管理机构在确定计价定额中企业管理费时，应以"定额人工费"或"定额人工费+定额机械费"作为计算基数，其费率根据历年工程造价积累的资料，辅以调查数据确定，列入分部分项工程和措施项目中。

（5）利润

1）施工企业根据企业自身需求并结合建筑市场实际自主确定，列入报价中。

2）工程造价管理机构在确定计价定额中利润时，应以"定额人工费"或"定额人工费+定额机械费"作为计算基数，其费率根据历年工程造价积累的资料，并结合建筑市场实际确定，以单位（单项）工程测算，利润在税前建筑安装工程费的比重可按不低于5%且不高于7%的费率计算。利润应列入分部分项工程和措施项目中。

（6）规费

1）社会保险费和住房公积金。

社会保险费和住房公积金应以定额人工费为计算基础，根据工程所在地省、自治区、直辖市或行业建设主管部门规定费率计算。

$$社会保险费和住房公积金 = ∑（工程定额人工费×社会保险费和住房公积金费率） \quad (6-12)$$

式中，社会保险费和住房公积金费率可以每万元发承包价的生产工人人工费和管理人员工资含量与工程所在地规定的缴纳标准综合分析取定。

2）工程排污费。

工程排污费等其他应列而未列入的规费应按工程所在地环境保护等部门规定的标准缴纳，按实计取列入。

（7）税金

税金的计算公式如下：

$$税金 = 税前造价×综合税率(\%) \quad (6-13)$$

综合税率的确定：

1）纳税地点在市区的企业：

$$综合税率（\%）=\frac{1}{1-3\%-(3\%\times7\%)-(3\%\times3\%)-(3\%\times2\%)}-1 \tag{6-14}$$

2）纳税地点在县城、镇的企业：

$$综合税率（\%）=\frac{1}{1-3\%-(3\%\times5\%)-(3\%\times3\%)-(3\%\times2\%)}-1 \tag{6-15}$$

3）纳税地点不在市区、县城、镇的企业：

$$综合税率（\%）=\frac{1}{1-3\%-(3\%\times1\%)-(3\%\times3\%)-(3\%\times2\%)}-1 \tag{6-16}$$

4）实行营业税改增值税的，按纳税地点现行税率计算。

2. 建筑安装工程计价参考公式

（1）分部分项工程费

$$分部分项工程费=\sum（分部分项工程量\times综合单价） \tag{6-17}$$

式中，综合单价包括人工费、材料费、施工机具使用费、企业管理费和利润以及一定范围的风险费用（下同）。

（2）措施项目费

1）国家计量规范规定应予计量的措施项目。计算方法如下：

$$措施项目费=\sum（措施项目工程量\times综合单价） \tag{6-18}$$

2）国家计量规范规定不宜计量的措施项目。计算方法如下：

① 安全文明施工费：

$$安全文明施工费=计算基数\times安全文明施工费费率(\%) \tag{6-19}$$

计算基数应为"定额基价（定额分部分项工程费+定额中可以计量的措施项目费）""定额人工费"或"定额人工费+定额机械费"，其费率由工程造价管理机构根据各专业工程的特点综合确定。

② 夜间施工增加费：

$$夜间施工增加费=计算基数\times夜间施工增加费费率(\%) \tag{6-20}$$

③ 二次搬运费：

$$二次搬运费=计算基数\times二次搬运费费率(\%) \tag{6-21}$$

④ 冬雨季施工增加费：

$$冬雨季施工增加费=计算基数\times冬雨季施工增加费费率(\%) \tag{6-22}$$

⑤ 已完工程及设备保护费：

$$已完工程及设备保护费=计算基数\times已完工程及设备保护费费率(\%) \tag{6-23}$$

上述②～⑤项措施项目的计费基数应为"定额人工费"或"定额人工费+定额机械费"，其费率由工程造价管理机构根据各专业工程特点和调查资料综合分析后确定。

3. 其他项目费

1）暂列金额由建设单位根据工程特点，按有关计价规定估算，施工过程中由建设单位掌握使用、扣除合同价款调整后如有余额，归建设单位。

2）计日工由建设单位和施工企业按施工过程中的签证计价。

3）总承包服务费由建设单位在招标控制价中根据总包服务范围和有关计价规定编制，施工企业投标时自主报价，施工过程中按签约合同价执行。

4. 规费和税金

建设单位和施工企业均应按照省、自治区、直辖市或行业建设主管部门发布标准计算规费和税金，不得作为竞争性费用。

6.2.4 人工、材料、机械台班单价

1. 人工日工资单价

（1）人工日工资单价的组成和确定方法

人工日工资单价的组成和确定方法见表6-1。

表 6-1 建筑安装工程人工日工资单价的确定方法

组 成 内 容	计 算 方 法
年平均每月 法定工作日	$\dfrac{平均月工资}{（全年日历日-法定假日）/12}$
人工日工资单价	日工资单价 $=\dfrac{生产工人平均月工资（计时、计件）}{年平均每月法定工作日}+$ $\dfrac{平均月（奖金+津贴补贴+特殊情况下支付的工资）}{年平均每月法定工作日}$

1）年平均每月法定工作日。由于人工日工资单价是每一个法定工作日的工资总额，因此需要对年平均每月法定工作日进行计算。

2）人工日工资单价的计算。确定了年平均每月法定工作日后，将上述工资总额进行分摊，即形成了人工日工资单价。

（2）人工日工资单价的管理

虽然施工企业投标报价时可以自主确定人工费，但由于人工日工资单价在我国具有一定的政策性，因此工程造价管理机构也需要确定人工日工资单价。工程造价管理机构确定日工资单价应通过市场调查、根据工程项目的技术要求，参考实物工程量人工单价综合分析确定，发布的最低日工资单价不得低于工程所在地人力资源和社会保障部门所发布的最低工资标准的倍数：普通工人1.3倍、一般技工2倍、高级技工3倍。

（3）影响人工日工资单价的因素

影响人工日工资单价的因素很多，归纳起来有以下方面：

1）社会平均工资水平。建筑安装工人人工日工资单价和社会平均工资水平趋同。社会平均工资水平取决于经济发展水平。由于经济的增长，社会平均工资也会增长，从而影响人工日工资单价的提高。

2）生活消费指数。生活消费指数的提高会影响人工日工资单价的提高，以减少生活水平的下降，或维持原来的生活水平。生活消费指数的变动决定于物价的变动，尤其决定于生活消费品物价的变动。

3）人工日工资单价的组成内容。《住建部、财政部关于印发〈建筑安装工程费用项目组成〉的通知》（建标〔2013〕44号）将职工福利费和劳动保护费从人工日工资单价中删除，这也影响人工日工资单价的变化。

4）劳动力市场供需变化。劳动力市场如果需求大于供给，人工日工资单价就会提高；供给大于需求，市场竞争激烈，人工日工资单价就会下降。

5）政府推行的社会保障和福利政策也会影响人工日工资单价的变动。

2. 材料单价

（1）材料单价的组成和确定方法

材料单价的组成和确定方法见表6-2。

表 6-2　材料单价的组成和确定方法

组 成 内 容	计 算 方 法
材料原价 （供应价）	$(K_1C_1+K_2C_2+\cdots\cdots+K_nC_n)/(K_1+K_2+\cdots\cdots+K_n)$ $K_1，K_2，\cdots，K_n$——各不同供应地点的供应量或各不同使用地点的需要量； $C_1，C_2，\cdots，C_n$——各不同供应地点的原价
材料运杂费	$(K_1T_1+K_2T_2+\cdots+K_nT_n)/(K_1+K_2+\cdots+K_n)$ $K_1，K_2，\cdots，K_n$——各不同供应点的供应量或各不同使用地点的需要量； $C_1，C_2，\cdots，C_n$——各不同运距的运费
运输损耗费	（材料原价+运杂费）×相应材料损耗率
采购及 保管费	材料运到工地仓库价格×采购及保管费率（%） 或（材料原价+运杂费+运输损耗费）×采购及保管费率（%）
材料单价 的确定	材料单价=（（供应价格+运杂费）×（1+运输损耗率(%)）×（1+采购及保管费率(%)）

材料单价是由材料原价（或供应价格）、材料运杂费、运输损耗费以及采购保管费合计而成的。

1）材料原价（或供应价格）。材料原价是指国内采购材料的出厂价格，国外采购材料抵达买方边境、港口或车站并交纳完各种手续费、税费后形成的价格。在确定原价时，凡同一种材料因来源地、交货地、供货单位、生产厂家不同而有几种价格（原价）时，根据不同来源地供货数量比例，采取加权平均的方法确定其综合原价。

2）材料运杂费。材料运杂费是指国内采购材料自来源地、国外采购材料自到岸港运至工地仓库或指定堆放地点发生的费用。含外埠中转运输过程中所发生的一切费用和过境过桥费用，包括调车和驳船费、装卸费、运输费及附加工作费等。同一品种的材料有若干个来源地，应采用加权平均的方法计算材料运杂费。

3）运输损耗费。在材料的运输中应考虑一定的场外运输损耗费用。这是指材料在运输装卸过程中不可避免的损耗。

4）采购及保管费。采购及保管费是指组织材料采购、检验、供应和保管过程中发生的费用。

由于我国幅员广阔，建筑材料产地与使用地点的距离各地差异很大，建筑材料采购、保管、运输方式也不尽相同，因此材料单价原则上按地区范围编制。

（2）影响材料单价变动的因素

1）市场供需变化。材料原价是材料单价中最基本的组成。市场供大于求价格就会下降；反之，价格就会上升。从而也就会影响材料单价的涨落。

2）材料生产成本的变动直接影响材料单价的波动。

3）流通环节的多少和材料供应体制也会影响材料单价。

4）运输距离和运输方法的改变会影响材料运输费用的增减，从而也会影响材料单价。

5）国际市场行情会对进口材料单价产生影响。

3. 机械台班单价的组成和确定方法

施工机械台班单价的组成和确定方法见表 6-3。

表 6-3 施工机械台班单价的组成和确定方法

组成内容		计算方法
机械台班单价	折旧费	$\dfrac{机械预算价格×（1-残值率）×时间价值系数}{耐用总台班}$
	大修理费	台班大修理费$=\dfrac{一次大修理费×寿命期内大修理次数}{耐用总台数}$
	经常修理费	台班经修费$=\dfrac{\sum（各级保养一次费用×寿命期各保养总次数）+临时故障排除费}{耐用总台班}+$ $\dfrac{替换设备和工具附具台班摊销费+例保辅料费}{（或台班大修费×台班经常修理费系数）}$
	安拆费及场外运输费	台班安拆费及场外运输费$=\dfrac{一次安拆费及场外运费×年平均安拆次数}{年工作台班}$
	燃料动力费	台班燃料动力费$=$台班燃料动力消耗量×相应单价
	人工费	人工消耗量$×\left(1+\dfrac{年制度工作日-年工作台班}{年工作台班}\right)×$人工日工资单价
	其他费用	$\dfrac{年养路费+年车船使用税+年保险费+年检费用}{年工作台班}$
机械台班单价的确定		折旧费+大修理费+经常修理费+安拆费及场外运费+燃料动力费+人工费+车船税费

施工机械台班单价是指一台施工机械，在正常运转条件下一个工作班中所发生的全部费用。每台班按 8h 工作制计算。根据《全国统一施工机械台班费用编制规则》（2015 年版）的规定，施工机械台班单价由七项费用组成，包括折旧费、大修理费、经常修理费、安拆费及场外运输费、燃料动力费、人工费、其他费用等。其中，前 4 项为不变费用，后 3 项为可变费用。

（1）折旧费的组成及确定

折旧费是指施工机械在规定使用期限内，陆续回收其原值及购置资金的时间价值。

1）机械预算价格。

① 国产机械预算价格：国产机械预算价格按机械原值（出厂价格）、供销部门手续费、一次运杂费及车辆购置税之和计算。

a. 机械原值计算方法：国产机械原值按下列途径询价、采集：编制期施工企业已购进施工机械的成交价格；编制期国内施工机械展销会发布的价格；编制期施工机械生产厂、经销商的销售价格。

b. 供销部门手续费和一次运杂费可按机械原值的 5% 计算。

c. 车辆购置税按下式计算：

$$车辆购置税＝计税价格×车辆购置税率 \qquad (6-24)$$

其中：计税价格＝机械原值+供销部门手续费和一次运杂费-增值税

② 进口机械预算价格：进口机械预算价格按机械原值、关税、增值税、消费税、外贸手续费和国内运杂费、财务费、车辆购置税之和计算。

a. 进口机械原值按到岸价格确定。

b. 关税、增值税、消费税、财务费按编制期国家的有关规定，并参照实际发生的费用计算。

c. 外贸手续费和国内运杂费按到岸价的 6.5% 计算。

　　d. 进口机械车辆购置税的计税价格是到岸价格、关税和消费税之和。

　　2）残值率。残值率是指机械报废时回收的残值占机械原值的比率。残值率按目前有关规定执行：运输机械 2%，掘进机械 5%，特大型机械 3%，中小型机械 4%。

　　3）时间价值系数。时间价值系数是指购置施工机械的资金在施工生产过程中随着时间的推移而产生的单位增值。计算公式如下：

$$时间价值系数 = 1+\frac{（折旧年限+1）}{2}×年折现率（\%）\tag{6-25}$$

其中，年折旧率应按编制期银行年贷款利率确定。

　　4）耐用总台班。耐用总台班指在正常施工作业条件下，机械从投入使用直到报废止，使用的总台班数。耐用总台班数应按施工机械的技术指标及寿命等项关参数确定。计算公式如下：

$$耐用总台班 = 折旧年限×年工作台班-大修间隔台班×大修周期\tag{6-26}$$

其中，年工作台班是根据有关部门对各类主要机械最近三年的统计资料分析确定；大修间隔台班是指机械自投入使用起至第一次大修理止或自上一次大修后投入使用起至下一次大修止，应达到的台班数；大修周期是指机械在正常的施工作业条件下，将其寿命周期（即耐用总台班）按规定的大修次数划分为若干个周期。其计算公式如下：

$$大修周期 = 寿命周期大修次数+1\tag{6-27}$$

　　（2）大修理费的组成及确定

　　大修理费是指机械设备按规定的大修间隔台班进行必要的大修理，以恢复机械正常功能所需的费用。台班大修理费是机械使用期内全部大修理费之和在台班费用中的分摊额，它取决于一次大修理费用、大修理次数和耐用总台班数。

　　1）一次大修理费。

　　一次大修理费是指机械设备进行一次大修理所发生的工时费、配件费、辅助材料费、油燃料费以及送修运杂费等全部费用。

　　一次大修理费应以《全国统一施工机械保养修理技术经济定额》为基础，结合编制期市场价格综合确定。

　　2）寿命期大修理次数。

　　施工机械在其寿命周期（即耐用总台班）内规定的大修次数应参照《全国统一施工机械保养修理技术经济定额》确定。

　　（3）经常修理费的组成及确定

　　经常修理费是指机械在寿命期内除大修理以外的各级保养（包括一、二、三级保养）以及临时故障排除所需各项费用，包括为保障机械正常运转所需替换设备、随机工具、器具的摊销和维护费用，机械运转及日常保养所需润滑与擦拭材料费，机械停置期间的维护和保养费用等。分摊到台班费中，即为台班经常修理费。

　　当台班经常修理费计算公式中的各项数值难以确定时，可按下式计算：

$$台班经常修费 = 台班大修费×K\tag{6-28}$$

式中　K——机械台班经常修理费系数。

　　1）各级保养一次费用。分别指机械在各个使用周期内为保证机械处于完好状态，必须按规定的各级保养间隔周期、保养范围和内容进行的一、二、三级保养或定期保养所消耗的工时、配件、辅料、油燃料等费用。应以《全国统一施工机械保养修理技术经济定额》为基础，结合编制期市场价格综合确定。

　　2）寿命期各级保养总次数。分别指一、二、三级保养或定期保养在寿命期内各个使用周期中的保养次数之和，应参照《全国统一施工机械保养修理技术经济定额》确定。

3）临时故障排除费。指机械除规定的大修理及各级保养之外，排除临时故障所需的费用及机械在工作日以外的保养维护所需的润滑擦拭材料费。临时故障排除费可按各级保养（不包括例保辅料费）费用之和的3%计算。

4）替换设备、随机工具及附具的台班摊销费。替换设备、随机工具及附具的台班摊销费是指轮胎、电缆、蓄电池、运输机输送带、钢丝绳、胶皮管、履带板等消耗型设备和按规定随机配备的全套工具附具的台班摊销费。

5）例保辅料费。机械日常保养所需的保养维护所需的润滑擦拭材料费。替换设备和随机工具及附具的台班摊销费、例保辅料费的计算应以《全国统一施工机械保养修理技术经济定额》为基础，结合编制期市场价格综合确定。

（4）安拆费及场外运输费的组成和确定

安拆费指机械在施工现场进行安装、拆卸所需人工、材料、机械和试运转费用以及机械辅助设施（包括基础、底座、固定锚桩、行走轨道、枕木等）的折旧、搭设、拆除等费用。

场外运输费指机械整体或分体自停置地点运至施工现场或自某一工地运至另一工地的运输、装卸、辅助材料以及架线等费用。

安拆费及场外运输费根据施工机械不同分为计入台班单价、单独计算和不计算三种类型。

1）工地间转移较为频繁的小型机械及部分中型机械，其安拆费及场外运输费应计入台班单价。

① 一次安拆费应包括机械在施工现场进行安装和拆卸一次所需人工、材料、机械和试运转费。

② 一次场外运输费应包括机械运输、装卸、辅助材料以及架线等费用。

③ 年平均安拆次数应以《全国统一施工机械保养修理技术经济定额》为基础，由各地区（部门）结合具体情况确定。

④ 运输距离均应按25km计算。

2）移动有一定难度的特、大机械（包括少数中型机械），其安拆费及场外运输费应单独计算。

单独计算的安拆费及场外运输费除应计算安拆费、场外运输费外，还应计算辅助设施（包括基础、底座、固定锚桩、行走轨道、枕木等）的折旧、搭设和拆除等费用。

3）不需安装、拆卸且自身又能开行的机械和固定在车间不需安装、拆卸及运输的机械，其安拆费及场外运输费不计算。

4）自升式塔式起重机安装、拆卸费用的超高起点及其增加费，各地区（部门）可根据具体情况确定。

（5）燃料动力费的组成和确定

燃料动力费是指机械在运转或施工作业中所耗用的燃料及水、电等费用。燃料动力消耗量应根据施工机械技术指标及实测资料综合确定。

（6）人工费的组成和确定

人工费指机上司机、司炉和其他操作人员工作日人工费及上述人员在施工机械规定的年工作台班以外的人工费。

$$年制度工作日=年日历天数-规定节假公休日-辅助工资年非工作日 \tag{6-29}$$

（7）其他费用的组成和确定

其他费用是指按照国家和有关部门规定应交纳的养路费、车船使用税、保险费及年检费用等。养路费、车船使用税及年检费应按编制期有关部门的规定执行。保险费应按编制期有关部门强制性保险的规定执行。

思考与练习

1. 根据《建筑安装工程费用项目组成》（建标〔2013〕44 号）写出建筑安装工程费用的项目组成。
2. 施工图预算的定义是什么？
3. 材料费具体包括哪些项目？
4. 规费的定义及包括哪些项目？

第7章

消防工程施工图预算的编制与审核

7.1 消防安装工程预算定额

为适应工程建设的需要，规范安装工程造价计价行为，由建设部组织修订的《全国统一安装工程预算定额》（第一至十二册，GYD-201～212—2000）于2000年发布实施。《全国统一安装工程预算定额》是国家编制用于各省参考的基础性定额，在此基础上，各省结合自身实际情况，再具体编制有人、材、机包含了材料消耗等内容的预算定额。

2015年3月4日，住房和城乡建设部印发了建标〔2015〕34号文，发布《通用安装工程消耗量定额》（编号TY02-31—2015）自2015年9月1日施行，2000年发布的《全国统一安装工程预算定额》废止。

由于全国各地之间工程价格都不一样，所以一般都是套用各省份地方的定额做预算。如江苏省的工程套用《江苏省安装工程计价定额》（2014版）。

《江苏省安装工程计价定额》（2014版）各专业册顺序按照《通用安装工程工程量计算规范》（GB50856—2013）附录顺序进行了调整。附录L为《通信设备及线路工程》执行专业定额，江苏省没有编制配套定额。

《江苏省安装工程计价定额》（2014版）共分十一册，其中第九册《消防工程》由江苏省住房和城乡建设厅主编。该定额是编制施工图预算的基础，也是编制概算定额、投资估算指标的依据，适用于工业与民用建筑中的新建、扩建和整体更新改造工程。

7.1.1 消防工程预算定额与其他定额的关系和界限划分

消防工程涵盖多种专业工程类别，包括机械和电气设备安装、管道敷设、自动报警系统设置以及防腐防锈维护等。在编制消防工程施工图预算时，仅使用第九册《消防工程》定额可能无法满足需要，还需涉及其他不同定额。因此，需要正确处理多种定额之间的套用问题。《江苏省安装工程计价定额（2014版）》规定了与其他定额之间的区分：

1）电缆敷设、桥架安装、配管配线、接线盒、动力、应急照明控制设备、应急照明器具、电动机检查接线、防雷接地装置等安装，均执行第四册《电气设备安装工程》相应定额。

2）阀门、法兰安装，各种套管的制作安装，执行第十册《给排水、采暖、燃气工程》相应定额。不锈钢管和管件，铜管和管件及泵间管道安装，管道系统强度试验、严密性试验和冲洗等，执行第八册《工业管道工程》相应定额。

3）消火栓管道、室外给水管道安装，管道支吊架制作、安装及水箱制作安装执行第十册《给排水、采暖、燃气工程》相应定额。

4）各种消防泵、稳压泵等机械设备安装及二次灌浆执行第一册《机械设备安装工程》相应定额。

5）各种仪表的安装及带电讯号的阀门、水流指示器、压力开关、驱动装置及泄漏报警开关、消防水炮的接线、校线等执行第六册《自动化控制仪表安装工程》相应定额。

6）泡沫液储罐、设备支架制作、安装等执行第三册《静置设备与工艺金属结构制作安装工程》相应定额。

7）设备及管道除锈、刷油及绝热工程执行第十一册《刷油、防腐蚀、绝热工程》相应定额。

8）本册定额只包括消防专用设备、管道及各种组件等的安装，不足部分在使用其他有关册定额项目时，各种系数（如超高费、高层建筑增加费、脚手架搭拆费等）及工程量计算规则等均执行各册定额的相应规定。

9）以上所述各册定额之间的界限划分见表 7-1。

表 7-1　各册定额之间的界限划分

工程名称	工　程　内　容	执行的定额
火灾自动报警系统	1. 探测器、按钮、模块（接口）、报警控制器、联动控制器、报警联动一体机、重复显示器、警报装置、远程控制器、火灾事故广播、消防通信、报警备用电源、火灾报警控制微机（CRT）安装	第九册第四章
	2. 系统调试	第九册第五章
	3. 电缆敷设、桥架安装、配管配线、接线盒、动力、应急照明控制设备、应急照明器具、电动机检查接线、防雷接地装置安装等	第四册
消火栓系统	1. 消火栓及消防水泵接合器的安装	第九册第一章
	2. 管道和阀门安装、套管及支架的制作安装、水箱安装等	第十册
	3. 消火栓泵房间管道	第八册
	4. 防腐、刷油等	第十一册
	5. 消火栓系统调试（高层建筑）	第九册第五章
	6. 机、泵等通用设备安装等	第一册
	7. 室内消火栓中的消防按钮安装	第九册第四章
自动喷水灭火系统	1. 镀锌钢管丝接、法兰连接、沟槽式连接，各种组件及气压水罐安装，管网水冲洗等	第九册第一章
	2. 管道支吊架制安	第十册
	3. 阀门、法兰安装，套管制安，管道强度试验、严密性试验等，消防泵房间的管道安装	第八册
	4. 室外管道、水箱制作安装	第十册
	5. 各种仪表等安装及带电信号的阀门、水流指示器、压力开关的接线、校线等	第六册
	6. 机、泵等通用设备安装及二次灌浆等	第一册
	7. 系统调试	第九册第五章
	8. 设备支架制安等	第三册
	9. 防腐、刷油等	第十一册
	10. 水喷雾系统的管道、管件、阀门安装及强度试验等	第八册（系统组件的安装可执行第九册第一章相应项目）

（续）

工程名称	工程内容	执行的定额
气体灭火系统	1. 无缝钢管、钢制管件及系统组件的安装，系统组件试验、二氧化碳称重检漏装置安装	第九册第二章
	2. 管道支吊架制安	第十册
	3. 不锈钢管、铜管及管件的焊接或法兰连接，管道系统强度试验、气压严密性试验、吹扫，套管制作安装；低压二氧化碳系统的管道安装	第八册
	4. 系统调试	第九册第五章
	5. 电磁驱动器及泄漏报警开关的电气接线等	第六册
	6. 防腐、刷油	第十一册
泡沫灭火系统	1. 泡沫发生器及泡沫比例混合器安装	第九册第三章
	2. 消防泵等机械设备安装及二次灌浆	第一册
	3. 管道、管件、阀门、法兰、管道支架等安装，管道系统水冲洗、强度试验、严密性试验等	第八册
	4. 泡沫液储罐、设备支架制作安装，油罐上安装的泡沫发生器及化学泡沫室等	第三册
	5. 防腐、刷油、保温等	第十一册
	6. 泡沫喷淋系统的管道、组件、气压水罐等	参照第九册第一章
	7. 系统调试	按批准的施工方案另行计算

7.1.2 定额项目组成

该定额由五个分部工程组成，分别为水灭火系统安装、气体灭火系统安装、泡沫灭火系统安装、火灾自动报警系统安装、消防系统调试。各分部工程子项和工作内容见表7-2。

表7-2 消防工程预算定额项目组成

章名	分部分项工程		工作内容
火灾自动报警系统安装	探测器安装	点型探测器	校线，挂锡，安装底座、探头，编码，清洁，调测
		线型探测器	拉锁固定、校线、挂锡、调测
	按钮安装		校线、挂锡、钻孔固定、安装、编码、调测
	模块（接口）安装		安装、固定、校线、挂锡、功能检测、编码、防潮和防尘处理
	报警控制器安装		安装、固定、校线、挂锡、功能检测、防潮和防尘处理、压线、标志、绑扎
	联动控制器安装		校线、挂锡、并线、压线、标志、安装、固定、功能检测、防尘和防潮处理
	报警联动一体机安装		校线、挂锡、并线、压线、标志、安装、固定、功能检测、防尘和防潮处理
	重复显示器、警报装置、远程控制器安装		校线、挂锡、并线、压线、标志、安装、固定、功能检测、防尘和防潮处理

（续）

章名	分部分项工程			工 作 内 容
火灾自动报警系统安装	火灾事故广播安装			校线、挂锡、并线、压线、标志、安装、固定、功能检测、防尘和防潮处理
	消防通信、报警备用电源安装			校线、挂锡、并线、压线、标志、安装、固定、功能检测、防尘和防潮处理
	火灾报警控制微机（CRT）安装			开箱检查、设备初验、定位安装、调试、试运行
水灭火系统安装	管道安装	镀锌钢管（螺纹连接）		切管、套丝、调直、上零件、管道安装、水压试验
		镀锌钢管（法兰连接）		切管、坡口、调直、对口、焊接、法兰连接、管道及管件安装、水压试验
		镀锌钢管安装（沟槽式管件连接）		切管、调直、上零件、管道安装、水压试验
	系统组件安装	喷头安装		切管、套丝、管件安装、喷头密封性能抽查试验、安装、外观清洁
		湿式报警装置安装		部件外观检查、切管、坡口、组对、焊法兰、紧螺栓、临时短管安装拆除、报警阀渗漏试验、整体组装、配管、调试
		温感式水幕装置安装		部件检查、切管、套丝、上零件、管道安装、本体组装、球阀及喷头安装、调试
		水流指示器安装	螺纹连接	部件检查、切管、套丝、上零件、管道安装、本体组装、球阀及喷头安装、调试
			法兰连接	部件检查、切管、套丝、上零件、管道安装、本体组装、球阀及喷头安装、调试
	其他组件安装	减压孔板安装		切管、焊法兰、制垫加垫、孔板检查、二次安装
		末端试水装置安装		切管、套丝、上零件、整体组装、放水试验
		集热板制作、安装		划线、下料、加工、支架制作及安装、整体安装固定
	消火栓安装	室内消火栓安装		预留洞、切管、套丝、箱体及消火栓安装、附件检查安装、水压试验
		室外消火栓安装		预留洞、切管、套丝、箱体及消火栓安装、附件检查安装、水压试验
		消防水泵接合器安装		切管、焊法兰、制垫、加垫、紧螺栓、整体安装、充水试验
	灭火器安装	灭火器		箱体放置、支架、吊钩安装、灭火器放置
		灭火器箱		箱体安装、灭火器放置
	消防水炮安装			坡口、焊接、制垫、加垫、安装组对、紧螺栓、水压试验
	隔膜式气压水罐安装（气压罐）			场内搬运、定位、焊法兰、制加垫、紧螺栓、充气定压、充水、调试
	自动喷水灭火系统管网水冲洗			准备工具和材料、制堵窗板、安装拆除临时管线、通水冲洗、检查、清理现场

（续）

章名	分部分项工程			工 作 内 容
气体灭火系统安装	管道安装	无缝钢管（螺纹连接）		切管、调直、车丝、清洗、镀锌后调直、管口连接、管道安装
		无缝钢管（法兰连接）		切管、调直、坡口、对口、焊接、法兰连接、管件及管道预装及安装
		气体驱动装置管道安装		切管、煨弯、安装、固定、调整、卡套连接
		钢制管件（螺纹连接）		切管、调直、车丝、清洗、镀锌后调直、管件连接
	系统组件安装	喷头安装		切管、调直、车丝、管件及喷头安装、喷头外观清洁
		选择阀安装	螺纹连接	外观检查、切管、车丝、活接头及阀门安装
			法兰连接	外观检查、切管、坡口、对口、焊法兰、阀门安装
		储存装置安装		外观检查、搬运、称重、支架框架安装、系统组件安装、阀驱动装置安装、氮气增压
	二氧化碳称重检漏装置安装			开箱检查、组合配装、安装、固定、试动调整
	系统组件试验			准备工具和材料、安装拆除临时管线、灌水加压、充氮气、停压检查、放水、卸压、清理及烘干、封口
	无管网灭火装置安装			报警器安装、气瓶柜安装、控制装置安装
泡沫灭火系统安装	泡沫发生器安装			开箱检查、整体吊装、找正、找平、安装固定、切管、焊法兰、调试
	泡沫比例混合器安装	压力储罐式泡沫比例混合器安装		开箱检查、整体吊装、找正、找平、安装固定、切管、焊法兰、调试
		平衡压力式比例混合器安装		开箱检查、切管、坡口、焊法兰、整体安装、调试
		环泵式负压比例混合器安装		开箱检查、切管、坡口、焊法兰、本体安装、调试
		管线式负压比例混合器安装		开箱检查、本体安装、找正、找平、螺栓固定、调试
消防系统调试	自动报警系统装置调试			技术和器具准备、检查接线、绝缘检查、程序装载或校对检查、功能测试、系统试验、记录整理
	水灭火系统控制装置调试			技术和器具准备、检查接线、绝缘检查、程序装载或校对检查、功能测试、系统试验、记录整理等
	火灾事故广播、消防通信、消防电梯系统装置调试			技术和器具准备、检查接线、绝缘检查、程序装载或校对检查、功能测试、系统试验、记录整理等
	电动防火门、防火卷帘、正压送风阀、排烟阀、防火阀控制系统装置调试			技术和器具准备、检查接线、绝缘检查、程序装载或校对检查、功能测试、系统试验、记录整理等
	气体灭火系统装置调试			准备工具、材料、进行模拟喷气试验和备用灭火剂储存容器切换操作试验、气体试喷

7.1.3 定额系数

相关各项费用系数规定如下：

1）脚手架搭拆费按人工费的5%计算，其中人工工资占25%。

2）高层建筑增加费按表7-3计算（其中全部为人工工资）。

表 7-3　高层建筑增加费

层数		9 层以下（30m）	12 层以下（40m）	15 层以下（50m）	18 层以下（60m）	21 层以下（70m）	24 层以下（80m）	27 层以下（90m）	30 层以下（100m）	33 层以下（110m）
按人工费的比例（%）		10	15	19	23	27	31	36	40	44
其中	人工工资占（%）	10	14	21	21	26	29	31	35	39
	机械费占（%）	90	86	79	79	74	71	69	65	61
层数		36 层以下（120m）	39 层以下（130m）	42 层以下（140m）	45 层以下（150m）	48 层以下（160m）	51 层以下（170m）	54 层以下（180m）	57 层以下（190m）	60 层以下（200m）
按人工费的比例（%）		48	54	56	60	63	65	67	68	70
其中	人工工资占（%）	41	43	46	48	51	53	57	60	63
	机械费占（%）	59	57	54	52	49	47	43	40	37

3）安装与生产同时进行增加的费用，按人工费的 10% 计算。

4）在有害身体健康的环境中施工增加的费用，按人工费的 10% 计算。

5）超高增加费指操作物高度距离楼地面 5m 以上的工程，按其超过部分的定额人工费乘以表 7-4 中所给系数编制。

表 7-4　超高增加费系数

标高（以内）/m	8	12	16	20
超高系数	1. 10	1. 15	1. 20	1. 25

7.1.4　使用定额注意事项

1. 火灾自动报警系统

火灾自动报警系统是为了及早发现和通报火灾，并及时采取有效措施控制和扑灭火灾而设置在建筑物内的一种自动消防设施。

本章定额包括探测器、按钮、模块（接口）、报警控制器、联动控制器、报警联动一体机、重复显示器、警报装置、远程控制器、火灾事故广播、消防通信、报警备用电源、火灾报警控制微机（CRT）安装等项目。

本章包括的工作内容有：①施工技术准备、施工机械准备、标准仪器准备、施工安全防护措施、安装位置的清理；②设备和箱、机及元件的搬运、开箱检查、清点、杂物回收、安装就位、接地、密封、箱机内校线、接线、挂锡、编码、测试、清洗、记录整理等。

本章定额中均包括校线、接线和本体调试。

本章定额中箱、机是以成套装置编制的；柜式及琴台式安装均执行落地式安装相应项目。

本章不包括以下工作内容：①设备支架、底座、基础制作和安装；②构件加工、制作；③电机检查、接线及调试；④事故照明及疏散指示控制装置安装。

2. 水灭火系统

水是天然灭火剂，易于获取和储存，在扑救火灾中不会造成环境污染。水灭火系统包括室内外消火栓系统、自动喷水灭火系统、水幕和水喷雾灭火系统等。

本章定额适用于工业和民用建（构）筑物设置的自动喷水灭火系统的管道、各种组件、消火栓、气压水罐的安装。

界限划分：①室内外界线，以建筑物外墙皮1.5m为界，入口处设阀门者以阀门为界；②设在高层建筑内的消防泵间管道与本章界限，以泵间外墙皮为界。

管道安装定额包括：①工序内一次性水压试验；②镀锌钢管法兰连接定额，管件是按成品、弯头两端是按接短管焊法兰考虑的，定额中包括了直管、管件、法兰等全部安装工序内容，但管件、法兰及螺栓的主材数量应按设计规定另行计算；③定额也适用于镀锌无缝钢管的安装。

喷头、报警装置及水流指示器安装定额均按管网系统试压、冲洗合格后安装考虑的，定额中已包括丝堵、临时短管的安装、拆除及其摊销。

其他报警装置适用于雨淋、干湿两用及预作用报警装置。

温感式水幕装置安装定额中已包括给水三通至喷头、阀门间的管道、管件、阀门、喷头等全部安装内容。但管道的主材数量按设计管道中心长度另加损耗计算；喷头数量按设计数量另加损耗计算。

集热板的安装位置：当高架仓库分层板上方有孔洞、缝隙时，应在喷头上方设置集热板。

隔膜式气压水罐安装定额中地脚螺栓是按设备自带考虑的，定额中包括指导二次灌浆用工，但二次灌浆费用另计。

管网冲洗定额是按水冲洗考虑的，若采用水压气动冲洗法时，可按施工方案另外计算。定额只适用于自动喷淋灭火系统。

本章定额不包括以下内容：①阀门、法兰安装，各种套管的制作安装，泵房间管道安装及管道系统强度试验、严密性试验；②消火栓管道、室外给水管道安装及水箱制作安装；③各种消防泵、稳压泵安装及设备二次灌浆等；④各种仪表的安装及带电信号的阀门、水流指示器、压力开关、消防水炮的接线、校线；⑤各种设备支架的制作安装；⑥管道、设备、支架、法兰坡口除锈刷油；⑦系统调试。

其他有关规定：①设置于管道间、管廊内的管道，其定额人工乘以系数1.3；②主体结构为现场浇筑采用钢模施工的工程：内外浇筑的定额人工乘以系数1.05，内浇外砌的定额人工乘以系数1.03。

3. 气体灭火系统

气体灭火系统包括以七氟丙烷、IG541混合气体和二氧化碳气体等作为灭火介质的灭火系统。尽管七氟丙烷、IG541混合气体灭火剂与二氧化碳在化学组成、物理性质、灭火机理和效能等方面都有很大区别，但在灭火应用中有很多相似之处：化学稳定性好、耐储存、腐蚀性小、不导电、毒性低、蒸发后不留痕迹，适用于扑救多种火灾。因此，这三种气体灭火系统具有基本相同的适用范围和应用机制。

本章定额适用于工业与民用建筑中设置的七氟丙烷灭火系统、IG541灭火系统、二氧化碳灭火系统等的管道、管件、系统组件等的安装。

对于管道及管件安装定额：①无缝钢管和钢制管件内外镀锌及场外运输费用另行计算；②安装螺纹连接的不锈钢管、铜管及管件时，按安装无缝钢管和钢制管件相应定额乘以系数1.20；③无缝钢管螺纹连接定额中不包括钢制管件连接内容，应按设计用量执行钢制管件连接定额；

④无缝钢管法兰连接定额，管件是按成品、弯头两端是按接短管焊接法兰考虑的，定额中包括了直管、管件、法兰等全部安装工序内容，但管件、法兰及螺栓的主材数量应按设计规定另行计算；⑤气动驱动装置管道安装定额中卡套连接件的数量按设计用量另行计算。

喷头安装定额中包括管件安装及配合水压试验安装拆除丝堵的工作内容。

储存装置安装，定额中包括灭火剂储存容器和驱动气瓶的安装固定支框架，系统组件（集流管、容器阀、气液单向阀、高压软管）、安全阀等储存装置和阀驱动装置的安装及氮气增压。二氧化碳储存装置安装时，不须增压。执行定额时扣除高纯氮气，其余不变。

二氧化碳称重检漏装置包括泄漏报警开关、配重及支架。

系统组件包括选择阀，气、液单向阀和高压软管。

本章定额不包括的工作内容有：①管道支吊架的制作安装应执行第十册《给排水、采暖、燃气工程》定额相应项目；②不锈钢管、铜管及管件的焊接或法兰连接，各种套管的制作安装，管道系统强度试验、严密性试验和吹扫等均执行第八册《工业管道工程》定额相应项目；③管道及支吊架的防腐、刷油等执行第十一册《刷油、防腐蚀、绝热工程》相应项目；④系统调试执行本册定额第五章的相应项目；⑤阀驱动装置与泄漏报警开关的电气接线等执行第六册《自动化控制仪表安装工程》相应项目。

4. 泡沫灭火系统安装

本章定额适用于高、中、低倍数固定式或半固定式泡沫灭火系统的发生器及泡沫比例混合器安装。

泡沫发生器及泡沫比例混合器安装中包括整体安装、焊法兰、单体调试及配合管道试压时隔离本体所消耗的人工和材料，但不包括支架的制作、安装和二次灌浆的工作内容。地脚螺栓按设备本体带有考虑。

本章不包括：①泡沫灭火系统的管道、管件、法兰、阀门、管道支架等的安装及管道系统水冲洗、强度试验、严密性试验等执行第八册《工业管道工程》相应项目；②泡沫喷淋系统的管道、组件、气压水罐等安装可执行本册第二章相应项目及有关规定；③消防泵等机械设备安装及二次灌浆执行第一册《机械设备安装工程》相应项目；④泡沫液储罐、设备支架制作安装执行第三册《静置设备与工艺金属结构制作安装工程》相应项目；⑤油罐上安装的泡沫发生器及化学泡沫室执行第三册《静置设备与工艺金属结构制作安装工程》相应项目；⑥除锈、刷油、保温等均执行第十一册《刷油、防腐蚀、绝热工程》相应项目；⑦泡沫液充装定额是按生产厂在施工现场充装考虑的，若由施工单位充装时，可另行计算；⑧泡沫灭火系统调试应按批准的施工方案另行计算。

5. 消防系统调试

消防工程系统在安装完毕并连通后，为检验其是否达到消防验收规范标准需进行全系统检测、调试和试验。

本章定额包括自动报警系统装置调试，水灭火系统控制装置调试，防火控制装置调试（包括火灾事故广播、消防通信、消防电梯系统装置调试，电动防火门、防火卷帘门、正压送风阀、排烟阀、防火阀控制系统装置调试），气体灭火系统装置调试等项目。

系统调试是指消防报警和灭火系统安装完毕且联通，并达到国家有关消防施工验收规范、标准所进行的全系统的检测、调整和试验。

自动报警系统装置包括各种探测器、手动报警按钮和报警控制器，灭火系统控制装置包括消火栓、自动喷水、七氟丙烷、IG541混合气体、二氧化碳等固定灭火系统的控制装置。

气体灭火系统调试试验时采取的安全措施，应按施工组织设计另行计算。

执行消防系统调试安装定额时，若安装单位只调试，则定额基价乘以系数0.7；安装单位只配合检测、验收，基价乘以系数 0.3。

7.2 消防工程工程量计算规则

虽然全国各省的定额略有不同，但工程量计算规则基本一致。本章按《江苏省安装工程计价定额》（2014 版）就消防工程按分部工程量计算规则加以介绍。

7.2.1 火灾自动报警系统安装

火灾自动报警系统安装工程量计算规则见表 7-5。

表 7-5 火灾自动报警系统安装工程量计算规则

项 目 名 称		安装工程量计算规则及有关问题
探测器安装	点型探测器	1. 点型探测器包括火焰、烟感、温感、红外光束、可燃气体探测器等按线制的不同分为多线制与总线制，不分规格、型号、安装方式与位置，以"个"为计量单位。探测器安装包括了探头和底座安装及本体调试 2. 红外线探测器以"对"为计量单位。红外线探测器是成对使用的，在计算时一对为两只。定额中包括了探头支架安装和探测器的调试、对中 3. 火焰探测器、可燃气体探测器按线制不同分为多线制与总线制两种。计算时不分规格、型号、安装方式与位置，以"个"为计量单位。探测器安装包括了探头和底座安装及本体调试
	线型探测器	线型探测器的安装方式按环绕、正弦及直线综合考虑，不分线制及保护形式，以"m"为计量单位。定额中未包括探测器连接的一只模块和终端，其工程量应按相应定额另行计算
按钮安装		按钮包括消火栓按钮、手动报警按钮、气体灭火启/停按钮，以"个"为计量单位，按照在轻质墙体和硬质墙体上安装两种方式综合考虑，执行时不得因安装方式不同而调整
模块（接口）安装	控制模块	控制模块（接口）是指仅能起控制作用的模块，也称为中继器，依据其给出控制信号的数量，分为单输出和多输出两种形式。执行时不分安装方式，按照输出数量以"个"为计量单位
	报警模块	报警模块（接口）不起控制作用，只起监视、报警作用，执行时不分安装方式，以"个"为计量单位
报警控制器		1. 报警控制器按线制的不同分为多线制与总线制两种，其中又按其安装方式不同分为壁挂式和落地式。在不同线制、不同安装方式中按照"点"数的不同划分定额项目，以"台"为计量单位 2. 多线制"点"是指报警控制器所带报警器件（探测器、报警按钮等）的数量 3. 总线制"点"是指报警控制器所带的有地址编码的报警器件（探测器、报警按钮、模块等）的数量。如果一个模块带数个探测器，则只能计为一点
联动控制器		1. 按线制的不同分为多线制与总线制两种，其中又按安装方式不同分为壁挂式与落地式。在不同线制、不同安装方式中按照"点"数不同划分定额项目，以"台"为计量单位 2. 多线制"点"是指联动控制器所带联动设备的状态控制和状态显示的数量 3. 总线制"点"是指联动控制器所带的有控制模块（接口）的数量

（续）

项 目 名 称	安装工程量计算规则及有关问题
报警联动一体机	1. 按线制的不同分为多线制与总线制两种，其中按安装方式不同分定壁挂式和落地式。在不同线制、不同安装方式中按照"点"数的不同划分定额项目，以"台"为计量单位 2. 多线制"点"是指报警联动一体机所带的有地址编码的报警器件与控制模块（接口）联动设备的状态控制和状态显示的数量 3. 总线制"点"是指报警联动一体机所带的有地址编码的报警器件与控制模块（接口）的数量。
重复显示器	重复显示器（楼层显示器）不分规格、型号、安装方式，按总线制与多线制划分，以"台"为计量单位
警报装置	分为声光报警和警铃报警两种形式，均以"台"为计量单位
远程控制器	按其控制回路数以"台"为计量单位
火灾事故广播	1. 火灾事故广播中的功放机、录音机安装按柜内及台上两种方式综合考虑，分别以"个"为计量单位 2. 消防广播控制柜安装成套消防广播设备的成品机柜，不分规格、型号以"台"为计量单位 3. 火灾事故广播中的扬声器不分规格、型号，按照吸顶式与壁挂式以"个"为计量单位 4. 广播用分配器指单独安装的消防广播用分配器（操作盘），以"台"为计量单位
消防通信	消防通信系统中的电话交换机按"门"数不同以"台"为计量单位；通信分机、插孔是指消防专用电话分机与电话插孔，不分安装方式，分别以"部""个"为计量单位
报警备用电源	综合考虑了规格、型号，以"套"为计量单位
火灾报警控制计算机（CRT）	火灾报警控制计算机（CRT）安装（CRT彩色显示装置安装），以"台"为计量单位

7.2.2　水灭火系统安装

管道安装按设计管道中心长度，不扣除阀门、管件及各种组件所占长度，以"延长米"计算。主材数量应按定额用量计算，管件含量见表 7-6。

表 7-6　镀锌钢管（螺纹连接）管件含量

项　目　名　称		公称直径（以内）/mm						
		25	32	40	50	65	80	100
管件含量	四通	0.02	1.20	0.53	0.69	0.73	0.95	0.47
	三通	2.29	3.24	4.02	4.13	3.04	2.95	2.12
	弯头	4.92	0.98	1.69	1.78	1.87	1.47	1.16
	管箍	—	2.65	5.99	2.73	3.27	2.89	1.44
	小计	7.23	8.07	12.23	9.33	8.91	8.26	5.19

镀锌钢管安装定额也适用于镀锌无缝钢管，其对应关系见表 7-7。

表 7-7　对应关系

公称直径/mm	15	20	25	32	40	50	65	80	100	150	200
无缝钢管外径/mm	20	25	32	38	45	57	76	89	108	159	219

镀锌钢管法兰连接定额，管件是按成品、弯头两端是按接短管焊法兰考虑的，定额中包括直管、管件、法兰等全部安装工作内容，但管件、法兰及螺栓的主材数量应按设计规定另行计算。

水喷淋（雾）喷头安装按有吊顶、无吊顶分别以"个"为计量单位。

报警装置安装按成套产品以"组"为计量单位。干湿两用报警装置、电动雨淋报警装置、预作用报警装置安装执行湿式报警装置安装定额，其人工乘以系数1.20，其余不变。报警装置安装包括装配管（除水力警铃进水管）的安装，水力警铃进水管并入消防管道工程量。成套产品包括的内容见表7-8。

表7-8 成套产品包括的内容

序号	项目名称	包括内容
1	湿式报警装置	湿式阀、蝶阀、装配管、供水压力表、装置压力表、试验阀、泄放试验阀、泄放试验管、试验管流量计、过滤器、延时器、水力警铃、报警截止阀、漏斗、压力开关等
2	干湿两用报警装置	两用阀、蝶阀、装配管、加速器、加速器压力表、供水压力表、试验阀、泄放试验阀（湿式、干式）、挠性接头、泄放试验管、试验管流量计、排气阀、截止阀、漏斗、过滤器、延时器、水力警铃、压力开关等
3	电动雨淋报警装置	雨淋阀、蝶阀、装配管、压力表、泄放试验阀、流量表、截止阀、注水阀、止回阀、电磁阀、排水阀、手动应急球阀、报警试验阀、漏斗、压力开关、过滤器、水力警铃等
4	预作用报警装置	干式报警阀、控制蝶阀、压力表、流量表、截止阀、排放阀、注水阀、止回阀、泄放阀、报警试验阀、液压切断阀、装配管、供水检查管、气压开关、试压电磁阀、空压机、应急手动试压器、漏斗、过滤器、水力警铃等

温感式水幕装置安装，按不同型号和规格以"组"为计量单位，包括给水三通至喷头、阀门间管道、管件、阀门、喷头等全部内容的安装，但给水三通至喷头、阀门间管道的主材数量按设计管道中心长度另加损耗计算；喷头数量按设计数量另加损耗计算。

水流指示器、减压孔板安装，按不同规格均以"个"为计量单位。

末端试水装置按不同规格均以"组"为计量单位。

集热板制作安装均以"个"为计量单位。

室内消火栓安装以"套"为计量单位，包括消火栓箱、消火栓、水枪、水龙头、水龙带接扣、自救卷盘、挂架、消防按钮；落地消火栓箱包括箱内手提灭火器；所带消防按钮的安装另行计算。

组合式带自救卷盘室内消火栓安装，执行室内消火栓安装定额乘以系数1.2。

室外消火栓以"套"为计量单位，安装方式分地上式、地下室；地上式消火栓安装包括地上式消火栓、法兰接管、弯管底座；地下室消火栓安装包括地下室消火栓、法兰接管、弯管底座或消火栓三通。

消防水泵接合器安装，区分不同安装方式和规格以"套"为计量单位，包括法兰接管及弯头安装，接合器井内阀门、弯管底座、标牌等附件安装，如设计要求用短管时，其本身价值可另行计算，其余不变。

减压孔板若在法兰盘内安装，其法兰计入组价中。

消防水炮分不同规格、普通手动水炮、智能控制水炮，以"台"为计量单位。

隔膜式气压水罐安装，区分不同规格以"台"为计量单位。出入口法兰螺栓按设计规定另行计算。地脚螺栓是按设备带有考虑的，定额中包括指导二次灌浆用工，但二次灌浆费用应按相应定额另行计算。

自动喷水灭火系统管网水冲洗，区分不同规格以"m"为计量单位。

阀门、法兰安装，各种套管的制作安装，泵房间管道安装及管道系统强度试验、严密性试验执行第八册《工业管道工程》相应定额。

消火栓管道、室外给水管道安装、管道支吊架制作安装及水箱制作安装，执行第十册《给排水、采暖、燃气工程》相应定额。

各种消防泵、稳压泵等的安装及二次灌浆，执行第一册《机械设备安装工程》相应定额。

各种仪表的安装、带电信号的阀门、水流指示器、压力开关、消防水炮的接线、校线，执行第六册《自动化控制仪表安装工程》相应定额。

各种设备支架的制作安装等，执行第三册《静置设备与工艺金属结构制作安装工程》相应定额。

管道、设备、支架、法兰坡口除锈刷油，执行第十一册《刷油、防腐蚀、绝热工程》相应定额。

系统调试执行第九册《消防工程》第五章相应定额。

7.2.3　气体灭火系统安装

1. 管道安装

管道安装包括无缝钢管的螺纹连接、法兰连接，气动驱动装置管道安装及钢制管件的螺纹连接。

各种管道安装按设计管道中心长度，不扣除阀门、管件及各种组件所占长度，以"延长米"为计量单位，主材数量应按定额用量计算。

钢制管件螺纹连接均按不同规格以"个"为计量单位。

无缝钢管螺纹连接不包括钢制管件连接内容，其工程量应按设计用量执行钢制管件连接定额。

无缝钢管法兰连接定额，管件是按成品、弯头两端是按接短管焊法兰考虑的，包括了直管、管件、法兰等预装和安装的全部工作内容，但管件、法兰及螺栓的主材数量应按设计规定另行计算。

螺纹连接的不锈钢管、铜管及管件安装时，按无缝钢管和钢制管件安装相应定额乘以系数 1. 20。

无缝钢管和钢制管件内外镀锌及场外运输费另行计算。

气动驱动装置管道安装定额包括卡套连接件的安装，其本身价值按设计用量另行计算。

2. 系统组件安装

喷头安装均按不同规格以"个"为计量单位。

选择阀安装按不同规格和连接方式分别以"个"为计量单位。

储存装置安装中包括灭火剂储存容器、驱动气瓶、支框架、集流管、容器阀、单向阀、高压软管和安全阀等储存装置和驱动装置、减压装置、压力指示仪等。储存装置安装按储存容器和驱动气瓶的规格（L）以"套"为计量单位。

二氧化碳储存装置安装时，如不需增压，应扣除高纯氮气费用，其余不变。

二氧化碳称重检漏装置包括泄漏报警开关、配重、支架等，以"套"为计量单位。

系统组件包括选择阀、单向阀（含气、液）及高压软管。试验按水压强度试验和气压严密性试验，分别以"个"为计量单位。

无缝钢管、钢制管件、选择阀安装及系统组件试验均适用于七氯丙烷灭火系统，IG541 灭火系统、二氧化碳灭火系统。

无管网气体灭火系统以"套"为计量单位，由柜式预制灭火装置、火灾探测器、火灾自动报警灭火控制器等组成，具有自动控制和手动控制两种启动方式。无管网气体灭火装置安装，包括气瓶柜装置（内设气瓶、电磁阀、喷头）和自动报警控制装置（包括控制器，烟感、温感、声光报警器，手动报警器，手/自动控制按钮）等。

不锈钢管、铜管及管件的焊接或法兰接连，各种套管的制作安装，管道系统强度试验、严密性试验和吹扫等均执行第八册《工业管道工程》相应定额。

管道支架的制作安装执行第十册《给排水、采暖、燃气工程》相应定额。

管道及支架的防腐、刷油等执行第十一册《刷油、防腐蚀、绝热工程》相应定额。

系统调试执行第九册《消防工程》第五章相应定额。

电磁驱动器与泄漏报警开关的电气接线等执行第六册《自动化控制仪表安装工程》相应定额。

7.2.4 泡沫灭火系统安装

泡沫发生器及泡沫比例混合器安装中已包括整体安装、焊法兰、单体调试及配合管道试压时隔离本体所消耗的人工和材料，不包括支架的制作安装和二次灌浆的工作内容，其工程量应按相应定额另行计算。地脚螺栓按设备自带考虑。

泡沫发生器安装均按不同型号以"台"为计量单位，法兰和螺栓按设计规定另行计算。

泡沫比例混合器安装均按不同型号以"台"为计量单位，法兰和螺栓按设计规定另行计算。

泡沫灭火系统的管道、管件、法兰、阀门、管道支架等的安装及管道系统水冲洗、强度试验、严密性试验等执行第八册《工业管道工程》相应定额。

消防泵等机械设备安装及二次灌浆执行第一册《机械设备安装工程》相应定额。

除锈、刷油、保温等执行第十一册《刷油、防腐蚀、绝热工程》相应定额。

泡沫液储罐、设备支架制作安装执行第三册《静置设备与工艺金属结构制作安装工程》相应定额。

泡沫喷淋系统的管道组件、气压水罐等安装应执行第九册《消防工程》第二章相应定额及有关规定。

泡沫液充装是按生产厂在施工现场充装考虑的，若由施工单位充装，可另行计算。

油罐上安装的泡沫发生器及化学泡沫室执行第三册《静置设备与工艺金属结构制作安装工程》相应定额。

泡沫灭火系统调试应按批准的施工方案另行计算。

7.2.5 消防系统调试

消防系统调试包括：自动报警系统、水灭火系统、火灾事故广播、消防通信系统、消防电梯系统、电动防火门、防火卷帘门、正压送风阀、排烟阀、防火阀控制装置、气体灭火系统装置。

自动报警系统包括各种探测器、报警器、报警按钮、报警控制器、消防广播、相关电话等组成的报警系统，按不同点数以"系统"为计量单位，其点数按多线制与总线制报警器的点数计算。

水灭火系统控制装置，自动喷洒系统按水流指示器数量以"点（支路）"为计量单位；消火栓系统按消火栓启泵按钮数量以"点"为计量单位；消防水炮系统按水炮数量以"点"为计量单位。

防火控制装置，包括电动防火门、防火卷帘门、正压送风阀、排烟阀、防火控制阀、消防电梯等防火控制装置；电动防火门、防火卷帘门、正压送风阀、排烟阀、防火控制阀等调试以"个"为计量单位，消防电梯以"部"为计量单位。

气体灭火系统是由七氟丙烷、IG541、二氧化碳等组成的灭火系统。系统调试包括模拟喷气试验、备用灭火器储存容器切换操作试验，分试验容器的规格（L），按气体灭火系统装置的瓶头阀以"点"为计量单位。试验容器的数量按调试、检测和验收所消耗的试验容器的总数计算，试验介质不同时可以换算。气体试喷包含在模拟喷气试验中。

7.3　《江苏省安装工程计价定额》的相关说明

　　《江苏省安装工程计价定额》（2014 版）于 2014 年 7 月发布实施，该定额对安装工程计价和合理确定工程造价起到了积极有效的作用。但是由于建筑工程的千差万别、分部工程定额之间的相互覆盖衔接和分项工程具体条款的繁杂，建设各方在执行该定额中遇到了许多问题。现就执行该定额中可能出现的相关问题做出相关说明。

　　1）定额中垂直运输操作高度是按 5m 编制的，若操作高度超过 5m 时，其超过部分按定额规定超高系数计取。

　　2）消防系统调试是指单位工程的消防系统安装完成并联通，为达到验收规范标准所进行的全系统的检测、调整和试验。消防系统调试定额编制包括自动报警系统装置调试，水灭火系统控制装置调试，防火控制装置调试（包括火灾事故广播、消防通信、消防电梯系统装置调试，电动防火门、防火卷帘门、正压送风阀、排烟阀、防火阀控制系统装置调试），气体灭火系统装置调试等项目。如果单位工程消防要求不同，其配置的消防系统也不同，系统调试内容也有所不同。

　　3）消防系统调试工程量的规定。具体如下：

　　① 自动报警系统：包括各种探测器、报警器、报警按钮、报警控制器、消防广播、相关电话等组成的报警系统，按不同点数以"系统"为计量单位，其点数按多线制与总线制报警器的点数计算。

　　② 水灭火系统控制装置：自动喷洒系统按水流指示器数量以"点（支路）"为计量单位；消火栓系统按消火栓启泵按钮数量以"点"为计量单位；消防水炮系统按水炮数量以"点"为计量单位。

　　③ 防火控制装置：包括电动防火门、防火卷帘门、正压送风阀、排烟阀、防火控制阀、消防电梯等防火控制装置；电动防火门、防火卷帘门、正压送风阀、排烟阀、防火控制阀等调试以"个"为计量单位，消防电梯以"部"为计量单位。

　　④ 气体灭火系统控制装置：是由七氟丙烷、IG541、二氧化碳等组成的灭火系统，调试包括模拟喷气试验、备用灭火器储存容器切换操作试验，分试验容器的规格（L），按气体灭火系统装置的瓶头阀以"点"为计量单位。试验容器的数量按调试、检测和验收所消耗的试验容器的总数计算，试验介质不同时可以换算。气体试喷包含在模拟喷气试验中。

　　⑤ 泡沫灭火系统的系统调试：按批准的施工方案计算。

　　4）对于消防系统调试，若安装单位只调试，则定额基价乘以系数 0.7；安装单位只配合检测、验收，基价乘以系数 0.3。

　　5）施工单位火灾报警仪表安装后，调试工作由具有资质的单位完成，可按相应定额区分计算（定额中已包括施工单位配合用工）。

　　6）若两栋相连建筑由一套火灾自动报警装置控制，只计算一套自动报警装置调试。

　　7）气体灭火系统调试如需采取安全措施时，应按施工组织设计规定另行计算。

　　8）火灾自动报警系统安装中配线，应分别执行照明配线或动力配线相应项目。

　　9）安装在有吊顶处的探测器，从楼板引其吊顶的引下线及软管不包括在探测器安装项目内。

　　10）控制器安装项目"点数"的确定。控制器包括报警控制器和联动控制器两种。

　　① 报警控制器，指能为火灾探测器供电，接收、显示和传递火灾报警信号的报警装置。按其安装方式不同，分为壁挂式和落地式（包括琴台式）；按系统线制的不同，又分为多线制和总线制。定额按其不同安装方式和线制以"点"分列子目。其点数的含义是：多线制"点"是指报警

控制器所带报警器件（探测器、报警按钮等）的数量，总线制"点"是指报警控制器所带的有地址编码的报警器件（探测器、报警按钮、模块等）的数量。如果一个模块带数个探测器（没有地址编码），则只能计算一点。

② 联动控制器，指能接受由报警控制器传递来的报警信号，并对自动消防等装置发出控制信号的装置。定额按其不同安装方式和线制以"点"分列子目。多线制"点"是指联动控制器所带联动设备的状态控制和状态显示的数量。一个状态就是一个点。如防火阀有关闭信号和关闭动作两个状态，应计算 2 个点；水流指示器、压力开关和信号蝶阀均为 1 个点；排烟阀、正压送风阀、电梯、电动防火门均为 2 个点；防火卷帘门则为 3 个点；消防水泵、排烟风机和送风机均为 4 个点。总线制"点"是指联动控制器所带的有控制模块（楼口）的数量，一个模块就是一个点。

11）报警联动一体机就是能为火灾探测器供电，接收、显示和传递火灾报警信号，又能对自动消防装置发出控制信号的装置，按线制的不同分为多线制与总线制两种，其中按安装方式不同分为壁挂式和落地式。定额按其不同的安装形式，以"点"来分列子目，多线制"点"是指报警联动一体机所带的有地址编码的报警器件与控制模块（接口）联动设备的状态控制和状态显示的数量，总线制"点"是指报警联动一体机所带的有地址编码的报警器件与控制模块（接口）的数量。

12）火灾自动报警系统中的隔离器安装可参照第九册《消防工程》第四章中"模块（接口）安装"子目。

13）屋顶试验消火栓（无箱、无带）安装，可参照第十册《给排水、采暖、燃气工程》的阀门安装相应项目计算。

14）喷淋头装饰盘安装包括在喷头安装定额内，但本身价值应包括在主材费中。

15）减压孔板一般安装在可以拆卸的连接（如卡套连接）处，不计算安装费。

16）镀锌钢管法兰连接按碳钢法兰焊接考虑，如有设计要求，可焊后进行二次镀锌。*DN*200 镀锌钢管可由一般钢管进行镀锌处理。

17）镀锌钢管法兰连接定额是按直管、管件均焊法兰考虑的，并已考虑了预组装等工作内容。若管道中安装法兰阀门，则只计算阀门的安装费，不应再重复计算法兰的安装费。定额不包括管件、法兰及螺栓的主材数量，应按设计规定另行计算；焊口的防腐或二次镀锌应另行计算。

18）若采用成品集热板，则只计算集热板安装费。

19）室内组合卷盘式消火栓安装，可按消火栓安装定额乘以系数 1.20 计算。

20）室内消火栓安装定额包括消火栓箱体安装，对箱体形式、材质不做区分，箱体计入消火栓成套价格。消火栓安装定额未含箱体四周水泥砂浆填充抹平，定额内水泥用于栽埋木砖或固定螺栓。

21）主体结构为现场浇筑采用钢模施工的过程，内外浇筑的定额人工乘以系数 1.05，内浇外砌的定额人工乘以系数 1.03。这里的"钢模板"指大块钢模板（现浇混凝土墙采用大钢模板墙的，即一面墙一块钢模板）。内外浇筑（又称为全现浇工程）指内外墙均采用大钢模板施工的现浇混凝土；内浇外砌指大模板剪力墙与砖混结构的结合，即内墙采用大钢模板施工的现浇混凝土，外墙采用普通黏土砖、空心砖或其他砌体。采用大块钢模板施工现浇混凝土墙，是一面墙一块模板，不能预留孔洞，必须在拆模后立即打墙眼，所需增加的人工按系数计算。

22）对于系统水压试验与管道安装定额中的水压试验的区别，镀锌钢管安装定额中包括的水压试验是指工序内一次性水压试验（即每层管道施工完成后均做一次水压试验）。系统水压试验是指当装饰工程施工到喷头定位后，喷头的立管安装完成，即全部管道安装工程施工完成后，整个管道系统才能做系统的水压试验。系统水压试验应按第八册相应定额计算。

23）管网水冲洗定额是按《自动喷水灭火系统施工及验收规范》（GB 50261—2017）编制的，只适用于自动喷水灭火系统管网。

24）气体灭火系统子目中，无缝钢管、钢制管件、选择阀安装及系统组件试验均适用于七氯丙烷灭火系统、IG541灭火系统、二氧化碳灭火系统。

25）无缝钢管法兰连接定额是按直管、管件均焊法兰考虑的，并已考虑了预装和安装的全部工作内容。若管道中安装法兰阀门，则只计算阀门的安装费，不应再重复计算法兰的安装费。定额不包括管件、法兰及螺栓的主材数量，应按设计规定另行计算；无缝钢管和管件内外镀锌及场外运输费用应另行计算。

26）泡沫发生器及比例混合器应按型号使用定额，即对号入座。

7.4　消防工程施工图预算的编制依据和程序

消防工程施工图预算编制除主要依据《消防工程》预算定额外，还涉及《机械设备安装工程》《电气设备安装工程》《工业管道工程》《静置设备与工艺金属结构制作安装工程》《给排水、采暖、燃气工程》《自动化控制仪表安装工程》《刷油、防腐蚀、绝热工程》等预算定额。因此，要根据不同预算定额及不同费用定额标准、文件编制消防工程施工图预算。

7.4.1　编制依据

1）国家、行业和地方有关规定。

2）相应工程造价管理机构发布的预算定额。

3）施工图设计文件及相关标准图集和规范。

4）项目招标文件、合同、协议、经批准的设计概算文件、预算工作手册等。

5）工程所在地的人工、材料、设备、施工机械市场价格。

6）施工组织设计和施工方案。

7）项目的管理模式、发包模式及施工条件。

8）其他应提供的资料。

7.4.2　施工图预算的编制方法

1. 定额单价法

定额单价法是用事先编制好的分项工程的定额单价表来编制施工图预算的方法。根据施工图设计文件和预算定额，按分部分项工程顺序先计算出分项工程量，然后乘以对应的定额单价，求出分项工程人、料、机费用；将分项工程人、料、机费用汇总为单位工程人、料、机费用；汇总后另加企业管理费、利润、规费和税金生成单位工程的施工图预算。最后将上述各单位工程费用汇总即为一般工程预算造价。

2. 工程量清单单价法

工程量清单单价法是根据国家统一的工程量计算规则计算工程量，采用综合单价的形式计算工程造价的方法。

综合单价是指分部分项工程单价综合了人、料、机费用及其以外的多项费用内容。按照单价综合内容的不同，综合单价可分为全费用综合单价和部分费用综合单价。

全费用综合单价即单价中综合了人、料、机费用，以及企业管理费、规费、利润和税金等，以各分项工程量乘以综合单价的合价汇总后，就生成工程承发包价。

我国目前实行的工程量清单计价采用的综合单价是部分费用综合单价，分部分项工程、措施项目、其他项目单价中综合了人、料、机费用和企业管理费、利润，以及一定范围内的风险费用，单价中未包括规费和税金，是不完全费用综合单价。以各分项工程量乘以部分费用综合单价的合价汇总，再加上项目措施费、其他项目费、规费和税金后，生成工程承发包价。

3. 实物量法

实物量法是依据施工图和预算定额的项目划分及工程量计算规则，先计算出分部分项工程量，然后套用预算定额（实物量定额）来编制施工图预算的方法。

用实物量法编制施工图预算，主要是先计算出分部分项的实物工程量，分部套取预算定额中工、料、机消耗指标，并按类相加，求出单位工程所需的各种人工、材料、施工机械台班的总消耗量，然后分部乘以当时当地各种人工、材料、机械台班的单价，求得人工费、材料费和施工机械使用费，再汇总求和。对于企业管理费、利润等费用的计算则根据当时当地建筑市场供求关系情况予以具体确定。

7.4.3 施工图预算的编制程序

1. 定额单价法编制施工图预算的基本步骤

1) 准备资料，熟悉施工图。准备施工图、施工组织设计、施工方案、现行建筑按照定额、取费标准、统一工程量计算规则和地区材料预算价格等各种资料。在此基础上详细了解施工图，全面分析工程各分部分项工程，充分了解施工组织设计和施工方案，注意影响费用的关键因素。

2) 计算工程量。工程量计算一般按如下步骤进行：

① 根据工程内容和定额项目，列出需计算工程量的分部分项工程。

② 根据一定的计算顺序和计算规则，列出分部分项工程量的计算式。

③ 根据施工图上的设计尺寸及有关数据，代入计算式进行数值计算。

④ 对计算结果的计量单位进行调整，使之与定额中相应的分部分项工程的计量单位保持一致。

3) 套用定额单价，计算人、料、机费用。核对工程量计算结果后，利用地区统一的分项工程定额单价，计算出分项工程合价，汇总求出单位工程人、料、机费用。

4) 编制工料分析表。根据各分部分项工程项目实物工程量和预算定额中所列的用工及材料数量，计算各分部分项工程所需人工及材料数量，汇总后算出该单位工程所需各类人工、材料的数量。

5) 按计价程序计取其他费用，并汇总造价。根据规定的税率、费率和相应的计取基础，分别计算企业管理费、利润、规费、税金。将上述费用累计后与人、料、机费用进行汇总，求出单位工程预算造价。

6) 复核。对项目填列、工程量计算公式、计算结果、套用的单价、采用的取费费率、数字计算、数据精确度等进行全面复核，以便及时发现差错，及时修改，提供预算的准确性。

7) 编制说明、填写封面。编制说明主要应写明预算所包括的工程内容范围、依据的施工图编号、承包方式、有关部门现行的调价文件号、套用单价需要补充说明的问题及其他需要说明的问题等。封面应写明工程编号、工程名称、预算总造价和单方造价、编制单位名称、负责人和编制日期以及审核单位的名称、负责人和审核日期等。

定额单价法的编制步骤如图 7-1 所示。

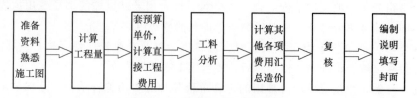

图 7-1　定额单价法的编制步骤

2. 工程量清单单价法编制施工图预算的基本步骤

1）搜集各种编制依据资料。各种编制依据资料包括施工图及设计说明、图纸会审记录、设计变更通知、施工组织设计或施工方案、现行建设工程工程量清单计价规范、现行建筑安装工程预算定额、取费标准、统一的工程量计算规则。

2）熟悉施工图、清单规范、预算定额、施工组织设计等资料。全面、系统地阅读施工图，是准确计算工程造价的重要基础。工程量清单是计算工程造价最重要的依据，应熟悉工程量清单计价规范及预算定额，了解分项工程项目编码、项目名称设置、单位、计算规则、项目特征等，以便在计量、计价时不漏项，不重复计算。

施工组织设计或施工方案是施工单位的技术部门针对具体工程编制的施工作业的指导性文件，其中对施工技术措施、安全措施、施工机械配置、是否增加辅助项目等，都应在工程计价的过程中予以注意。

工程招标文件的有关条款、要求合同条件，是工程量清单计价的重要依据。在招标文件中对有关承包发包工程范围、内容、期限、工程材料、设备采购及供应方法等都有具体规定，只有在计价时按规定进行，才能保证计价的有效性。因此，投标单位拿到招标文件后，根据招标文件的要求，要对照施工图，对招标文件提供的工程量清单进行复查和复核。

熟悉加工订货的有关情况。明确建设、施工单位双方在加工订货方面的分工。对需要进行委托加工订货的设备、材料零件等，提出委托加工计划，并落实加工单位及加工产品的价格。

明确主材和设备的来源情况。主材和设备的型号、规格、数量、材质、品牌等对工程计价影响很大，因此应对主材和设备的采购范围及有关内容需要招标人予以明确，必要时注明产地和厂家。

3）计算工程量。工程量计算分两种情况：一种是招标方计算的清单工程量，是投标报价的依据；另一种情况是投标方计算的工程量，包括对清单工程量的核算和组价中的工程量计算。

4）组合综合单价（简称组价）。综合单价是指完成工程量清单中一个规定计量单位项目所需的全费用，综合单价的费用内容包括人工费、材料费、机械费、企业管理费、利润，并适当考虑风险因素。计算综合单价时将工程主体项目及其组合的辅助项目汇总，填入分部综合单价分析表。综合单价是报价和调价的主要依据。分部分项工程综合单价计算公式与措施项目综合单价计算公式如下：

$$分部分项工程综合单价 = 人工费 + 材料费 + 机械费 + 企业管理费 + 利润组成 + 风险因素 \quad (7-1)$$

$$措施项目综合单价 = 人工费 + 材料费 + 机械费 + 企业管理费 + 利润组成 + 风险因素 \quad (7-2)$$

5）计算分部分项工程费。分部分项工程组价完成后，根据分部分项工程量清单及综合单价，以单位工程为对象计算分部分项工程费用。分部分项工程费计算公式如下：

$$分部分项工程费 = \sum 分部分项工程量清单数量 \times 分部分项工程综合单价 \quad (7-3)$$

6）计算措施项目费。措施项目费计算公式如下：

$$措施项目费 = \sum 措施项目工程量 \times 措施项目综合单价 \quad (7-4)$$

7）计算其他项目费。其他项目费用计算公式如下：

$$其他项目费用 = 暂列金额 + 材料暂估价 + 专业暂估价 + 计日工 + 总承包服务费 \quad (7-5)$$

8）计算规费、税金。规费、税金按照规定费率计算。

9）计算单位工程费。将分部分项工程费、措施项目费、其他项目费、规费和税金汇总即形成单位工程费。单位工程工程费计算公式如下：

$$单位工程费 = 分部分项工程费 + 措施项目费 + 其他项目费 + 规费 + 税金 \quad (7-6)$$

10）计算单项工程费。将单项工程中各单位工程费汇总即形成单项工程费。单项工程造价计算公式如下：

$$单项工程费 = \sum 单位工程费 \quad (7-7)$$

11）计算工程项目总造价。将工程项目中各单项工程费汇总即形成工程项目总造价。建设项目总造价计算公式如下：

$$建设项目总造价 = \sum 单项工程费 \tag{7-8}$$

12）复核。

对项目名称列、项目特征列、计算结果、套用的单价、采用的取费费率、数字计算、数据精确度等进行全面复核，以便及时发现差错，及时修改，提供预算的准确性。

13）编制说明、填写封面。编制说明主要应写明预算所包括的工程内容范围、依据的施工图编号、承包方式、有关部门现行的调价文件号、套用单价需要补充说明的问题及其他需要说明的问题等。封面应写明工程编号、工程名称、预算总造价和单方造价、编制单位名称、负责人和编制日期以及审核单位的名称、负责人和审核日期等。

总之，采用工程清单计价法编制施工图预算，由于所用的人工、材料、机械的单价都是当时当地的实际价格，所以编制出的预算能比较准确地反映实际水平，误差较小，竣工结算比较简单。因此，工程量清单计价法是与市场经济体制相适应的预算编制方法，更符合价值规律。

3. 实物量法编制施工图预算的基本步骤

1）准备资料，熟悉施工图。全面收集各种人工、材料、机械的当时当地的实际价格，应包括不同品种、不同规格的材料预算价格；不同工种、不同等级的人工工资单价；不同种类、不同型号的机械台班单价等。要求获得的各种实际价格应全面、系统、真实、可靠。具体可参考定额单价法相应步骤内容。

2）计算工程量。工程量计算一般按如下步骤进行：

① 根据工程内容和定额项目，列出需计算工程量的分部分项工程。

② 根据一定的计算顺序和计算规则，列出分部分项工程量的计算式。

③ 根据施工图上的设计尺寸及有关数据，代入计算式进行数值计算。

④ 对计算结果的计量单位进行调整，使之与定额中相应的分部分项工程的计量单位保持一致。

3）套用消耗定额，计算人、料、机消耗量。定额消耗量中的"量"在修改规范和工艺水平等未有较大变化之前具有相对稳定性，据此确定符合国家技术规范和质量标准要求，并反映当时施工工艺水平的分项工程计价所需的人工、材料、施工机械的消耗量。

根据预算人工定额所列各类人工工日的数量，乘以各分项工程的工程量，计算出各分项工程所需各类人工工日的数量，统计汇总后确定单位工程所需的各类人工工日消耗量。同理，根据材料预算定额、机械预算台班定额分别确定出单位工程各类材料消耗量和各类施工机械台班数量。

4）计算并汇总人工费、材料费、施工机械使用费。根据当时当地工程造价管理部门定期发布的或企业根据市场价格确定的人工工资单价、材料预算价格、施工机械台班单价分别乘以人工、材料、机械消耗量，汇总即为单位工程人工费、材料费和施工机械使用费。

5）计算其他各项费用，汇总造价。对于企业管理费、利润、规范和税金等的计算，可以采用与定额单价法相似的计算程序，只是有关的费率是根据当时当地建筑市场供求情况予以确定。将上述单位工程人、料、机费用与企业管理费、利润、规范、税金等汇总，即为单位工程造价。

6）复核。检查人工、材料、机械台班的消耗量计算是否准确，有误漏算、重算或多算；套取的定额是否正确；检查采用的实际价格是否合理。其他内容可参考定额单价法相应步骤的介绍。

7）编制说明、填写封面。编制说明主要应写明预算所包括的工程内容范围、依据的施工图编号、承包方式、有关部门现行的调价文件号、套用单价需要补充说明的问题及其他需要说明的问题等。封面应写明工程编号、工程名称、预算总造价和单方造价、编制单位名称、负责人和编制日期以及审核单位的名称、负责人和审核日期等。

实物量法的编制步骤如图7-2所示。

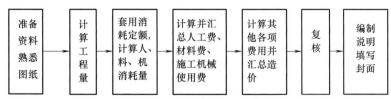

图 7-2　实物量法的编制步骤

7.5　消防工程施工图预算编制实例

7.5.1　编制实例（一）

1. 工程介绍

某幢建筑地下 1 层，地上 9 层，高度 36.3m。该工程设火灾自动报警系统、自动喷水灭火系统（图 7-3）、消火栓灭火系统（图 7-4）。自动喷水灭火系统为湿式喷淋系统，252m³ 储水池与室内消

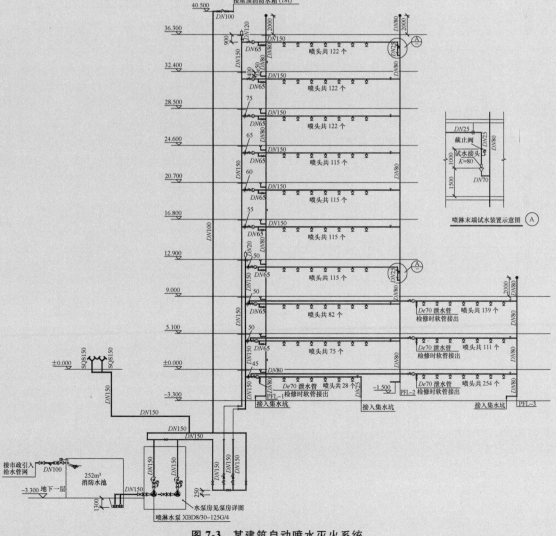

图 7-3　某建筑自动喷水灭火系统

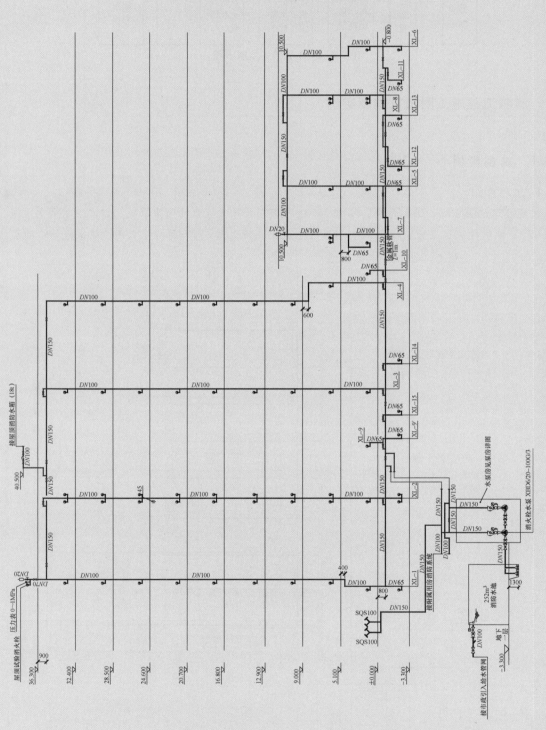

图 7-4 某建筑室内消火栓系统

火栓系统共用。自动喷水灭火系统由地下一层水泵房内带自动巡检功能的成套加压设备供水。该设计要求喷水系统采用镀锌钢管，螺纹连接；室内消火栓系统为镀锌钢管、螺纹连接。

2. 预算编制步骤

（1）收集编制依据文件，做好准备

主要收集编制施工图预算的编制依据，包括施工图、有关通用标准图、图纸会审记录、设计变更通知、施工组织设计、预算定额、取费标准及市场材料价格等资料。

（2）熟悉施工图等基础资料

编制施工图预算前，应熟悉并检查施工图是否齐全、尺寸是否清楚，并了解其设计意图、掌握工程全貌。另外，针对要编制预算的工程内容搜集有关资料，包括熟悉并掌握预算定额的使用范围、工程内容及工程量计算规则等。

如某工程位于江苏省某市，故该工程量清单编制依据为：

1）《建设工程工程量清单计价规范》（GB50500—2013）。

2）《通用安装工程工程量计算规范》（GB50856—2013）。

3）《江苏省安装工程计价定额》（2014 版）。

4）设计图 1 套。

本例中，消防水泵应执行第一册《机械设备安装工程》相应定额项目；自动喷水灭火系统中，管道、系统组件安装，管网水冲洗，气压水罐安装以及消火栓、消防水泵接合器安装应执行第九册《消防工程》相应定额项目；消火栓给水管道安装、管道支架制作安装，水箱制作安装应执行第十册《给排水、采暖、燃气工程》相应定额项目；阀门安装、管道试压、消火栓给水管水冲洗应执行第八册《工业管道工程》相应定额项目；水管、水箱刷漆应执行第十一册《刷油、防腐蚀、绝热工程》相应定额项目。

（3）了解施工组织设计和施工现场情况

编制施工图预算前，应了解施工组织设计中影响工程造价的有关内容，以便能正确计算工程量和正确套用或确定某些分项工程的基价。这对于正确计算工程造价、提高施工图预算质量，有着重要意义。

（4）计算工程量

工程量计算应严格按照图示尺寸和现行定额规定的工程量计算规则，遵循一定的顺序逐项计算分项子目的工程量。计算各分部分项工程量最好先列项，也就是按分部工程中各分项子目顺序，先列出单位工程中所有分项子目的名称，然后再逐个计算工程量。这样可以避免工程量计算中出现盲目、零乱的状况，使工程量计算有条不紊地进行，也可避免漏项或重项。

经过计算列出分部分项工程量清单（表 7-9~表 7-13，工程量具体计算过程略）。

表 7-9　火灾自动报警系统工程量统计表

序号	项目名称	项目特征	计量单位	工程量
1	消控中心设备	1）火灾报警控制器（联动型）JB—3102 1台；2）直流备用电源1套；3）多线联动控制盘1台；4）消防电话主机1台；5）消防广播主机1台；6）图形显示装置（含终端计算机、打印机、监视器、控制系统、软件）1套；7）消防水池水箱水位显示装置1台；8）二线直通电话主机 119 1台；9）包括消防中心设备辅助材料、构、配件制作安装，设备接地、试运行	台	1
2	配电箱	1）名称：消防接线端子箱；2）型号：HJ—1701（或功能、参数不低于设计值的品牌）	台	12
3	点型探测器	1）名称：点型光电感烟探测器；2）型号、规格：JTY—GD—3001（或功能、参数不低于设计值的品牌）	只	320

（续）

序号	项目名称	项目特征	计量单位	工程量
4	点型探测器	1）名称：定温探测器；2）型号、规格：JTW—BCD—3003（或功能、参数不低于设计值的品牌）	只	139
5	点型探测器	1）名称：燃气探测器；2）型号、规格：JBQ—QBB2—JM21—PH（或功能、参数不低于设计值的品牌）	只	1
6	按钮	1）名称：带电话插孔的手动报警按钮；2）型号、规格：J—SAP—M—02（或功能、参数不低于设计值的品牌）	只	32
7	按钮	1）名称：消火栓起泵按钮；2）型号、规格：J—XAPD—02（或功能、参数不低于设计值的品牌）	只	69
8	报警装置	1）名称：消防应急广播；2）型号、规格：3W（或功能、参数不低于设计值的品牌）	台	92
9	报警装置	名称：声光报警器	台	32
10	报警装置	1）名称：消防电话分机；2）型号、规格：HJ—1756E（或功能、参数不低于设计值的品牌）	台	5
11	模块（接口）	1）名称：总线隔离模块；2）型号、规格：HJ—1751（或功能、参数不低于设计值的品牌）	只	12
12	模块（接口）	1）名称：输入模块 M；2）型号、规格：HJ—1750（B）（或功能、参数不低于设计值的品牌）	只	32
13	模块（接口）	1）名称：总线控制模块 C；2）型号、规格：HJ—1825（或功能、参数不低于设计值的品牌）	只	110
14	模块（接口）	1）名称：多线控制模块 K；2）型号、规格：HJ—1807（或功能、参数不低于设计值的品牌）	只	5
15	重复显示器	1）名称：楼层显示器；2）型号、规格：JB—YX—96；3）安装方式：距地1.5m壁挂	台	12
16	电缆桥架	1）型号、规格：100mm×100mm；2）材质：消防防火型金属线槽	m	103.50
17	电缆桥架	1）型号、规格：200mm×100mm；2）材质：消防防火型金属线槽	m	59.50
18	电气配管	1）名称：镀锌钢管；2）材质：钢质；3）规格：RC15；4）配置形式及部位：砖、混凝土结构暗配	m	2124.00
19	电气配管	1）名称：镀锌钢管；2）材质：钢质；3）规格：RC20；4）配置形式及部位：砖、混凝土结构暗配	m	3498.00
20	电气配管	1）名称：镀锌钢管；2）材质：钢质；3）规格：RC25；4）配置形式及部位：砖、混凝土结构暗配	m	565.00
21	电气配管	1）名称：镀锌钢管；2）材质：钢质；3）规格：RC32；4）配置形式及部位：砖、混凝土结构暗配	m	18.00
22	电气配管	1）名称：镀锌钢管；2）材质：钢质；3）规格：RC50；4）配置形式及部位：砖、混凝土结构暗配	m	10.00
23	电气配线	1）配线形式：管内穿线；2）导线型号、材质、规格：NH—BV—1.5	m	6049.00

（续）

序号	项目名称	项目特征	计量单位	工程量
24	电气配线	1）配线形式：管内穿线；2）导线型号、材质、规格：NH—BV—2.5	m	10180.00
25	电气配线	1）配线形式：管内穿线；2）导线型号、材质、规格：NH—BV—4	m	286.60
26	控制电缆	1）型号：NH—KVV—0.6KV；2）规格：4mm×2.5mm；3）敷设方式：穿管及桥架	m	618.00
27	控制电缆	1）型号：NH—KVV—0.6KV；2）规格：10mm×1.5mm；3）敷设方式：穿管及桥架	m	36.60
28	控制电缆	1）型号：NH—KVV—0.6KV；2）规格：19mm×1.5mm；3）敷设方式：穿管及桥架	m	68.50
29	水灭火系统控制装置调试	水灭火系统控制装置调试；500点以上	系统	2
30	防火控制系统装置调试	名称：广播扬声器及音箱、通信分机及插孔调试	处	129
31	防火控制系统装置调试	名称：正压送风阀、排烟阀、防火阀控制系统装置调试	处	22
32	防火控制系统装置调试	防火卷帘门调试	处	2
33	自动报警系统装置调试	点数：2000点以下	系统	1

表 7-10　消火栓系统工程量统计表

序号	项目名称	项目特征	计量单位	工程量
1	消火栓钢管	1）安装部位：室内；2）材质：镀锌钢管；3）型号规格：DN150；4）连接方式：沟槽连接；5）输送介质：消防水；6）管道试压、给水管网冲洗	m	348.00
2	消火栓钢管	1）安装部位：室内；2）材质：镀锌钢管；3）型号规格：DN100；4）连接方式：螺纹连接；5）输送介质：消防水；6）管道试压、给水管网冲洗	m	344.60
3	消火栓钢管	1）安装部位：室内；2）材质：镀锌钢管；3）型号规格：DN80；4）连接方式：螺纹连接；5）输送介质：消防水；6）管道试压、给水管网冲洗	m	5.00
4	消火栓钢管	1）安装部位：室内；2）材质：镀锌钢管；3）型号规格：DN65；4）连接方式：螺纹连接；5）输送介质：消防水；6）管道试压、给水管网冲洗	m	125.00
5	消火栓	1）名称：带灭火器箱组合式消防柜；2）安装部位：室内；3）型号规格：单栓DN65，消火栓箱内配置φ19mm水枪一支、DN65消防水带25m、消防卷盘；4）箱体下部配2具3kg磷酸氨盐干粉灭火器；5）单、双栓：单栓	套	32

（续）

序号	项目名称	项目特征	计量单位	工程量
6	消火栓	1）名称：带灭火器箱组合式消防柜；2）安装部位：室内；3）型号规格：减压稳压型单栓 DN65，消火栓箱内配置 φ19mm 水枪一支、DN65 消防水带 25m、消防卷盘；4）箱体下部配 2 具 3kg 磷酸氨盐干粉灭火器；5）单、双栓：减压稳压型单栓	套	31
7	消火栓	1）名称：带灭火器箱组合式消防柜；2）安装部位：室内；3）型号规格：减压稳压型双栓 DN65，消火栓箱内配置 φ19mm 水枪一支、DN65 消防水带 25m、消防卷盘；4）箱体下部配 2 具 3kg 磷酸氨盐干粉灭火器；5）单、双栓：减压稳压型双栓	套	3
8	消火栓	1）名称：试验消火栓；2）安装部位：屋顶；3）型号规格：DN65	套	1
9	法兰阀门	1）阀门类型：球墨铸铁明杆闸阀；2）材质：球墨铸铁；3）型号规格：DN70、PN=1.6	个	8
10	沟槽式阀门	1）阀门类型：球墨铸铁明杆闸阀；2）材质：球墨铸铁；3）型号规格：DN100、PN=1.6	个	16
11	沟槽式阀门	1）阀门类型：球墨铸铁明杆闸阀；2）材质：球墨铸铁；3）型号规格：DN150、PN=1.6	个	12
12	沟槽式阀门	1）阀门类型：橡胶瓣止回阀；2）材质：球墨铸铁；3）型号规格：DN100、PN=1.6	个	1
13	沟槽式阀门	1）阀门类型：橡胶瓣止回阀；2）材质：球墨铸铁；3）型号规格：DN150、PN=1.6	个	2
14	法兰阀门	1）名称：橡胶软接头；2）材质：橡胶；3）型号规格：DN150	个	2
15	压力仪表	Y—100	台	1
16	自动排气阀	1）类型：自动排气阀；2）型号规格：DN25	个	1
17	螺纹阀门	1）阀门类型：螺纹截止阀；2）材质：全铜；3）型号规格：J41W—10T、DN25	个	1
18	管道支架制作安装	1）管架形式：一般管道支架；2）材质：型钢	kg	550.00
19	金属结构刷油	1）支架除锈；2）刷红丹防锈漆两遍，刷银粉漆两遍	kg	550.00

表 7-11　自喷系统工程量统计表

序号	项目名称	项目特征	计量单位	工程量
1	水喷淋镀锌钢管	1）安装部位：室内；2）材质：镀锌钢管；3）型号规格：DN25；4）连接方式：丝扣连接；5）输送介质：喷淋水；6）管道试压、给水管网冲洗	m	1720.00
2	水喷淋镀锌钢管	1）安装部位：室内；2）材质：镀锌钢管；3）型号规格：DN32；4）连接方式：丝扣连接；5）输送介质：喷淋水；6）管道试压、给水管网冲洗	m	1488.00

（续）

序号	项目名称	项目特征	计量单位	工程量
3	水喷淋镀锌钢管	1）安装部位：室内；2）材质：镀锌钢管；3）型号规格：$DN40$；4）连接方式：丝扣连接；5）输送介质：喷淋水；6）管道试压、给水管网冲洗	m	658.00
4	水喷淋镀锌钢管	1）安装部位：室内；2）材质：镀锌钢管；3）型号规格：$DN50$；4）连接方式：丝扣连接；5）输送介质：喷淋水；6）管道试压、给水管网冲洗	m	815.00
5	水喷淋镀锌钢管	1）安装部位：室内；2）材质：镀锌钢管；3）型号规格：$DN65$；4）连接方式：丝扣连接；5）输送介质：喷淋水；6）管道试压、给水管网冲洗	m	207.00
6	水喷淋镀锌钢管	1）安装部位：室内；2）材质：镀锌钢管；3）型号规格：$DN80$；4）连接方式：丝扣连接；5）输送介质：喷淋水；6）管道试压、给水管网冲洗	m	270.00
7	水喷淋镀锌钢管	1）安装部位：室内；2）材质：镀锌钢管；3）型号规格：$DN100$；4）连接方式：沟槽连接；5）输送介质：喷淋水；6）管件安装、管道试压、给水管网冲洗	m	518.40
8	水喷淋镀锌钢管	1）安装部位：室内；2）材质：镀锌钢管；3）型号规格：$DN125$；4）连接方式：沟槽连接；5）输送介质：喷淋水；6）管件安装、管道试压、给水管网冲洗	m	57.00
9	水喷淋镀锌钢管	1）安装部位：室内；2）材质：镀锌钢管；3）型号规格：$DN150$；4）连接方式：沟槽连接；5）输送介质：喷淋水；6）管件安装、管道试压、给水管网冲洗	m	464.70
10	法兰阀门	1）阀门类型：信号蝶阀；2）材质：碳钢；3）型号规格：$DN150$	个	13
11	水流指示器	1）阀门类型：水流指示器；2）材质：碳钢；3）型号规格：ZSJZ、$DN150$	个	13
12	法兰阀门	1）阀门类型：泄水阀；2）材质：碳钢；3）型号规格：$DN70$	个	4
13	法兰阀门	1）阀门类型：球墨铸铁明杆闸阀；2）材质：球墨铸铁；3）型号规格：$DN70$、$PN=1.6$	个	9
14	沟槽式阀门	1）阀门类型：球墨铸铁明杆闸阀；2）材质：球墨铸铁；3）型号规格：$DN100$、$PN=1.6$	个	2
15	沟槽式阀门	1）阀门类型：橡胶瓣止回阀；2）材质：球墨铸铁；3）型号规格：$DN100$、$PN=1.6$	个	1
16	伸缩器	1）名称：金属波纹管；2）材质：不锈钢；3）型号规格：$DN150$	个	1
17	自动排气阀	1）类型：自动排气阀；2）型号规格：$DN25$	个	2
18	螺纹阀门	1）阀门类型：螺纹截止阀；2）材质：全铜；3）型号规格：J41W—10T、$DN25$	个	2
19	减压孔板	1）名称：减压孔板；2）规格：$DN150$、$d45mm$	个	1

（续）

序号	项目名称	项目特征	计量单位	工程量
20	减压孔板	1）名称：减压孔板；2）规格：$DN150$、$d50mm$	个	3
21	减压孔板	1）名称：减压孔板；2）规格：$DN150$、$d55mm$	个	1
22	减压孔板	1）名称：减压孔板；2）规格：$DN150$、$d60mm$	个	1
23	减压孔板	1）名称：减压孔板；2）规格：$DN150$、$d65mm$	个	1
24	减压孔板	1）名称：减压孔板；2）规格：$DN150$、$d75mm$	个	1
25	水喷头	1）名称：直立型标准喷头；2）有无吊顶：无吊顶；3）型号规格：ZSTZ15/68	个	1515
26	末端试水装置	$DN25$	组	13
27	管道支架制作安装	1）管架形式：一般管道支架；2）材质：型钢	kg	4500.00
28	金属结构刷油	1）支架除锈；2）刷红丹防锈漆两遍，刷银粉漆两遍	kg	4500.00

表 7-12　水泵房工程量统计表

序号	项目名称	项目特征	计量单位	工程量
1	低压碳钢管	1）安装部位：室内；2）材质：无缝钢管；3）型号规格：$\phi89mm\times3.5mm$；4）连接方式：法兰连接；5）管道外壁刷红漆两道；6）输送介质：消防水；7）管件安装、管道试压、给水管网冲洗；8）无缝钢管镀锌二次安装	m	12.40
2	低压碳钢管	1）安装部位：室内；2）材质：无缝钢管；3）型号规格：$\phi108mm\times4mm$；4）连接方式：法兰连接；5）管道外壁刷红漆两道；6）输送介质：消防水；7）管件安装、管道试压、给水管网冲洗；8）无缝钢管镀锌二次安装	m	52.50
3	低压碳钢管	1）安装部位：室内；2）材质：无缝钢管；3）型号规格：$\phi159mm\times5mm$；4）连接方式：法兰连接；5）管道外壁刷红漆两道；6）输送介质：消防水；7）管件安装、管道试压、给水管网冲洗；8）无缝钢管镀锌二次安装	m	58.60
4	低压碳钢管	1）安装部位：室内；2）材质：无缝钢管；3）型号规格：$\phi219mm\times6mm$；4）连接方式：法兰连接；5）管道外壁刷红漆两道；6）输送介质：消防水；7）管件安装、管道试压、给水管网冲洗；8）无缝钢管镀锌二次安装	m	2.40
5	塑料复合管	1）安装部位：室内；2）材质：钢塑给水管；3）型号规格：$DN80$；4）连接方式：螺纹连接；5）输送介质：生活饮用水；6）管件安装，套管（包括防水套管）制作、安装；7）管道除锈、刷油、防腐；8）给水管道消毒、冲洗；9）水压及泄漏试验	m	13.80
6	塑料复合管	1）安装部位：室内；2）材质：钢塑给水管；3）型号规格：$DN100$；4）连接方式：法兰连接；5）输送介质：生活饮用水；6）管件安装，套管（包括防水套管）制作、安装；7）管道除锈、刷油、防腐；8）给水管道消毒、冲洗；9）水压及泄漏试验	m	8.20

（续）

序号	项目名称	项目特征	计量单位	工程量
7	低压碳钢管件	1）名称：碳钢弯头；2）连接方式：法兰连接；3）型号规格：DN80	个	4
8	低压碳钢管件	1）名称：碳钢弯头；2）连接方式：法兰连接；3）型号规格：DN100	个	12
9	低压碳钢管件	1）名称：碳钢弯头；2）连接方式：法兰连接；3）型号规格：DN150	个	14
10	低压碳钢管件	1）名称：碳钢三通；2）连接方式：法兰连接；3）型号规格：DN100	个	4
11	低压碳钢管件	1）名称：碳钢三通；2）连接方式：法兰连接；3）型号规格：DN150	个	14
12	低压碳钢管件	1）名称：吸水喇叭口；2）连接方式：法兰连接；3）型号规格：DN150	个	4
13	低压碳钢管件	1）名称：法兰盲板；2）连接方式：法兰连接；3）型号规格：DN150	个	2
14	低压碳钢平焊法兰	1）名称：碳钢平焊法兰；2）型号规格：DN80	副	14
15	低压碳钢平焊法兰	1）名称：碳钢平焊法兰；2）型号规格：DN100	副	14
16	低压碳钢平焊法兰	1）名称：碳钢平焊法兰；2）型号规格：DN150	副	33
17	报警装置	1）阀门类型：湿式报警阀；2）材质：碳钢；3）型号规格：ZSFZ—150	组	2
18	低压法兰阀门	1）阀门类型：信号蝶阀；2）材质：碳钢；3）型号规格：DN150	个	2
19	低压法兰阀门	1）阀门类型：泄压阀；2）材质：碳钢；3）型号规格：500X—100	个	2
20	低压法兰阀门	1）阀门类型：弹性座封闸阀；2）材质：碳钢；3）型号规格：DN80、PN=1.6	个	4
21	低压法兰阀门	1）阀门类型：弹性座封闸阀；2）材质：碳钢；3）型号规格：DN100、PN=1.6	个	2
22	低压法兰阀门	1）阀门类型：法兰式止回阀；2）材质：碳钢；3）型号规格：DN80、PN=1.6	个	2
23	低压法兰阀门	1）阀门类型：倒流防止阀；2）材质：碳钢；3）型号规格：DN100、PN1.6	个	1
24	低压法兰阀门	1）阀门类型：Y型过滤器；2）材质：碳钢；3）型号规格：DN100	个	2
25	低压法兰阀门	1）阀门类型：弹膜消声止回阀；2）材质：碳钢；3）型号规格：HM41X—100	个	1
26	低压法兰阀门	1）阀门类型：弹膜消声止回阀；2）材质：碳钢；3）型号规格：HM41X—150	个	4

（续）

序号	项目名称	项目特征	计量单位	工程量
27	低压法兰阀门	1）阀门类型：球墨铸铁明杆闸阀；2）材质：球墨铸铁；3）型号规格：DN80、PN=1.6	个	4
28	低压法兰阀门	1）阀门类型：球墨铸铁明杆闸阀；2）材质：球墨铸铁；3）型号规格：DN100、PN=1.6	个	1
29	低压法兰阀门	1）阀门类型：球墨铸铁明杆闸阀；2）材质：球墨铸铁；3）型号规格：DN150、PN=1.6	个	15
30	低压法兰阀门	1）名称：橡胶软接头；2）材质：橡胶；3）型号规格：DN150	个	12
31	低压法兰阀门	1）名称：橡胶软接头；2）材质：橡胶；3）型号规格：DN100	个	5
32	低压法兰阀门	1）名称：橡胶软接头；2）材质：橡胶；3）型号规格：DN80	个	4
33	压力仪表	Y—100	台	4
34	浮球阀	1）阀门类型：遥控浮球阀；2）材质：碳钢；3）型号规格：DN100	个	1
35	无负压机组	1）名称：无负压机组；2）80ZWG2/CR10—5、$Q=12m^3/h$、$H=33.1m$、$N=44kW$；3）变频控制柜1台；4）设备基础槽钢制作、安装10#；5）金属结构除锈、刷油；6）二次灌浆	套	1
36	消火栓系统加压泵	1）名称：消火栓系统加压泵；2）XBD8/30—125G/4、$Q=72m^3/h$、$H=60m$、$N=18.5kW$；3）设备基础槽钢制作、安装10#；4）金属结构除锈、刷油；5）二次灌浆	台	2
37	喷淋系统加压泵	1）名称：喷淋系统加压泵；2）XBD6/20—100G/3、$Q=108m^3/h$、$H=80m$、$N=37kW$；3）设备基础槽钢制作、安装10#；4）金属结构除锈、刷油；5）二次灌浆	台	2
38	消防水泵接合器	SQS、DN150	套	2
39	管架制作安装	1）管架形式：一般管道支架；2）材质：型钢	kg	150.00
40	金属结构刷油	1）支架除锈；2）刷红丹防锈漆两遍，刷银粉漆两遍	kg	150.00

表7-13　暖通工程量统计表

序号	项目名称	项目特征	计量单位	工程量
1	通风机	1）名称：消防高温排烟风机；2）规格型号：HTF—I—5.5，$Q=12000m^3/h$，$p=680Pa$，$N=4kW$；3）支架材质、规格：型钢减振支、吊架；4）金属结构除锈、刷防锈漆两道、调和漆两道；5）帆布软接头制作、安装	台	2
2	通风机	1）名称：混流式送风机；2）规格型号：HL3—2A NO.7A，$Q=24000m^3/h$，$p=780Pa$，$N=11kW$；3）支架材质规格：型钢减振支、吊架；4）金属结构除锈、刷防锈漆两道、调和漆两道；5）帆布软接头制作、安装	台	1

（续）

序号	项目名称	项目特征	计量单位	工程量
3	通风机	1）名称：混流式送风机；2）规格型号：HL3—2A NO.3A，$Q=1760m^3/h$，$p=163Pa$，$N=0.55kW$；3）支架材质规格：型钢减振支、吊架；4）金属结构除锈、刷防锈漆两道、调和漆两道；5）帆布软接头制作、安装	台	1
4	通风机	1）名称：静音型排气扇；2）规格型号：BPT20—55—B，$Q=600m^3/h$，$p=135Pa$，$N=110W$	台	12
5	通风机	1）名称：静音型排气扇；2）规格型号：BPT10—23—A，$Q=150m^3/h$，$p=102Pa$，$N=40W$	台	1
6	碳钢通风管道制作安装	1）材质：镀锌钢板；2）形状：矩形；3）周长或直径：2000mm以下；4）板材厚度：1.0mm；5）接口形式：咬口	m^2	63.30
7	柔性软风管	金属软管风管$\phi150mm$	m	5.20
8	铝及铝合金风口、散流器制作安装	1）类型：防雨百叶风口（带滤网）；2）规格：500mm×400mm；3）质量：成品外购	个	2
9	铝及铝合金风口、散流器制作安装	1）类型：防雨百叶风口（带滤网）；2）规格：500mm×800mm；3）质量：成品外购	个	1
10	铝及铝合金风口、散流器制作安装	1）类型：不锈钢风帽；2）规格：$\phi150mm$；3）质量：成品外购	个	1
11	铝及铝合金风口、散流器制作安装	1）类型：单层百叶排风口（带调节阀）；2）规格：300mm×400mm；3）质量：成品外购	个	3
12	铝及铝合金风口、散流器制作安装	1）类型：单层百叶排风口（带调节阀）；2）规格：500mm×400mm；3）质量：成品外购	个	1
13	碳钢调节阀制作安装	1）类型：70℃防火调节阀；2）规格型号：500mm×400mm；3）质量：成品外购	个	1
14	碳钢调节阀制作安装	1）类型：70℃防火调节阀；2）规格型号：500mm×200mm；3）质量：成品外购	个	2
15	碳钢调节阀制作安装	1）类型：280℃排烟防火阀；2）规格型号：500mm×800mm；3）质量：成品外购	个	2
16	碳钢风口、散流器制作安装（百叶窗）	1）类型：多叶排烟口（280℃熔断）；2）规格：500mm×800mm；3）质量：成品外购	个	16

（续）

序号	项目名称	项目特征	计量单位	工程量
17	碳钢风口、散流器制作安装（百叶窗）	1）类型：多叶送风口；2）规格：630mm×1000mm，电动；3）质量：成品外购	个	2
18	碳钢风口、散流器制作安装（百叶窗）	1）类型：防火进风口（70℃熔断）；2）规格：500mm×400mm；3）质量：成品外购	个	2
19	通风工程检测、调试		系统	1

（5）编制工程量清单并组价、计算分部分项工程费

各分项工程量计算完毕并经复核无误后，按工程量清单计价规范编制分部分项工程和单价措施项目清单与计价表，套用定额计算分部分项工程费和单价措施项目费。以表7-11统计的自动喷水灭火工程量编制分部分项工程和单价措施项目清单，见表7-14。

表7-14　分部分项工程和单价措施项目清单与计价表

单位工程：自动喷水灭火系统

序号	项目编码	项目名称	项目特征描述	计量单位	工程量	金额/元		
						综合单价	综合合价	其中：暂估价
1	030901001001	水喷淋镀锌钢管	1）安装部位：室内；2）材质：镀锌钢管；3）型号规格：DN25；4）连接方式：丝扣连接；5）输送介质：喷淋水；6）管道试压、给水管网冲洗	m	1720	39.2	67424	
2	030901001002	水喷淋镀锌钢管	1）安装部位：室内；2）材质：镀锌钢管；3）型号规格：DN32；4）连接方式：丝扣连接；5）输送介质：喷淋水；6）管道试压、给水管网冲洗	m	1488	45.73	68046.24	
3	030901001003	水喷淋镀锌钢管	1）安装部位：室内；2）材质：镀锌钢管；3）型号规格：DN40；4）连接方式：丝扣连接；5）输送介质：喷淋水；6）管道试压、给水管网冲洗	m	658	55.77	36696.66	
4	030901001004	水喷淋镀锌钢管	1）安装部位：室内；2）材质：镀锌钢管；3）型号规格：DN50；4）连接方式：丝扣连接；5）输送介质：喷淋水；6）管道试压、给水管网冲洗	m	815	66.67	54336.05	

（续）

序号	项目编码	项目名称	项目特征描述	计量单位	工程量	金额/元		其中：暂估价
						综合单价	综合合价	
5	030901001005	水喷淋镀锌钢管	1）安装部位：室内；2）材质：镀锌钢管；3）型号规格：DN65；4）连接方式：丝扣连接；5）输送介质：喷淋水；6）管道试压、给水管网冲洗	m	207	80.22	16605.54	
6	030901001006	水喷淋镀锌钢管	1）安装部位：室内；2）材质：镀锌钢管；3）型号规格：DN80；4）连接方式：丝扣连接；5）输送介质：喷淋水；6）管道试压、给水管网冲洗	m	270	100.2	27054	
7	030901001007	水喷淋镀锌钢管	1）安装部位：室内；2）材质：镀锌钢管；3）型号规格：DN100；4）连接方式：沟槽连接；5）输送介质：喷淋水；6）管道试压、给水管网冲洗	m	518.4	102.69	53234.5	
8	030901001008	水喷淋镀锌钢管	1）安装部位：室内；2）材质：镀锌钢管；3）型号规格：DN125；4）连接方式：沟槽连接；5）输送介质：喷淋水；6）管道试压、给水管网冲洗	m	57	120.95	6894.15	
9	030901001009	水喷淋镀锌钢管	1）安装部位：室内；2）材质：镀锌钢管；3）型号规格：DN150；4）连接方式：沟槽连接；5）输送介质：喷淋水；6）管道试压、给水管网冲洗	m	464.7	153.06	71126.98	
10	031003003001	法兰阀门	1）阀门类型：信号蝶阀；2）材质：碳钢；3）型号规格：DN150	个	13	611.85	7954.05	
11	030901006001	水流指示器	1）阀门类型：水流指示器；2）材质：碳钢；3）型号规格：ZSJZ、DN150	个	13	643.09	8360.17	
12	031003003002	法兰阀门	1）阀门类型：泄水阀；2）材质：碳钢；3）型号规格：DN70	个	4	310.61	1242.44	
13	031003003003	法兰阀门	1）阀门类型：球墨铸铁明杆闸阀；2）材质：球墨铸铁；3）型号规格：DN70、PN = 1.6	个	9	483.56	4352.04	

（续）

序号	项目编码	项目名称	项目特征描述	计量单位	工程量	金额/元		其中：暂估价
						综合单价	综合合价	
14	031003003004	沟槽式阀门	1）阀门类型：球墨铸铁明杆闸阀；2）材质：球墨铸铁；3）型号规格：DN100、PN=1.6	个	2	527.53	1055.06	
15	031003003005	沟槽式阀门	1）阀门类型：橡胶瓣止回阀；2）材质：球墨铸铁；3）型号规格：DN100、PN=1.6	个	1	466.99	466.99	
16	031003010001	伸缩器	1）名称：金属波纹管；2）材质：不锈钢；3）型号规格：DN150	个	1	496.35	496.35	
17	031003001001	自动排气阀	1）类型：自动排气阀；2）型号规格：DN25	个	2	88.52	177.04	
18	031003001002	螺纹阀门	1）阀门类型：螺纹截止阀；2）材质：全铜；3）型号规格：J41W—10T、DN25	个	2	65.28	130.56	
19	030901007001	减压孔板	1）名称：减压孔板；2）规格：DN150、d45mm	个	1	293.81	293.81	
20	030901007002	减压孔板	1）名称：减压孔板；2）规格：DN150、d50mm	个	3	293.81	881.43	
21	030901007003	减压孔板	1）名称：减压孔板；2）规格：DN150、d55mm	个	1	293.81	293.81	
22	030901007004	减压孔板	1）名称：减压孔板；2）规格：DN150、d60mm	个	1	293.81	293.81	
23	030901007005	减压孔板	1）名称：减压孔板；2）规格：DN150、d65mm	个	1	293.81	293.81	
24	030901007006	减压孔板	1）名称：减压孔板；2）规格：DN150、d75mm	个	1	293.81	293.81	
25	030901003001	水喷头	1）名称：直立型标准喷头；2）有无吊顶：无吊顶；3）型号规格：ZSTZ15/68	个	1515	24.24	36723.6	
26	030901008001	末端试水装置	DN25	组	13	294.03	3822.39	
27	031002001001	管道支架制作安装	1）管架形式：一般管道支架；2）材质：型钢	kg	4500	14.98	67410	
28	031201003001	金属结构刷油	1）支架除锈；2）刷红丹防锈漆两遍，刷银粉漆两遍	kg	4500	2.17	9765	
		分部分项合计					545724.29	
		措施项目					9138.05	

（续）

序号	项目编码	项目名称	项目特征描述	计量单位	工程量	金额/元 综合单价	综合合价	其中:暂估价
29	031301017001	脚手架搭拆		项	1	9138.05	9138.05	
		单价措施合计					9138.05	
			合计				554862.34	

（6）编制综合单价分析表

综合单价分析表是以表 7-15 第 7 项"水喷淋镀锌钢管 DN100"为例编写，表内其余项的综合单价分析表编制方法与此相同。

表 7-15　综合单价分析表

单位工程：自动喷水灭火系统

项目编码	030901001007		项目名称		水喷淋镀锌钢管		计量单位		m	工程量	518.4
清单综合单价组成明细											

定额编号	定额项目名称	定额单位	数量	单价/元				合价/元			
				人工费	材料费	机械费	管理费和利润	人工费	材料费	机械费	管理费和利润
9-17	镀锌钢管安装（沟槽式管件连接）DN100	10m	0.1	193.39	4.63	11.61	104.43	19.34	0.46	1.16	10.44
9-91	自动喷水灭火系统管网水冲洗 DN100	100m	0.01	195.88	269.74	9.03	105.77	1.96	2.7	0.09	1.06
综合人工工日			小计					21.3	3.16	1.25	11.5
0.2566 工日			未计价材料费/元					65.48			
清单项目综合单价/（元/m）								102.69			

料费明细	主要材料名称、规格、型号	单位	数量	单价/元	合价/元	暂估单价/元	暂估合价/元
	水	m³	0.481	4.57	2.2		
	热镀锌钢管 DN100	m	1.022	52.22	53.37		
	沟槽式管件 DN100	个	0.4	30.2671	12.11		
	其他材料费			—	0.97	—	
	材料费小计			—	68.65	—	

（7）计算总价措施费

总价措施项目清单与计价见表 7-16。

表 7-16 总价措施项目清单与计价表

单位工程：自动喷水灭火系统

序号	项目编码	项目名称	基 数 说 明	费率（％）	金额/元	调整费率（％）	调整后金额/元	备 注
1	031302001001	安全文明施工费			8322.94			
1.1	1.1	基本费	分部分项合计+技术措施项目合计-分部分项设备费-技术措施项目设备费-税后独立费	1.5	8322.94			
1.2	1.2	增加费	分部分项合计+技术措施项目合计-分部分项设备费-技术措施项目设备费-税后独立费	0				
2	031302002001	夜间施工	分部分项合计+技术措施项目合计-分部分项设备费-技术措施项目设备费-税后独立费	0				
3	031302003001	非夜间施工照明	分部分项合计+技术措施项目合计-分部分项设备费-技术措施项目设备费-税后独立费	0				在计取非夜间施工照明费时，建筑工程、仿古工程、修缮土建部分仅地下室（地宫）部分可计取；单独装饰、安装工程、园林绿化工程、修缮安装部分仅特殊施工部位内施工项目可计取
4	031302004001	二次搬运	分部分项合计+技术措施项目合计-分部分项设备费-技术措施项目设备费-税后独立费	0				

（续）

序号	项目编码	项目名称	基数说明	费率（%）	金额/元	调整费率（%）	调整后金额/元	备注
5	031302005001	冬雨季施工	分部分项合计+技术措施项目合计-分部分项设备费-技术措施项目设备费-税后独立费	0				
6	031302006001	已完工程及设备保护	分部分项合计+技术措施项目合计-分部分项设备费-技术措施项目设备费-税后独立费	0				
7	031302008001	临时设施	分部分项合计+技术措施项目合计-分部分项设备费-技术措施项目设备费-税后独立费	0				
8	031302009001	赶工措施	分部分项合计+技术措施项目合计-分部分项设备费-技术措施项目设备费-税后独立费	0				
9	031302010001	按质论价	分部分项合计+技术措施项目合计-分部分项设备费-技术措施项目设备费-税后独立费	0				
10	031302011001	住宅分户验收	分部分项合计+技术措施项目合计-分部分项设备费-技术措施项目设备费-税后独立费	0				在计取住宅分户验收时，大型土石方工程、桩基工程和地下室部分不计入计费基础
		合　计			8322.94			

（8）计算其他项目费

其他项目清单与计价见表 7-17。

表 7-17　其他项目清单与计价汇总表

单位工程：自动喷水灭火系统

序　号	项目名称	金额/元	结算金额/元	备　注
1	暂列金额			明细详见表 7-18
2	暂估价			
2.1	材料（工程设备）暂估价	-		明细详见表 7-19
2.2	专业工程暂估价			明细详见表 7-20
3	计日工			明细详见表 7-21
4	总承包服务费			明细详见表 7-22
5	索赔与现场签证			明细详见表 7-23
	合　计			

1）计算暂列金额，见表 7-18。

表 7-18　暂列金额明细表

单位工程：自动喷水灭火系统

序　号	名　　称	计量单位	暂定金额/元	备　注
	合　计			

2）计算材料（工程设备）暂估价，见表 7-19。

表 7-19　材料（工程设备）暂估单价及调整表

单位工程：自动喷水灭火系统

序号	材料编码	材料（工程设备）名称、规格、型号	计量单位	数量		暂估/元		确认/元		差额±/元		备注
				暂估	确认	单价	合价	单价	合价	单价	合价	
合计												

3）计算专业工程暂估价，见表 7-20。

表 7-20　专业工程暂估价及结算价表

单位工程：自动喷水灭火系统

序　号	工程名称	工程内容	暂估金额/元	结算金额/元	差额±/元	备　注
	合　计					—

4）计算计日工，见表 7-21。

表 7-21　计日工表

单位工程：自动喷水灭火系统

编号	项 目 名 称	单　　位	暂 定 数 量	实 际 数 量	单价/元	合价/元	
						暂定	实际
1	人工						
1.1							
人工小计							
2	材料						
2.1							
材料小计							
3	机械						
3.1							
机械小计							
4	企业管理费和利润						
4.1							
企业管理费和利润小计							
总计							

5）计算总承包服务费，见表 7-22。

表 7-22　总承包服务费计价表

单位工程：自动喷水灭火系统

序　　号	项 目 名 称	项目价值/元	服 务 内 容	计 算 基 础	费率（%）	金　　额
合　　计						

6）计算索赔及现场签证，见表 7-23。

表 7-23　索赔及现场签证计价汇总表

单位工程：自动喷水灭火系统

序　　号	索赔及签证项目名称	计 量 单 位	数　　量	单价/元	合价/元	签证及索赔依据
本页小计						—
合　　计						—

注：签证及索赔依据是指经双方认可的签证单和索赔依据的编号。

7）计算规费、税金，见表 7-24。

表 7-24　规费、税金项目清单与计价表

单位工程：自动喷水灭火系统

序号	项目名称	计算基础	计算基数	计算费率（%）	金额/元
1	规费	工程排污费+社会保险费+住房公积金			16445.02
1.1	社会保险费	分部分项工程+措施项目+其他项目-分部分项设备费-技术措施项目设备费-税后独立费	563185.28	2.4	13516.45
1.2	住房公积金	分部分项工程+措施项目+其他项目-分部分项设备费-技术措施项目设备费-税后独立费	563185.28	0.42	2365.38
1.3	工程排污费	分部分项工程+措施项目+其他项目-分部分项设备费-技术措施项目设备费-税后独立费	563185.28	0.1	563.19
2	税金	分部分项工程+措施项目+其他项目+规费-（甲供材料费+甲供主材费+甲供设备费）/1.01-税后独立费	579630.3	9	52166.73
	合　　计				68611.75

（9）计算工程总造价

单位工程投标投价汇总表格式见表 7-25。

表 7-25　单位工程投标报价汇总表

单位工程：自动喷水灭火系统

序　号	汇总内容	金额/元	其中：暂估价/元
1	分部分项工程	545724.29	
1.1	人工费	158647.6	
1.2	材料费	284502.96	
1.3	施工机具使用费	16988.99	
1.4	企业管理费	63455.2	
1.5	利润	22187.84	
2	措施项目	17460.99	
2.1	单价措施项目费	9138.05	
2.2	总价措施项目费	8322.94	
	其中：安全文明施工措施费	8322.94	
3	其他项目		—
3.1	其中：暂列金额		—
3.2	其中：专业工程暂估价		—
3.3	其中：计日工		—

（续）

序　号	汇 总 内 容	金额/元	其中：暂估价/元
3.4	其中：总承包服务费	—	—
4	规费	16445.02	—
5	税金	57963.03	—
6	工程造价	637593.33	—
投标报价合计＝1＋2＋3＋4＋5－甲供材料费（含设备/1.01）		637593.33	0

（10）编写施工图预算编制说明

施工图预算编制说明一般包括以下内容：

1）编制预算时所采用的施工图名称、工程编号、标准图集以及设计变更情况。

2）采用的预算定额及名称。

3）费用定额或地区发布的动态调价文件等资料。

4）其他有关说明，通常是指在施工图预算中无法表示，需要用文字补充说明的。例如分项工程定额中需要的材料无货，需用其他材料代替，其价格待结算时另行调整，就需要用文字补充说明。

（11）编制主要材料表

主要材料表可根据未计价材料计算表整理而成，见表 7-26。

表 7-26　主要材料、设备价格表

单位工程：自动喷水灭火系统

序号	编码	名　　称	规格型号	单位	数量	单价/元	合价/元
1	01270101-1	型钢		kg	4770	4.32	20606.4
2	11030304	红丹防锈漆		kg	94.95	10.38	985.58
3	11112521-1	银粉漆		kg	21.6	10.38	224.21
4	14030303@1	热镀锌钢管	DN25	m	1754.4	11.67	20473.85
5	14030303@2	热镀锌钢管	DN32	m	1517.76	15.06	22857.47
6	14030303@3	热镀锌钢管	DN40	m	671.16	18.48	12403.04
7	14030303@4	热镀锌钢管	DN50	m	831.3	23.47	19510.61
8	14030303@5	热镀锌钢管	DN65	m	211.14	31.93	6741.7
9	14030303@6	热镀锌钢管	DN80	m	275.4	40.11	11046.29
10	14030303@7	热镀锌钢管	DN100	m	529.8048	52.22	27666.41
11	14030303@8	热镀锌钢管	DN125	m	58.254	64.56	3760.88
12	14030303@9	热镀锌钢管	DN150	m	474.9234	85.72	40710.43
13	14210102@1	金属波纹管	DN150	个	1	259.43	259.43
14	15020301@1	镀锌钢管接头零件	DN25	个	1243.56	2.86	3556.58
15	15020301@2	镀锌钢管接头零件	DN32	个	1200.816	5.08	6100.15
16	15020301@3	镀锌钢管接头零件	DN40	个	804.734	5.93	4772.07
17	15020301@4	镀锌钢管接头零件	DN50	个	760.395	12.97	9862.32

（续）

序号	编 码	名 称	规格型号	单位	数量	单价/元	合价/元
18	15020301@5	镀锌钢管接头零件	DN70	个	184.437	14.87	2742.58
19	15020301@6	镀锌钢管接头零件	DN80	个	223.02	23.52	5245.43
20	16150505	自动排气阀	DN25	个	2	43.24	86.48
21	16250109@1	泄水阀	DN65	个	4	129.72	518.88
22	16250109@2	球墨铸铁明杆闸阀	DN65	个	9	302.67	2724.03
23	16250113@1	信号蝶阀	DN150	个	13	241.27	3136.51
24	16310105@1	螺纹截止阀	DN25	个	2	43.24	86.48
25	16410101@1	末端试水装置	DN25	组	13	103.77	1349.01
26	16413521@1	沟槽式止回阀	DN100	个	1	415.09	415.09
27	16413521@2	沟槽式球墨铸铁明杆闸阀	DN100	个	2	475.63	951.26
28	17010901	平焊法兰		片	16	45.83	733.28
29	17010901@1	平焊法兰	DN150	片	26	45.83	1191.58
30	20130101@1	水流指示器	DN150	套	13	276.73	3597.49
31	20210101@1	直立型标准喷头	ZSTZ15/68	个	1530.15	6.05	9257.41
32	20450315@1	减压孔板	DN150、d45mm	个	1	69.18	69.18
33	20450315@2	减压孔板	DN150、d50mm	个	3	69.18	207.54
34	20450315@3	减压孔板	DN150、d55mm	个	1	69.18	69.18
35	20450315@4	减压孔板	DN150、d65mm	个	1	69.18	69.18
36	20450315@5	减压孔板	DN150、d60mm	个	1	69.18	69.18
37	20450315@6	减压孔板	DN150、d75mm	个	1	69.18	69.18
38	26210704@1	沟槽式夹箍	DN100	副	6	10.38	62.28
39	补充主材001@1	沟槽式管件	DN100	个	207.36	30.2671	6276.19
40	补充主材002	沟槽式管件	DN125	个	17.1	34.5909	591.5
41	补充主材003	沟槽式管件	DN150	个	139.41	43.2387	6027.91
合　　计							257084.25

注：此表里面的单价为不含税单价。

（12）设计封面，装订成册

施工图预算封面通常需要填写的内容有：工程名称、编制单位及日期。扉页通常需要填写的内容有：工程名称、投标总价、编制单位、编制人及日期等。

最后，把封面，扉页，编制说明，工程项目总价表，单项工程费汇总表，单位工程费汇总表，分部分项工程和单价措施项目清单与计价表，综合单价分析表，总价措施项目清单与计价表，其他项目清单与计价汇总表，规费、税金项目清单与计价表，主要材料设备价格表，按以上顺序编排并装订成册，编制人员签字盖章，再请有关单位审阅、签字并加盖单位公章后，便完成编制工作。

3. 关于"预算实例"编制的说明

1）预算编制结束后，要以生成顺序反向排列，整理装订成册。

2）预算编制过程如费用计算过程、工程量计算过程等一般不纳入预算文件。

3）对于一些工程量较大、涉及专业多的工程，施工图预算一般要求编制主要材料表，有的还需进行工料分析和"两算"对比（与施工预算对比）。

4）施工图预算编制完成后，需经有关部门审核。关于施工图预算审查的知识在下一节进行详细介绍。

7.5.2　编制实例（二）

图 7-5 所示为某仓库的消防自动喷水灭火系统图。该系统采用无吊顶 $DN15$ 水喷头，在水管上装有安全信号阀和水流指示器，在立管底部装有安全信号总阀和湿式报警阀。自动喷水灭火系统采用镀锌钢管，安装喷头前对管网进行水冲洗。该系统采用单级离心泵从院内消防给水管网直接抽水供给方式，并配有 $DN100$ 地上式消防水泵接合器一套。系统末端有试水装置，检验系统水压。

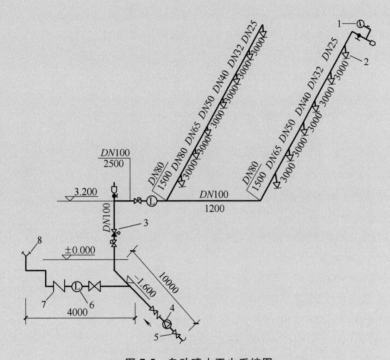

图 7-5　自动喷水灭火系统图

1—末端试水装置　2—喷头　3—湿式报警阀　4—消防水泵接合器　5—低压法兰阀门
6—水流指示器　7—低压安全阀　8—消防水泵

1. 划分工程项目

根据《建筑工程施工质量验收统一标准》（GB50300—2013），建筑工程质量验收应划分为单位（子单位）工程、分部（子分部）工程、分项工程和检验批的质量验收。

（1）单位工程的划分原则

1）具备独立施工条件并能形成独立使用功能的建筑物及构筑物为一个单位工程。

2）建筑规模较大的单位工程，可将其能形成独立使用功能的部分为一个子单位工程。

（2）分部工程的划分原则

1）分部工程的划分应按专业性质、建筑部位确定。

2）当分部工程较大或较复杂时，可按材料种类、施工特点、施工程序、专业系统及类别等划分若干子分部工程。

3）分项工程应按主要工程、材料、施工工艺、设备类别等进行划分。

以建设一所学校为例。建设项目：一所学校；单项工程：一栋教学楼；单位工程：土建、采暖、电气等；分部工程：主体工程、门窗工程、屋面工程等；分项工程：内墙、外墙等。因此，本案例自动喷水灭火系统属于单位工程。

2. 计算自动喷水灭火系统的清单工程量

（1）工程量计算

1）水喷淋镀锌钢管 DN100：22.5m。

分析图 7-5 可知，DN100 水喷淋镀锌钢管工程量包括：一条引入管的水平长度 10m，2 根立管长度 3.2m 和 1.6m，连接消防水泵接合器的水平距离 4m，另外，还包括横干管的水平长度分别为 2.5m 和 1.2m。则水喷淋镀锌钢管 DN100 的工程量为：（10+3.2+1.6+4+2.5+1.2）m＝22.5m。

2）水喷淋镀锌钢管 DN80：6m。

分析图 7-5 可知，水喷淋镀锌钢管 DN80 的工程量为：（1.5×2+3）m＝6m。

3）水喷淋镀锌钢管 DN70：6m。

分析图 7-5 可知，水喷淋镀锌钢管 DN65 的工程量为：（3+3）m＝6m。

4）水喷淋镀锌钢管 DN50：6m。

分析图 7-5 可知，水喷淋镀锌钢管 DN50 的工程量为：（3+3）m＝6m。

5）水喷淋镀锌钢管 DN40：6m。

分析图 7-5 可知，水喷淋镀锌钢管 DN40 的工程量为：（3+3）m＝6m。

6）水喷淋镀锌钢管 DN32：6m。

分析图 7-5 可知，水喷淋镀锌钢管 DN32 的工程量为：（3+3）m＝6m。

7）水喷淋镀锌钢管 DN25：6m。

分析图 7-5 可知，水喷淋镀锌钢管 DN25 的工程量为：（3+3）m＝6m。

8）无吊顶 DN15 水喷头：13 个。

9）湿式报警器 DN100：1 组。

10）水流指示器（法兰连接）DN100：1 个。

11）末端试水装置 DN25：1 组。

12）低压安全阀（安全信号阀）DN100：2 个。

13）低压法兰截止阀 DN100：2 个。

14）低压法兰止回阀 DN100：1 个。

15）地上式消防水泵接合器 DN100：1 套。

16）消防水泵：1 台（单级离心式，设备质量 1.5t）。

（2）列出工程量清单表

工程量清单见表 7-27。

表 7-27　工程量清单

序号	项 目 编 码	项 目 名 称	项目特征描述	计 量 单 位	工程量
1	030701001001	水喷淋镀锌钢管 DN100	室内安装，给水系统，镀锌钢管，DN100，螺纹连接，管网水冲洗	m	22.5
2	030701001002	水喷淋镀锌钢管 DN80	室内安装，给水系统，镀锌钢管，DN80，螺纹连接，管网水冲洗	m	6

（续）

序号	项目编码	项目名称	项目特征描述	计量单位	工程量
3	030701001003	水喷淋镀锌钢管 DN70	室内安装，给水系统，镀锌钢管，DN65，螺纹连接，管网水冲洗	m	6
4	030701001004	水喷淋镀锌钢管 DN50	室内安装，给水系统，镀锌钢管，DN50，螺纹连接，管网水冲洗	m	6
5	030701001005	水喷淋镀锌钢管 DN40	室内安装，给水系统，镀锌钢管，DN40，螺纹连接，管网水冲洗	m	6
6	030701001006	水喷淋镀锌钢管 DN32	室内安装，给水系统，镀锌钢管，DN32，螺纹连接，管网水冲洗	m	6
7	030701001007	水喷淋镀锌钢管 DN25	室内安装，给水系统，镀锌钢管，DN25，螺纹连接，管网水冲洗	m	6
8	030701011001	水喷头	无吊顶 DN15 水喷头	个	13
9	030701012001	报警装置	湿式报警器 DN100	组	1
10	030701014001	水流指示器	法兰连接，DN100	个	1
11	030701016001	末端试水装置	DN25	组	1
12	030701007001	法兰阀门	低压安全阀 DN100	个	2
13	030701007002	法兰阀门	低压法兰截止阀 DN100	个	2
14	030701007003	法兰阀门	低压法兰止回阀 DN100	个	1
15	030701019001	消防水泵接合器	地上式消防水泵接合器 DN100	套	1
16	030109001001	消防水泵	单级离心式，设备重量 1.5t	台	1

表中项目编码根据《建设工程工程量清单计价规范》（GB50500—2013）选取前 9 位。

3. 套定额

根据《通用安装工程消耗量定额》（TY02-31—2015）套用定额，定额工程量如下：

（1）水喷淋镀锌钢管 DN100

共 22.5m，套用定额 7-73，计量单位：10m。

（2）水喷淋镀锌钢管 DN80

共 6m，套用定额 7-72，计量单位：10m。

（3）水喷淋镀锌钢管 DN65

共 6m，套用定额 7-71，计量单位：10m。

（4）水喷淋镀锌钢管 DN50

共 6m，套用定额 7-70，计量单位：10m。

（5）水喷淋镀锌钢管 DN40

共 6m，套用定额 7-69，计量单位：10m。

（6）水喷淋镀锌钢管 DN32

共 6m，套用定额 7-68，计量单位：10m。

（7）水喷淋镀锌钢管 *DN25*

共 6m，套用定额 7-67，计量单位：10m。

（8）*DN100* 自动喷水灭火系统管网冲洗

共 22.5m，套用定额 7-135，计量单位：100m。

（9）*DN80* 自动喷水灭火系统管网冲洗

共 6m，套用定额 7-134，计量单位：100m。

（10）*DN65* 自动喷水灭火系统管网冲洗

共 6m，套用定额 7-133，计量单位：100m。

（11）*DN50* 自动喷水灭火系统管网冲洗

共 24m，包括 *DN40* 管 6m，*DN32* 管 6m，*DN25* 管 6m，套用定额 7-132，计量单位：100m。

（12）无吊顶 *DN15* 水喷头

共 13 个，套用定额 7-76，计量单位：10 个。

（13）湿式报警器 *DN100*

共 1 组，套用定额 7-80，计量单位：组。

（14）水流指示器 *DN100*，法兰连接

共 1 个，套用定额 7-94，计量单位：个。

（15）末端试水装置 *DN25*

共 1 组，套用定额 7-102，计量单位：组。

（16）低压安全阀 *DN100*

共 2 个，套用定额 6-1342，计量单位：个。

（17）低压法兰阀门 *DN100*

共 3 个，包括 2 个低压法兰截止阀，1 个低压法兰止回阀，套用定额 6-1278，计量单位：个。

（18）地上式消防水泵接合器 *DN100*

共 1 套，套用定额 7-123，计量单位：套。

（19）消防水泵（单级离心式，设备质量 1.5t）

共 1 台，套用定额 1-793，计量单位：套。

4. 计算直接费

直接费见表 7-28。

表 7-28　直接费

序号	定额编号	分项工程名称	计量单位	工程量	基价/元	其中/元			合价/元
						人工费	材料费	机械费	
1	7-73	水喷淋镀锌钢管 *DN100*	10m	2.25	100.95	76.39	15.30	9.26	227.14
2	7-72	水喷淋镀锌钢管 *DN80*	10m	0.60	96.80	67.80	18.53	10.47	58.08
3	7-71	水喷淋镀锌钢管 *DN65*	10m	0.60	83.85	57.82	16.79	9.24	50.31
4	7-70	水喷淋镀锌钢管 *DN50*	10m	0.60	74.04	52.01	12.86	9.17	44.42
5	7-69	水喷淋镀锌钢管 *DN40*	10m	0.60	73.14	49.92	12.96	10.26	43.88
6	7-68	水喷淋镀锌钢管 *DN32*	10m	0.60	59.24	43.89	8.53	6.82	35.54
7	7-67	水喷淋镀锌钢管 *DN25*	10m	0.60	53.50	42.26	6.77	4.47	32.10

（续）

序号	定额编号	分项工程名称	计量单位	工程量	基价/元	其中/元			合价/元
						人工费	材料费	机械费	
8	7-135	DN100 自动喷水灭火系统管网冲洗	100m	0.23	216.18	64.55	140.65	10.98	49.72
9	7-134	DN80 自动喷水灭火系统管网冲洗	100m	0.06	181.07	64.55	108.22	8.30	10.86
10	7-133	DN65 自动喷水灭火系统管网冲洗	100m	0.06	163.07	64.55	90.89	7.63	9.78
11	7-132	DN50 以内自动喷水灭火系统管网冲洗	100m	0.06	137.09	58.75	72.05	6.29	8.23
12	7-76	无吊顶 DN15 水喷头	10 个	1.30	60.71	36.39	20.19	4.13	78.92
13	7-80	湿式报警器（DN100）安装	组	1	530.74	159.99	341.07	29.68	530.74
14	7-94	水流指示器 DN100（法兰连接）	个	1	89.32	34.60	42.37	12.35	89.32
15	7-102	末端试水装置 DN25	组	1	83.39	35.06	46.05	2.28	83.39
16	6-1342	低压安全阀 DN100	个	2	52.13	33.30	14.23	4.60	104.26
17	6-1278	低压法兰阀门 DN100	个	3	30.61	19.64	7.32	3.65	91.83
18	7-123	地上式消防水泵接合器 DN100	套	1	182.22	48.53	128.38	5.31	182.22
19	1-793	消防水泵（单级离心式）	台	1	537.65	334.83	155.59	47.23	537.65
合计						1172.05	919.04	177.32	2268.41

5. 工程造价

（1）工程造价各项取费

各省工程造价的取费定额均不相同，以江苏省为例，根据《江苏省建设工程费用定额》苏建价〔2014〕299号及相关管理部门的规定，本项目为二类安装项目，各项取值如下：企业管理费率43%，利润率14%；由于本项目较小，措施费仅取临时设施费0.6%，现场安全文明施工措施基本费率1.4%；其他项目费用取1%；规费包括工程排污费、社会保险费和住房公积金。取工程排污费0.1%，社会保险费率2.2%，住房公积金费率0.38%；税金税率依据建标〔2013〕44号文，按市区企业综合税率计算得3.47%。根据苏建价〔2014〕299号文，工程设备是指房屋建筑及其配套的构成或计划构成永久工程一部分的机电设备、金属结构设备、仪器装置等建筑设备，包括附属工程中电气、采暖、通风空调、给排水、通信及建筑智能等为房屋功能服务的设备，不包括工艺设备。具体划分标准见《建设工程计价设备材料划分标准》（GB/T 50531—2009）。明确由建设单位提供的建筑设备，其设备费用不作为计取税金的基数。本案例中假设工程设备费为零。

（2）工程造价计算

工程量清单法计算程序（包工包料）见表7-29。

表 7-29 工程量清单法计算程序

序号	费用名称		计算公式	费用/元
一	分部分项工程费用			3037.55
	其中	1. 人工费	人工消耗量×人工单价	1172.05
		2. 材料费	材料消耗量×材料单价	919.04
		3. 施工机具使用费	机械消耗量×机械单价	177.32
		4. 企业管理费	(1+3)×费率	(1172.05+177.32)×43%=580.23
		5. 利润	(1+3)×费率	(1172.05+177.32)×14%=188.91
二	措施项目费			60.75
	其中	单价措施项目费	清单工程量×综合单价	0
		总价措施项目费	(分部分项工程费+单价措施项目费-工程设备费)×费率或以项计费	3037.55×(0.6%+1.4%)=60.75(措施费率和现场安全文明施工费率)
三	其他项目费用		分部分项工程费用×费率%	3037.55×1%=30.38
四	规费			83.84
	其中	1. 工程排污费	(一+二+三-工程设备费)×费率	(3037.55+60.75+30.38)(0.1%+2.2%+0.38%)=83.84
		2. 社会保险费		
		3. 住房公积金		
五	税金		(一+二+三+四-按规定不计税的工程设备金额)×综合税率	(3037.55+60.75+30.38+83.84)×3.47%=111.47
六	工程造价		一+二+三+四+五	3037.55+60.75+30.38+83.84+111.47=3323.99

6. 预算编制说明

（1）工程概况

某仓库的消防自动喷水系统。

（2）编制依据

1）《建筑工程施工质量验收统一标准》（GB50300—2013）。

2）《建设工程工程量清单计价规范》（GB50500—2013）。

3）《建筑安装工程费用项目组成》（建标〔2013〕44号）。

4）《江苏省建设工程费用定额》苏建价〔2014〕299号。

5）《全国统一安装工程预算定额》第七册《消防及安全防范设备安装工程》（GYD-207—2000）。

7.6 施工图预算审查

7.6.1 施工图预算审查的作用

施工图预算是以施工图设计文件为依据，按照规定的程序、方法和依据，在工程施工前对工程项目的工程费用进行的预测和计算。施工图预算的成果文件称为施工图预算书，也简称施工图预算，它是在施工图设计阶段对工程建设所需资金作出较精确计算的设计文件。施工图预算价格既可以是按照政府统一规定的预算单价、取费标准、计价程序计算而得到的属于计划或预期性质的施工图预算价格，也可以是通过招标投标法定程序后施工企业根据自身的实力，即企业定额、资源市场单价以及市场供求及竞争状况计算得到的反映市场性质的施工图预算价格。

施工图预算是建设单位在施工期间安排建设资金计划和使用建设资金的依据；施工图预算可作为建设单位确定合同价款、拨付进度款及办理贯彻结算的基础。施工图预算是施工单位进行施工准备的依据，是施工单位在施工前组织材料、机具、设备及劳动力供应的重要参考，是施工单位编制进度计划、统计完成工作量、进行经济核算的参考依据。

因此施工图预算的准确与否关系重大，且牵涉面广泛。施工图预算编制之后，必须认真进行审核。加强施工图预算的审核，对于提高预算的准确性，正确贯彻党和国家的有关方针政策，降低贯彻造价具有重要的现实意义。施工图预算的审核有利于控制贯彻造价，克服和防止预算超概算；有利于加强固定资产投资管理，节约建设资金；有利于施工承包合同价的合理确定和控制；有利于积累和分析各项技术经济指标，不断提高设计水平。

7.6.2　施工图预算审查的内容

施工图预算审查的重点是工程量计算是否准确，定额套用、各项取费标准是否符合现行规定或单价计算是否合理等方面。

1. 工程量的审查

（1）审查工程量计算规则与计价规范规则或定额规则的一致性，有无重复计算和漏算的地方。例如计算室内水灭火系统管道工程量，计算规则规定按设计管道中心长度计算，不扣除阀门、管件及各种组件所占长度。若预算在计算管道工程量时扣除阀门、管件、组件长度，则少算了工程量，是错误的做法，应予以纠正。再如，室外排水管道工程量计算规则规定，检查井和连接井所占的长度应扣除。若在计算工程量时没有扣除其所占长度，则多算了工程量，应予以纠正。

（2）审查工程量计算的准确性。工程量的计算是否符合施工图等资料标示的尺寸。设计说明遗漏或模糊不清时，缺乏现场施工管理经验、施工常识的施工图预算编制人员常常会出现遗漏现象，这种情况要尽量避免。

2. 定额或单价套用的审查

1）预算中所列的各分项工程单位是否与预算定额的单位相符合。例如，水灭火系统管道工程量计算单位定额规定为扩大单位"10m"，如果预算中采用单位为"m"，则是错误的。

2）工程设计的型号、规格等与预算定额的型号、规格不一致时，是否将定额进行了调整。

3）是否重复套用定额。

4）对补充定额和单位计价表的使用应审核补充定额是否符合编制原则，单位计价表计算是否正确。

3. 其他有关费用的审查

1）审查施工图预算的编制是否符合现行国家、行业、地方政府有关法律、法规和规定要求。

2）审查施工图预算是否按本项目的施工图设计资料、有关定额、施工组织设计、有关造价文件规定和技术规范规程等。

3）各种计价依据使用是否恰当，各项费率计取是否正确。

4）审查各种要素市场价格选用是否合理。

5）预算外调增的材料价差是否计取费用；直接费或人工费增减后，以其为计算基数的有关费用、利润、税金等是否做了相应调整。

6）有无将定额中不计价材料、不需要安装的设备等放入直接费，计取、企业管理费、利润、规费和税金。

7）有无巧立名目、乱摊费用的情况。

8）税金的计取基础和费率是否符合当地有关部门的现行规定，有无多算或重算等。

7.6.3 施工图预算审查的方法

施工图预算审查是合理确定工程造价的必要程序及重要组成部分，但由于施工图预算的审核对象不同，或要求进度不同，或投资规模不同，对施工图的审核方法也不一样。施工图预算的审查方法有全面审查法、标准预算审查法、分组计算审查法、对比审查法、筛选审查法、重点审查法，分解对比审查法等。

1. 全面审查法

全面审查法又称逐项审查法，即按定额顺序或施工顺序，对各项规程细目逐项全面详细审查的一种方法。该方法优点是全面、细致，审查质量高、效果好，缺点是工作量大，时间较长。这种方法适合于一些工程量较小、工艺比较简单的工程。

2. 标准预算审查法

标准预算审查法就是对利用标准图或通用图施工的工程，先集中力量编制标准预算，以此为准来审查工程预算的一种方法。按标准设计图施工的工程，一般上部结构和做法相同，只是根据现场施工条件或地质情况不同，仅对基础部分做局部改变。凡这样的工程，以标准预算为准，对局部修改部分单独审查即可，不需逐一详细审查。该方法的优点是时间短、效果好、易定案；缺点是适用范围小，仅适用于采用标准图的工程。

3. 分组计算审查法

分组计算审查法就是把预算中有关项目按类别划分若干组，利用同组中的一组数据审查分项工程量的一种方法。这种方法首先将若干分部分项工程按相邻且有一定内在联系的项目进行编组，利用同组分项工程间具有相同或相近计算基数的关系，审查一个分项工程数据，由此判断同组中其他几个分项工程的准确程度。如一般的建筑工程中可将底层建筑面积编为一组，先计算底层建筑面积或楼（地）面面积，从而得知楼面找平层、天棚抹灰的工程量等，以此类推。该方法特点是审查速度快、工作量小。

4. 对比审查法

对比审查法是当工程条件相同时，用已完工程的预算或未完但已经过审查修正的工程预算对比审查拟建工程的同类工程预算的一种方法。采用该方法一般须符合下列条件。

1）拟建工程与已完工程或在建工程预算采用同一施工图，但基础部分和现场施工条件不同，则相同部分可采用对比审查法。

2）工程设计相同，但建筑面积不同，两工程的建筑面积之比与两工程各分部分项工程量之比大体一致。由此可按分项工程量的比例，审查拟建工程各分部分项工程的工程量，或用两工程每平方米建筑面积造价、每平方米建筑面积的各分部分项工程量对比进行审查。

3）两工程面积相同，但设计图纸不完全相同，则相同的部分，如厂房中的柱子、屋架、屋面、砖墙等，可进行工程量的对照审查。对不能对比的分部分项工程可按施工图计算。

5. 筛选审查法

"筛选"是能较快发现问题的一种方法。不同的建筑工程面积和高度虽然不同，但其各分部分项工程是单位建筑面积指标变化却不大。将这样的分部分项工程加以汇集、优选，找出其单位建筑面积工程量、单价、用工的基本数值，归纳为工程量、价格、用工三个单方基本指标，并注明基本指标的适用范围。用这些基本指标来筛选各分部分项工程，对不符合条件的应进行详细审查，若审查对象的预算标准与基本指标的标准不符，就应对其进行调整。

筛选法的优点是简单易懂，便于掌握，审查速度快，便于发现问题。但问题出现的原因尚需继续审查。该方法适用于住宅工程或不具备全面审查条件的工程。

6. 重点审查法

重点审查法就是抓住施工图预算中的重点进行审核的方法。审查的重点一般是工程量大或者造价较高的各种工程、补充定额、计取的各项费用（计费基础、取费标准）等。重点审查法的优点是突出重点，审查时间短、效果好。

总之，在审核施工图预算时，可根据审核内容，机动灵活地运用审核方法，对其进行取长补短，高效率、高质量地将预算中不合理部分清除，补充完善预算内容，准确计算工程量，合理确定定额单价，以达到合理确定工程造价的目的。

思考与练习

1. 《通用安装工程消耗量定额》（TY02-31—2015）和《江苏省安装工程计价定额》（2014版）中水灭火系统的安装室内外界限如何划分？喷头的安装包括哪些工作内容？

2. 定额中未计价的材料费指的是什么？

3. 施工图预算审核的方法有哪些？

第8章

工程量清单及工程量清单计价

工程量清单是表现拟建工程的分部分项工程项目、措施项目、其他项目、规费项目和税金项目的名称和相应数量的明细清单。它应反映拟建工程的全部工程内容和为实现这些工程内容而进行的一切工作，应由具有编制能力的招标人或有相应资质的工程造价咨询人编制。

工程量清单计价是指投标人完成由招标人提供的工程量清单所需的全部费用，包括分部分项工程费、措施项目费、其他项目费、规费和税金。工程量清单计价方式，是在建设工程招标投标中，招标人自行或委托具有资质的中介机构编制反映工程实体消耗和措施性消耗的工程量清单，并作为招标文件的一部分提供给投标人，由投标人依据工程量清单自主报价的计价方式。在工程招标中采用工程量清单计价是国际上较为通行的做法。

工程量清单计价的特点体现在以下几个方面：

（1）统一的计价规则

通过制定统一的建设工程工程量清单计价方法、统一的工程量计量规则、统一的工程量清单项目设置规则，达到规范计价行为的目的。

（2）有效控制消耗量

通过由政府发布统一的社会平均消耗量指导标准，为企业提供一个社会平均尺度，避免企业盲目或随意大幅度减少或增加消耗量，从而达到保证工程质量的目的。

（3）彻底放开价格

将工程消耗量定额中的工、料、机价格和利润、管理费全面放开，由市场的供求关系自行确定价格。

（4）企业自主报价

投标企业根据自身的技术特长、材料采购渠道和管理水平等，制定企业自己的报价定额，自主报价。

（5）市场有序竞争形成价格

通过建立与国际惯例接轨的工程量清单计价模式，引入充分竞争形成价格的机制，制定衡量投标报价合理性的基础标准，在投标过程中，有效引入竞争机制，淡化标底的作用，在保证质量、工期的前提下，按我国《招标投标法》及有关条款规定，最终以"不低于成本"的合理低价者中标。

本章将对工程量清单及工程量清单计价进行详细阐述。

8.1 基本概念

8.1.1 工程量清单

所谓工程量清单，就是载明建设工程的分部分项工程项目、措施项目、其他项目、规费项目和税金项目的名称和相应数量的明细清单，是按照招标要求和施工设计图要求对拟建招标工程的全部项目和内容，依据统一的工程量计算规则、统一的工程量清单项目编制规则要求，计算拟建招标工程的分部分项工程数量的表格。

招标工程量清单是招标人依据国家标准、招标文件、设计文件以及施工现场实际情况编制的，随招标文件发布供投标报价的工程量清单。招标工程量清单应由具有编制能力的招标人或受其委托，具有相应资质的工程造价咨询人或招标代理人编制。

招标工程量清单是工程量清单计价的基础，应作为编制招标控制价、投标报价、计算工程量、工程索赔等的依据之一。

招标工程量清单必须作为招标文件的组成部分，其准确性和完整性由招标人负责。招标工程量清单体现了招标人要求投标人完成的工程及相应的工程数量，全面反映了投标报价要求，是投标人进行报价的依据，是招标文件不可分割的一部分。招标工程量清单最基本的功能是作为信息的载体，以便投标人能对工程有全面充分的了解。从这个意义上讲，工程量清单的内容应全面、准确。

合理的清单项目设置和准确的工程数量是清单计价的前提和基础。对于招标人来讲，工程量清单是进行投资控制的前提和基础，工程量清单编制的质量直接关系和影响工程建设的最终结果。

招标工程量清单是由招标人发出的一套注有拟建工程各实物工程名称、性质、特征、单位、数量及开办项目、税费等相关表格的文件。在理解工程量清单的概念时，首先，应注意到招标工程量清单是一份由招标人提供的文件，编制人是招标人或其委托的工程造价咨询单位；其次，在性质上说，招标工程量清单是招标文件的组成部分，一经中标且签订合同，即成为合同的组成部分，因此，无论招标人还是投标人都应慎重对待；再次，工程量清单的描述对象是拟建工程，其内容涉及清单项目的性质、数量等，并以表格为主要表现形式。

工程量清单应由分部分项工程量清单、措施项目清单、其他项目清单、规费项目清单和税金项目清单组成。

1）分部分项工程量清单是以工程量清单为主体，按照计量、计价规范的要求，根据拟建工程施工图计算出来的工程数量实物清单。

2）措施项目清单是为完成工程项目施工，发生于该工程施工准备和施工过程中的技术、生活、安全、环境保护等方面的项目清单。例如脚手架搭拆费、二次搬运费等。

3）其他项目清单是上述两部分清单项目的必要补充，是指按照计量、计价规范的要求及招标文件和工程实际情况编制的具有预见性或者需要单独处理的费用项目，例如暂列金额等。

4）规费项目清单是根据国家法律、法规规定，由省级政府或者有关权力部门规定施工企业必须缴纳的、应计入建筑安装工程造价的费用清单。

5）税金项目清单是国家税法规定的应计入建筑安装工程造价内的营业税、城市维护建设税、教育费附加和地方教育附加的费用清单。

8.1.2　工程量清单计价

工程量清单计价是建设工程招标投标中，招标人或招标人委托具有资质的中介机构按照国家统一的工程量清单计价规范，由招标人列出工程数量作为招标文件的一部分提供给投标人，投标人依据工程量清单自主报价，经评审后确定中标的一种主要工程造价计价模式。

工程量清单计价办法的主旨就是在全国范围内，统一项目编码、统一项目名称、统一计量单位、统一工程量计算规则。在这四统一的前提下，由国家建设主管部门统一编制《建设工程工程量清单计价规范》（GB50500），作为强制性标准，在全国统一实施。

工程量清单计价按造价的形成过程分为两个阶段：第一阶段是招标人编制工程量清单及招标控制价，作为招标文件的组成部分；第二阶段由投标人根据工程量清单进行计价或报价。

8.1.3 工程量清单计价方式下的安装工程造价组成

采用工程量清单计价时，安装工程造价组成见表8-1。

表8-1 安装工程费组成（工程量清单计价）

安装工程费（工程量清单计价）	分部分项工程费		
	措施项目费	通用措施项目费	
		安装专业措施项目费	
	其他项目费	暂列金额	
		暂估价	
		计日工	
		总承包服务费	
	规费	工程排污费	
		住房公积金	
		社会保险费（养老保险费、医疗保险费、失业保险费、生育保险费、工伤保险费）	
	税金	营业税	
		城市维护建设税	
		教育费附加	
		地方教育附加	

1. 分部分项工程费

分部分项工程费是工程实体的费用，指为完成工程设计图所要求的工程所需费用。

2. 措施项目费

措施项目费是为完成工程项目施工，发生于该工程施工前和施工过程中技术、生活、安全等方面的非工程实体项目所需费用，包括安全文明施工措施费、夜间施工增加费、脚手架搭拆费等。

3. 其他项目费

（1）暂列金额

招标人在工程量清单中暂定并包括在合同价款中的一笔款项。用于施工合同签订时尚未确定或不可预见的材料、设备、服务的采购，施工中可能发生的工程变更，合同约定调整因素出现时工程价款调整以及发生的索赔、现场签证确认等的费用。

（2）暂估价

招标人在工程量清单中提供的用于支付必然发生但暂时不能确定价格的材料、工程设备的单价以及专业工程的金额。

（3）计日工

在施工过程中，承包人完成发包人提出的施工图以外的零星项目或工作，按合同中约定的综合单价计价的一种方式。

（4）总承包服务费

总承包人为配合协调发包人进行的专业工程分包，发包人自行采购的设备、材料等进行保管以及施工现场管理、施工资料汇总整理等服务所需的费用。

4. 规费

规费指省级政府以及省级有关权力部门规定必须交纳的，应计入建筑安装工程造价的费用，包括工程排污费、住房公积金、社会保险费等费用。

5. 税金

税金指国家税法规定的应计入建筑安装工程造价内的营业税、城市维护建设税、教育费附加和地方教育附加。

8.1.4　招标控制价

实行工程量清单招标后，由于招标方式的改变，标底保密这一法律规定已不能起到有效遏制哄抬标价的作用，因此，为避免造成国有资产流失，《建设工程工程量清单计价规范》规定，国有资金投资的工程建设项目，应实行工程量清单招标，招标人必须编制招标控制价。

8.1.5　消耗量定额

消耗量定额是由建设行政主管部门根据合理的施工组织设计，按照正常施工条件制定的，生产一个规定计量单位工程合格产品所需人工、材料、机械台班的社会平均消耗量标准。

消耗量定额与传统概念的预算定额的主要区别：消耗量定额反映的是人工、材料和机械台班的消耗量标准，适用于市场经济条件下建筑安装工程计价，体现了工程计价"量价分离"的原则；而传统的预算定额是计划经济的产物，"量价合一"，不利于新形势下工程造价的形成。

8.1.6　企业定额

企业定额是指由施工企业自行组织，主要根据企业的自身情况，包括人员素质、机械装备程度、技术、材料采购渠道和管理水平，以及有关工程造价资料制定的，在本企业内部使用的人工、材料和机械台班消耗量定额。

企业定额由企业自行编制，只限于本企业内部使用，是企业素质的一个标志。企业定额水平一般应高于国家现行定额，才能满足生产技术发展、企业管理和市场竞争的需要。

作为企业定额，必须体现以下特点：

1）企业定额各单项的平均造价要比社会平均价低，体现企业定额的先进合理性，至少要基本持平，否则，就失去企业定额的实际意义。

2）企业定额要体现本企业在某方面的技术优势，以及本企业的局部管理或全面管理方面的优势。

3）企业定额的所有单价都实行动态管理，要定期调查市场，定期总结本企业各方面业绩与资料，不断完善，及时调整，与建设市场紧密联系，不断提高竞争力。

4）企业定额要紧紧联系施工方案、施工工艺并与其能全面接轨。

企业定额只限于本企业内部使用，例如施工企业附属的加工厂、车间为了内部核算便利而编制的定额。至于对外实行独立核算的单位，如预制混凝土和金属构件厂、大型机械化施工公司、机械租赁站等，虽然它们的定额标准并不纳入建筑安装工程定额系列之内，但它们的生产服务活动与建设工程密切相关，因此，其定额标准、出厂价格、机械台班租赁价格等，都要按规定的程序和方法编制，经有关部门的批准才能在规定的范围内执行。

工程量清单报价时，企业尚无报价定额的，可参考使用造价管理部门颁布的建设工程消耗量定额。

8.2　招标工程量清单

8.2.1　概念

招标工程量清单是依据国家标准、招标文件、设计文件以及施工项目实际情况编制的，随招标文件发布供投标报价的工程量清单，包括其说明和表格。

招标工程量清单应由具有编制能力的招标人或受其委托的具有相应资质的工程造价咨询人或招标代理人进行编制，招标工程量清单必须作为招标文件的组成部分，其准确性和完整性由招标人负责。工程量清单应采用统一格式，一般由分部分项工程量清单、措施项目清单、其他项目清单、规费项目清单和税金项目清单组成。

为规范建设工程施工发承包计价行为，统一建设工程工程量清单的编制和计价方法，有关部门根据我国《建筑法》《合同法》《招标投标法》等法律法规，制定颁布了《建设工程工程量清单计价规范》（GB 50500—2013，以下简称《计价规范》）以及《房屋建筑与装饰工程工程量计算规范》（GB 50854—2013）、《市政工程工程量计算规范》（GB 50857—2013）、《园林绿化工程工程量计算规范》（GB 50858—2013）、《通用安装工程工程量计算规范》（GB50856—2013）等计量规范，适用于建设工程施工发承包计价活动。工程量清单的编制必须遵循这些规范。

8.2.2　一般规定

《计价规范》规定：

1）使用国有资金投资的建设工程施工发承包，必须采用工程量清单计价。

2）非国有资金投资的建设工程，宜采用工程量清单计价。

3）不采用工程量清单计价的建设工程，应执行《计价规范》除工程量清单等专门性规定外的其他规定。

4）工程量清单应采用综合单价计价。

5）措施项目费中的安全文明施工费必须按国家或省级、行业建设主管部门的规定计算，不得作为竞争性费用。

6）规费和税金必须按国家或省级、行业建设主管部门的规定计算，不得作为竞争性费用。

8.2.3　招标工程量清单的编制依据

编制工程量清单应依据：

1）《计价规范》和相关工程的国家计量规范。

2）国家或省级、行业建设主管部门颁发的计价依据和办法。

3）建设工程设计文件及相关资料。

4）与建设工程有关的标准、规范、技术资料。

5）拟定的招标文件。

6）施工现场情况、地勘水文资料、工程特点及常规施工方案。

7）其他相关资料。

8.2.4　招标工程量清单的格式及注意事项

根据《计价规范》的要求，工程量清单与计价宜采用统一的格式。工程计价表格的设置应满足工程计价的需要，方便使用。工程量清单的主要格式及编制注意事项介绍如下。

1. 封面与扉页及总说明

（1）封面与扉页

招标工程量清单封面与扉页格式如图 8-1、图 8-2 所示。

```
                    _____ 工程 _____

                      工程量清单报价




              招标人：_____ （单位签字盖章）

              法定代表人：_____ （签字盖章）

              造价工程师及注册证号：_____ （签字盖执业专用章）

              编制时间：_____
```

图 8-1　招标工程量清单封面

```
              _____ 工程工程量清单

   招标人：_____（单位盖章）          工程造价咨询人：_____（单位资质专用章）

   法定代表人                            法定代表人

   或其授权代表人：_____（签字或盖章）  或其授权代表人：_____（签字或盖章）

   编制人：_____（造价人员签字盖专用章） 复核人：_____（造价工程师签字盖专用章）

   编制时间：  年  月  日                 复核时间：  年  月  日
```

图 8-2　招标工程量清单扉页

封面与扉页应按规定的内容填写、签字、盖章，造价员编制的工程量清单应由负责审核的造价工程师签字、盖章。受委托编制的工程量清单，应有造价工程师签字、盖章以及工程造价咨询人盖章。

（2）总说明

总说明格式如图 8-3 所示。

总说明应按下列内容填写：

1）工程概况：建设规模、工程特征、计划工期、施工现场实际情况、交通运输情况、自然地理条件、环境保护要求等。

2）工程招标和分包范围。

总 说 明

工程名称：　　　　　　　　　　　　　　　　　　　第 页 共 页

＿＿＿＿＿工程工程量清单

图 8-3 总说明

3）工程量清单编制依据。

4）工程质量、材料、施工等的特殊要求。

5）其他需要说明的问题。

2. 分部分项工程量清单

分部分项工程量清单是表示拟建工程实体项目名称和相应数量的明细清单，清单中应载明项目编码、项目名称、项目特征、计量单位和工程数量。其格式见表 8-2。

表 8-2 分部分项工程量和单价措施项目清单与计价表

工程名称：　　　　　　　　　　标段：　　　　　　　　　第 页 共 页

序号	项目编码	项目名称	项目特征描述	计量单位	工程量	金额/元		
						综合单价	合价	其中
								暂估价
本页小计								
合计								

注：为计取规费等的使用，可在表中增设"其中：定额人工费"。

分部分项工程量清单必须根据相关工程现行的计量规范规定的统一的项目编码、统一的项目名称、统一的项目特征、统一的计量单位和统一的工程量计算规则进行编制，招标人必须按规定执行，不得因情况不同而变动。

分部分项工程量清单项目的设置是以形成工程实体为原则，清单项目的名称应按计量规范中规定的项目名称结合拟建工程的实际确定。项目必须包括完成实体部分的全部内容，如室内消火栓项目，实体部分指室内消火栓，完成该项目还应包括消火栓配件及支架的安装。

还有个别项目，既不形成工程实体，又不能综合在一个实物量中，如火灾自动报警系统、气体灭火系统等系统调试项目，是安装工程不可缺少的至关重要的内容，没有这个过程就无法进行验收，也不能保证系统的性能。因此《计价规范》规定系统调试项目作为工程量清单项目单列。

分部分项工程量清单的项目编码，采用 12 位阿拉伯数字表示。前 9 位为全国统一编码，编制分部分项工程量清单时应按《计价规范》附录中的相应编码设置，不得变动，后 3 位应根据拟建工程的工程量清单项目名称设置，同一招标工程的项目编码不得有重码。各级编码代表含义如下：

　　××　　　××　　　××　　　×××　　　×××
第一级　第二级　第三级　第四级　第五级

第一级表示专业工程代码（分两位），01 为房屋建筑与装饰工程，02 为仿古建筑工程，03 为通用安装工程，04 为市政工程，05 为园林绿化工程。

第二级表示附录分类顺序码（分两位），如 0309 表示通用安装工程附录 J "消防工程"。

第三级表示分部工程顺序码（分两位），如 030901 表示通用安装工程附录 J "消防工程"的第一节"水灭火系统"。

第四级表示分项工程"项目名称"顺序码（分三位），如 030901001 表示通用安装工程附录 J "消防工程"的第一节"水灭火系统"中的"水喷淋钢管"。

第五级表示拟建工程清单项目顺序码（分三位），由编制人依据项目特征和工程内容的区别，一般情况从 001 开始编制，如 030901×××。

分部分项工程量清单的项目名称，应按计量规范附录中的项目名称与项目特征，结合拟建工程的实际确定。若编制消防工程工程量清单出现《通用安装工程工程量计算规范》（GB50856—2013）附录中未包括的项目，编制人应作补充，并应报省级或行业工程造价管理机构备案；省级或行业工程造价管理机构应汇总报住房和城乡建设部标准定额研究所。补充项目的编码由《计价规范》的代码 03 与 B 和 3 位阿拉伯数字组成，并应从 03B001 起顺序编制，同一招标工程的项目不得重码。工程量清单中需附有补充项目的名称、项目特征、计量单位、工程量计算规则、工程内容。

清单项目名称应严格按照计量规范规定，不得随意更改项目名称。例如，《通用安装工程工程量计算规范》中项目编码为 030807003 的工程项目名称为"低压法兰阀门"，在描述清单项目名称时，可根据实际情况进一步详细阐明，如"低压法兰止回阀"或"低压法兰闸阀"，但不能简单表述为"阀门"，因为阀门还有螺纹阀门、低压焊接阀门等。

分部分项工程量清单的项目特征应按计量规范附录中规定的项目特征，结合拟建工程项目的实际予以描述。

分部分项工程量清单的项目特征和工程内容，会直接影响其综合单价的确定，因此清单编制人必须严格按照计量规范列出的每个工程量清单项目的项目特征和工程内容，结合拟建工程的实际情况，详细描述工程量清单的项目名称。

分部分项工程量清单中所列的工程量应按计量规范附录中规定的工程量计算规则计算。

分部分项工程量清单的计量单位应按计量规范附录中规定的计量单位确定；计量规范附录中有两个或两个以上计量单位的，应结合拟建工程项目的实际情况，选择其中一个确定。

工程数量应按实体安装就位的净尺寸（或净重）进行计算，主要依据计量规范中工程量计算规则进行。工程计量时每一项目汇总的有效位数应遵守下列规定：

如以"t"为单位，应保留小数点后三位数字，第四位小数四舍五入。

如以"m³""m²""m""kg"为单位，应保留小数点后两位数字，第三位小数四舍五入。

如以"株""丛""个""件""套""根""组""系统"等为单位，应取整数。

除另有说明外，所有清单项目应以实体为准，并以建成后的净值计算，投标人投标报价时，应在单价中考虑施工中的各种损耗和需要增加的工程量。

3. 措施项目清单

措施项目清单指为完成工程项目施工，发生于该工程施工前和施工过程中技术、生活、文明、安全、环境等方面的非工程实体项目清单。措施项目清单根据能否准确计算工程量，可分为总价措施项目清单和单价措施项目清单。

总价措施项目指措施项目仅列出项目编码、项目名称，未列出项目特征、计量单位和工程量计算规则的项目，编制工程量清单时，应按照计量规范中相应措施项目规定的项目编码和项目名称确定。其格式见表8-3。

表8-3　总价措施项目清单与计价表

工程名称：　　　　　　　　　　　　标段：　　　　　　　　　　　　　　　第　页　共　页

序号	项目编码	项目名称	计算基础	费率（%）	金额/元
		安全文明施工费			
		夜间施工费			
		二次搬运费			
		冬雨季施工增加费			
		大型机械进出场及安拆费			
		施工排水费			
		施工降水费			
		地上、地下设施、建筑物的临时保护设施费			
		已完工程及设备保护费			
		各专业工程的措施项目费			
		合计			

注：1. "计算基础"中安全文明施工费可为"定额基价""定额人工费"或"定额人工费+定额机械费"，其他项目可为"定额人工费"或"定额人工费+定额机械费"。

　　　2. 按施工方案计算的措施费，若无"计算基础"和"费率"的数值，也可只填"金额"数值，但应在备注栏说明施工方案出处或计算方法。

单价措施项目指措施项目中列出了项目编码、项目名称、项目特征、计量单位和工程量计算规则的项目，编制工程量清单时，应按照计量规范和分部分项工程量清单的规定执行。单价措施项目清单的编制方法与分部分项工程量清单一致。其格式见表8-2。

4. 其他项目清单

其他项目清单应根据拟建工程的具体情况，参照下列内容列项：暂列金额、暂估价（包括材料暂估单价、工程设备暂估单价、专业工程暂估价）、计日工、总承包服务费。若出现未列项目，编制人可根据工程的具体情况进行补充。

暂列金额应根据工程特点，按有关计价规定估算。

暂估价中的材料、工程设备暂估价应根据工程造价信息或参照市场价格估算，列出明细表；专业工程暂估价应分不同专业，按有关计价规定估算，列出明细表。

计日工应列出项目和数量。

其他项目清单与计价汇总见表8-4。

表8-4　其他项目清单与计价汇总表

工程名称：　　　　　　　　　　　　标段：　　　　　　　　　　　　　　　第　页　共　页

序　号	项目名称	金额/元	结算金额/元	备　注
1	暂列金额			明细详见表8-5
2	暂估价			

（续）

序　号	项 目 名 称	金额/元	结算金额/元	备　注
2.1	材料（工程设备）暂估价/结算价			明细详见表 8-6
2.2	专业工程暂估价/结算价			明细详见表 8-7
3	计日工			明细详见表 8-8
4	总承包服务费			明细详见表 8-9
5	索赔与现场签证			明细详见表 8-10
	合计			

注：材料暂估单价进入清单项目综合单价，此处不汇总。

暂列金额明细表、材料（工程设备）暂估单价及调整表、专业工程暂估价及结算价表、计日工表、总承包服务费计价表、索赔与现场签证计价汇总表见表 8-5～表 8-10。

表 8-5　暂列金额明细表

工程名称：　　　　　　　　　　　标段：　　　　　　　　　　　第　页　共　页

序　号	名　称	计量单位	暂定金额/元	备　注
1				
2				
3				
	合计			

注：此表由招标人填写，如不能详列，也可只列暂定金额总额，投标人应将上述暂列金额计入投标总价中。

表 8-6　材料（工程设备）暂估单价及调整表

工程名称：　　　　　　　　　　　标段：　　　　　　　　　　　第　页　共　页

序号	材料（工程设备）名称、规格、型号	计量单位	数量		暂估/元		确认/元		差额±/元		备　注
			暂估	确认	单价	合价	单价	合价	单价	合价	
1											
2											
3											
	合计										

注：此表由招标人填写"暂估单价"，并在备注栏说明暂估价的材料拟用在哪些清单项目上，投标人应将上述材料、工程设备暂估单价计入工程量清单综合单价报价中。

表 8-7　专业工程暂估价及结算价表

工程名称：　　　　　　　　　　　标段：　　　　　　　　　　　第　页　共　页

序　号	工 程 名 称	工 程 内 容	暂估金额/元	结算金额/元	差额±/元	备　注
1						
2						
3						
	合计					

注：此表"暂估金额"由招标人填写，投标人应将"暂估金额"计入投标总价中，结算时按合同约定结算金额填写。

表 8-8　计日工表

工程名称：　　　　　　　　　　　　　标段：　　　　　　　　　　　　第 页 共 页

编　号	项目名称	单位	暂定数量	实际数量	综合单价/元	合价/元	
						暂　定	实　际
一	人工						
1							
2							
人工小计							
二	材料						
1							
2							
材料小计							
三	施工机械						
1							
2							
施工机械小计							
四	企业管理费和利润						
总　计							

注：此表项目名称、暂定数量由招标人填写，编制招标控制价时，单价由招标人按有关计价规定确定。投标时，单价由投标人自主报价，按暂定数量计算合价计入投标总价中；结算时，按发承包双方确认的实际数量计算合价。

表 8-9　总承包服务费计价表

工程名称：　　　　　　　　　　　　　标段：　　　　　　　　　　　　第 页 共 页

序号	项目名称	项目价值/元	服务内容	计算基础	费率（%）	金额/元
1	发包人发包专业工程					
2	发包人供应材料					
合　计						

注：此表项目名称、服务内容由招标人填写，编制招标控制价时，费率及金额由招标人按有关计价规定确定；投标时，费率及金额由投标人自主报价，计入投标总价中。

表 8-10　索赔与现场签证计价汇总表

工程名称：　　　　　　　　　　　　　标段：　　　　　　　　　　　　第 页 共 页

序号	签证及索赔项目名称	计量单位	数量	单价/元	合价/元	索赔及签证依据
一	本页小计					
一	合　计					

5. 规费

规费项目清单应根据下列内容列项：

1）工程排污费。

2）住房公积金。

3）社会保险费：包括养老保险费、医疗保险费、失业保险费、工伤保险费、生育保险费等费用。

若出现未列项目，应根据省级政府和省级有关权力部门的规定列项。

6. 税金

税金项目清单应包括下列内容：

1）营业税。

2）城市维护建设税。

3）教育费附加。

4）地方教育附加。

若出现未列项目，应根据税务部门的规定列项。

规费与税金项目清单见表 8-11。

表 8-11 规费、税金项目计价表

工程名称：　　　　　　　　　　标段：　　　　　　　　　　　　　第 页 共 页

序　号	项目名称	计算基础	计算基数	计算费率（%）	金额/元
1	规费	定额人工费			
1.1	社会保险费	定额人工费			
（1）	养老保险费	定额人工费			
（2）	失业保险费	定额人工费			
（3）	医疗保险费	定额人工费			
（4）	工伤保险费	定额人工费			
（5）	生育保险费	定额人工费			
1.2	住房公积金	定额人工费			
1.3	工程排污费	按工程所在地环境保护部门收取标准，按实计入			
2	税金	分部分项工程费+措施项目费+其他项目费+规费-按规定不计税的工程设备金额			
	合计				

7. 关于承包人和发包人各自提供材料和工程设备的一般规定

（1）发包人提供材料和工程设备

发包人提供材料和工程设备应在招标文件中填写《发包人提供材料和工程设备一览表》，其格式见表 8-12。承包人投标时，甲供材料单价应计入相应项目的综合单价中，签约后，发包人应按合同约定扣除甲供材料款，不予支付。

表 8-12 发包人提供材料和工程设备一览表

工程名称：　　　　　　　　　　　　标段：　　　　　　　　　　　　　第 页共 页

序 号	材料（工程设备）名称、规格、型号	单位	数量	单价/元	交货方式	送达地点	备 注
1							
2							
⋮							

注：此表由招标人填写，供投标人在投标报价、确定总承包服务费时参考。

（2）承包人提供材料和工程设备

除合同约定的发包人提供的甲供材料外，合同工程所需的材料和工程设备应由承包人提供，承包人提供的材料和工程设备均应由承包人负责采购、运输和保管。投标报价时，应填写《承包人提供主要材料和工程设备一览表》。其格式见表 8-13 和表 8-14。

表 8-13 承包人提供主要材料和工程设备一览表
（适用于造价信息差额调整法）

工程名称：　　　　　　　　　　　　标段：　　　　　　　　　　　　　第 页共 页

序号	名称、规格、型号	单 位	数 量	风险系数	基准单价/元	投标单价/元	发承包人确认单价/元	备 注
1								
2								
⋮								

注：1. 此表由招标人填写除"投标单价"栏的内容，投标人在投标时自主确定投标单价。

2. 招标人应优先采用工程造价管理机构发布的单价作为基准单价，未发布的，通过市场调查确定其基准单价。

表 8-14 承包人提供主要材料和工程设备一览表
（适用于价格指数差额调整法）

工程名称：　　　　　　　　　　　　标段：　　　　　　　　　　　　　第 页共 页

序 号	名称、规格、型号	变值权重 B	基本价格指数	现行价格指数	备 注
1					
2					
⋮	定值权重				
	合计	1			

注：1."名称、规格、型号""基本价格指数"栏由招标人填写，基本价格指数应首先采用工程造价管理机构发布的价格指数，没有时，可采用发布的价格代替。如人工、机械费也采用本法调整，由招标人在"名称"栏填写。

2."变值权重"栏由投标人根据该项人工、机械费和材料、工程设备价值在投标总报价中所占的比例填写，1 减去其比例为定值权重。

3."现行价格指数"按约定的付款证书相关周期最后一天的前 42 天的各项价格指数填写，该指数应首先采用工程造价管理机构发布的价格指数，没有时，可采用发布的价格代替。

工程量清单的编制使用的表格包括：招标工程量清单封面（图 8-1），招标工程量清单扉页（图 8-2），总说明（图 8-3），分部分项工程和单价措施项目清单与计价表（表 8-2），总价措施项目清单与计价表（表 8-3），其他项目清单与计价汇总表（表 8-4），暂列金额明细表（表 8-5），材料（工程设备）暂估单价及调整表（表 8-6），专业工程暂估价及结算表（表 8-7），计日工表（表 8-8），总承包服务费计价表（表 8-9），索赔与现场签证计价汇总表（图 8-10），规费、税金项目计价表（表 8-11），发包人提供材料和工程设备一览表（表 8-12），承包人提供主要材料和工程设备一览表（适用于造价信息差额调整法）（表 8-13），承包人提供主要材料和工程设备一览表（适用于价格指数差额调整法）（表 8-14）。

8.3　工程量清单计价

工程量清单计价是指投标人根据招标人公开提供的工程量清单进行自主报价或招标人编制招标控制价以及承发包双方确定合同价款、调整工程竣工结算等活动。

8.3.1　招标控制价

1. 概念及主要作用

招标控制价是招标人根据国家或省级、行业建设主管部门颁发的有关计价依据和办法，以及拟定的招标文件和招标工程量清单，结合工程具体情况编制的招标工程的最高投标限价。招标控制价是在建设市场发展过程中对传统标底概念的性质进行的界定，其主要作用是：

1）招标人通过招标控制价可以清除投标人间合谋超额利益的可能性，有效遏制围标串标行为。

2）可以避免投标决策的盲目性，增强投标活动的选择性和经济性。

3）投标控制价与经评审的合理最低价评标配合，能促使投标人加快技术革新和提高管理水平。

2. 一般规定

国有资金投资的建设工程，应实行工程量清单招标，招标人必须编制招标控制价。

招标控制价超过批准的概算时，招标人应将其报原概算审批部门审核。

投标人的报价高于招标控制价的，其投标应予以拒绝。

招标控制价应由具有编制能力的招标人或受其委托具有相应资质的工程造价咨询人编制和复核。

工程造价咨询人接受招标人委托编制招标控制价，不得再就同一工程接受投标人委托编制投标报价。

招标控制价不应上调或下浮，招标人应在发布招标文件时公布招标控制价，同时应将招标控制价及有关资料报送工程所在地或有该工程管辖权的行业管理部门工程造价管理机构备查。

3. 编制与复核

（1）编制与复核依据

招标控制价应根据下列依据编制与复核：

1）《计价规范》。

2）国家或省级、行业建设主管部门颁发的计价定额和计价办法。

3）建设工程设计文件及相关资料。

4）与建设项目有关的标准、规范、技术资料。

5）拟定的招标文件及招标工程量清单。

6）施工现场情况、工程特点及常规施工方案。

7）工程造价管理机构发布的工程造价信息；工程造价信息没有发布的，参考市场价。

8）其他的相关资料。

（2）编制与复核的具体要求

1）综合单价中应包括招标文件中划分的应由投标人承担的风险范围及其费用，招标文件没有明确的，如是工程造价咨询人编制，应提请招标人明确；如是招标人编制，应予明确。招标文件提供了暂估单价的材料和工程设备，按暂估的单价计入综合单价。

2）分部分项工程和措施项目中的单价项目，应根据拟定的招标文件和招标工程量清单项目中的特征描述及有关要求确定综合单价计算。

3）措施项目中的总价项目应根据拟定的招标文件和常规施工方案采用综合单价计价的方式自主确定报价，其中的安全文明施工费必须按照国家或省级、行业建设主管部门的规定计算，不得作为竞争性费用。

4）其他项目费应按下列规定计价：暂列金额应按招标工程量清单中列出的金额填写；暂估价中的材料、工程设备单价应按招标工程量清单中列出的单价计入综合单价；暂估价中的专业工程暂估价应按招标工程量清单中列出的金额填写；计日工应按招标工程量清单中列出的项目根据工程特点和有关计价依据确定综合单价计算；总承包服务费应按招标工程量清单中列出的内容和要求估算。

5）规费和税金必须按国家或省级、行业建设主管部门的规定计算，不得作为竞争性费用。

8.3.2 投标报价

1. 编制主体与报价原则

投标报价的主体是投标人，投标人可以自行编制投标价，也可以委托具有相应资质的工程造价咨询人编制。

投标人应依据计价规范的规定自主确定投标报价，这是市场竞争形成价格的体现，但投标人自主确定投标报价必须执行计价规范的强制性条文。投标报价不得低于工程成本。

投标人必须按照招标工程量清单填报价格，项目编码、项目名称、项目特征、计量单位、工程量必须与招标工程量清单一致。

投标人的投标报价高于招标控制价的应予废标。

招标工程量清单与计价表中列明的所有需要填写单价和合价的项目，投标人均应填写且只允许有一个报价，未填写单价和合价的项目，视为此项目费用已包含在已标价工程量清单中其他项目的单价和合价之中。当竣工结算时，此项目不得重新组价予以调整。

投标总价应当与分部分项工程费、措施项目费、其他项目费和规费、税金的合计金额一致。

2. 编制与复核

（1）编制与复核的依据

投标报价应根据下列依据编制与复核：

1）《计价规范》。

2）国家或省级、行业建设主管部门颁发的计价办法。

3）企业定额，国家或省级、行业建设主管部门颁发的计价定额和计价办法。

4）招标文件、工程量清单及其补充通知、答疑纪要。

5）建设工程设计文件及相关资料。

6）施工现场情况、工程特点及投标时拟定的施工组织设计或施工方案。

7）与建设项目有关的标准、规范等技术资料。

8）市场价格信息或工程造价管理机构发布的工程造价信息。

9）其他的相关资料。

（2）编制与复核的基本要求

1）分部分项工程和措施项目中的单价项目，应根据招标文件和招标工程量清单中的特征描述确定综合单价计算，综合单价中应包括招标文件中划分的应由投标人承担的风险范围及其费用，招标文件中没有明确的，应提请招标人明确。

2）措施项目中的总价项目应根据招标文件及投标时拟定的施工组织设计或施工方案采用综合单价计价的方式自主确定报价，其中的安全文明施工费应按照国家或省级、行业建设主管部门的规定计价，不得作为竞争性费用。

3）其他项目费应按下列规定计价：暂列金额应按招标工程量清单中列出的金额填写；材料、工程设备暂估价应按招标工程量清单中列出的单价计入综合单价；专业工程暂估价应按招标工程量清单中列出的金额填写；计日工应按招标工程量清单中列出的项目和数量，自主确定综合单价并计算计日工总额；总承包服务费应按招标工程量清单中列出的内容和提出的要求自主确定。

4）规费和税金必须按国家或省级、行业建设主管部门的规定计算，不得作为竞争性费用。

8.3.3　综合单价

工程量清单计价的价款应包括按招标文件规定完成工程量清单所列项目的全部费用，包括分部分项工程费、措施项目费、其他项目费和规费、税金。具体包括：

1）完成每分项工程所含全部工程内容的费用。

2）完成每项工程内容所需的全部费用（规费、税金除外）。

3）工程量清单项目中没有体现的、施工中又必须发生的工程内容所需的费用。

4）考虑风险因素而增加的费用。

工程量清单计价采用综合单价计价。综合单价是完成工程量清单中一个规定计量单位的分部分项工程量清单项目或措施清单项目所需的人工费、材料费和施工机械使用费、企业管理费和利润，以及一定范围内的风险费用。在我国，综合单价不仅适用于分部分项工程量清单，也适用于措施项目清单和其他项目清单。

分部分项工程量清单的综合单价，应按设计文件或计量规范的工程内容确定，综合单价包括以下内容：

1）分部分项工程主项的一个清单计量单位的人工费、材料费、机械费、管理费、利润。

2）与该主项一个清单计量单位所组合的各项工程（子项）的人工费、材料费、机械费、管理费、利润。

3）在不同条件下施工需增加的人工费、材料费、机械费、管理费、利润。

4）人工、材料、机械动态价格调整与相应的管理费、利润调整。

5）包括招标文件要求的风险费用。

分部分项工程综合单价的分析应根据工程施工图进行，可参考建设行政主管部门颁发的消耗量定额或企业定额。若套用企业定额投标报价时，除按招标文件的要求外，投标人一般还应要求附上相应的分析和说明，便于评标定标。

在分析分部分项工程项目综合单价时，工程量应按实际的施工量计算。若采用定额进行单价分析时，工程量应按定额工程量计算规则进行计算。因此，计价的工程数量就与清单的工程数量不同，但在报价时，应将其价值按清单工程量分摊，计入综合单价中。这种现象主要发生在以物理计量单位计算的工程项目中，以自然计量单位计算的工程项目一般不会发生这种情况。

综合单价的计算应从工程量清单综合单价分析表开始。分部分项工程费计算方法为：

$$分部分项工程费 = \sum 清单工程量 \times 综合单价 \qquad (8\text{-}1)$$

措施项目清单和其他项目清单的综合单价，根据本节招标控制价和投标报价中所述相关规定计算。

8.3.4 工程量清单计价格式

工程量清单计价应采用统一格式，其组成内容介绍如下。

（1）招标控制价

招标控制价格式如图 8-4、图 8-5 所示。

_____工程

招标控制价

招标人：_____（单位盖章）

造价咨询人：_____（单位盖章）

年　　月　　日

图 8-4　招标控制价封面

_____工程

招标控制价

招标控制价(小写)：_____

（大写）：_____

招标人：_____（单位盖章）　　　　工程造价咨询人：_____（单位资质专用章）

法定代表人　　　　　　　　　　　　　　　　法定代表人

或其授权人：_____（签字或盖章）　或其授权人：_____（签字或盖章）

编制人：_____（造价人员签字盖专用章）　　　　复核人：_____（造价工程师签字盖专用章）

编制时间：　　年　　月　　日　　　　复核时间：　　年　　月　　日

图 8-5　招标控制价扉页

（2）投标总价

投标总价格式如图 8-6、图 8-7 所示，投标总价应按工程项目总价表合计金额填写。

```
_____工程

投标总价




招标人：_____（单位盖章）

        年    月    日
```

图 8-6　投标总价封面

```
投标总价

招 标 人：_____

工程名称：_____

投标总价（小写）：_____

        （大写）：_____

投标人：_____（单位盖章）

法定代表人

或其授权人：_____（签字或盖章）

编制人：_____（造价人员签字盖专用章）

编制时间：    年    月    日
```

图 8-7　投标总价扉页

（3）建设项目招标控制价/投标报价汇总表

建设项目招标控制价/投标报价汇总表格式见表 8-15。

表 8-15　建设项目招标控制价/投标报价汇总表

工程名称：　　　　　　　　　　　　　　　　　　　　　　　　　　　　　　　第　页　共　页

序　　号	单项工程名称	金额/元	其中：/元		
			暂估价	安全文明施工费	规　费
合计					

注：本表适用于建设项目招标控制价或投标报价的汇总。

（4）单项工程招标控制价/投标报价汇总表

单项工程招标控制价/投标报价汇总表格式见表 8-16。

表 8-16 单项工程招标控制价/投标报价汇总表

工程名称：   第 页 共 页

序　号	单位工程名称	金额/元	其中：/元		
			暂估价	安全文明施工费	规　费
合计					

注：本表适用于单项工程招标控制价或投标报价的汇总。暂估价包括分部分项工程中的暂估价和专业工程暂估价。

（5）单位工程招标控制价/投标报价汇总表

单位工程招标控制价/投标报价汇总表格式见表 8-17。

表 8-17 单位工程招标控制价/投标报价汇总表

工程名称：   标段：   第 页 共 页

序　号	汇总内容	金额/元	其中：暂估价/元
1	分部分项工程		
1.1			
1.2			
1.3			
1.4			
⋮			
2	措施项目		
2.1	其中：安全文明施工费		
3	其他项目		
3.1	其中：暂列金额		
3.2	其中：专业工程暂估价		
3.3	其中：计日工		
3.4	其中：总承包服务费		
4	规费		
5	税金		
招标控制价合计 = 1+2+3+4+5			

注：本表适用于单位工程招标控制价或投标报价的汇总，如无单位工程划分，单项工程也使用本表汇总。

（6）工程量清单综合单价分析表

工程量清单综合单价分析表格式见表 8-18。

表 8-18　工程量清单综合单价分析表

工程名称：　　　　　　　　　　标段：　　　　　　　　　　第　页　共　页

项目编码		项目名称		计量单位		工程量	

清单综合单价组成明细

定额编号	定额名称	定额单位	数量	单　价				合　价			
				人工费	材料费	机械费	管理费和利润	人工费	材料费	机械费	管理费和利润

人工单价	小计
元/工日	未计价材料费

清单项目综合单价

材料费明细	主要材料名称、规格、型号	单位	数量	单价/元	合价/元	暂估单价/元	暂估合价/元
	其他材料费			—		—	
	材料费小计			—		—	

注：1. 如不使用省级或行业建设主管部门发布的计价依据，可不填定额项目、编号等。

2. 招标文件提供了暂估单价的材料，按暂估的单价填入表内"暂估单价"栏及"暂估合价"栏。

（7）总价项目进度款支付分解表

总价项目进度款支付分解表格式见表 8-19。

表 8-19　总价项目进度款支付分解表

工程名称：　　　　　　　　　　标段：　　　　　　　　　　单位：元

序号	项目名称	总价金额	首次支付	二次支付	三次支付	四次支付	五次支付	
	安全文明施工费							
	夜间施工增加费							
	二次搬运费							
	社会保险费							

（续）

序号	项目名称	总价金额	首次支付	二次支付	三次支付	四次支付	五次支付
	住房公积金						
	合计						

注：1. 本表应由承包人在投标报价时根据发包人在招标文件中明确的进度款支付周期与报价填写，签订合同时，发承包双方就支付分解协商调整后作为合同附件。

2. 单价合同使用本表，"支付"栏时间应与单价项目进度款支付周期相同。

3. 总价合同使用本表，"支付"栏时间应与约定的工程计量周期相同。

8.3.5 计价表格使用规定

工程量清单与计价宜采用统一格式。各省、自治区、直辖市建设行政主管部门和行业建设主管部门可根据本地区、本行业的实际情况补充完善。

编制投标报价与招标控制价使用的表格及其内容填写应符合下列规定：

1）招标控制价使用的表格包括：招标控制价封面（图8-4），招标控制价扉页（图8-5），总说明（图8-3），建设项目招标控制价汇总表（表8-15），单项工程招标控制价汇总表（表8-16），单位工程招标控制价汇总表（表8-17），分部分项工程和单价措施项目清单与计价表（表8-2），工程量清单综合单价分析表（表8-18），总价措施项目清单与计价表（表8-3），其他项目清单与计价汇总表（表8-4），暂列金额明细表（表8-5），材料（工程设备）暂估单价及调整表（表8-6），专业工程暂估价及结算价表（表8-7），计日工表（表8-8），总承包服务费计价表（表8-9），索赔与现场签证计价汇总表（表8-10），规费、税金项目计价表（表8-11），发包人提供材料和工程设备一览表（表8-12），承包人提供主要材料和工程设备一览表（适用于造价信息差额调整法）（表8-13），承包人提供主要材料和工程设备一览表（适用于价格指数差额调整法）（表8-14）。

2）投标报价使用的表格包括：投标总价封面（图8-6），投标总价扉页（图8-7），总说明（图8-3），建设项目投标报价汇总表（表8-15），单项工程投标报价汇总表（表8-16），单位工程投标报价汇总表（表8-17），分部分项工程和单价措施项目清单与计价表（表8-2），工程量清单综合单价分析表（表8-18），总价措施项目清单与计价表（表8-3），其他项目清单与计价汇总表（表8-4），暂列金额明细表（表8-5），材料（工程设备）暂估单价及调整表（表8-6），专业工程暂估价及结算价表（表8-7），计日工表（表8-8），总承包服务费计价表（表8-9），索赔与现场签证计价汇总表（表8-10），规费、税金项目计价表（表8-11），总价项目进度款支付分解表（表8-19），招标文件提供的发包人提供材料和工程设备一览表（表8-12），承包人提供主要材料和工程设备一览表（适用于造价信息差额调整法）（表8-13），承包人提供主要材料和工程设备一览表（适用于价格指数差额调整法）（表8-14）。

3）扉页应按规定内容填写、签字、盖章，除投标人自行编制的投标报价外，受委托编制的招标控制价、投标报价若为造价员编制的应由负责审核的造价工程师签字、盖章以及工程造价咨询人盖章。

4）投标报价与招标控制价的总说明应按下列内容填写。

① 工程概况：建设规模、工程特征、计划工期、合同工期、实际工期、施工现场及变化情况、施工组织设计的特点、自然地理条件、环境保护要求等。

② 编制依据等。

投标人应按招标文件的要求，附工程量清单综合单价分析表。

8.4　消防工程工程量清单项目及计算

8.4.1　水灭火系统

　　水灭火系统工程量清单项目设置、项目特征描述的内容、计量单位及工程量计算规则，应按表 8-20 的规定执行。

表 8-20　水灭火系统（编码：030901）

项目编码	项目名称	项目特征	计量单位	工程量计算规则	工作内容
030901001	水喷淋钢管	1. 安装部位 2. 材质、规格 3. 连接形式 4. 钢管镀锌设计要求 5. 压力试验及冲洗设计要求 6. 管道标识设计要求	m	按设计图示管道中心线长度计算	1. 管道及管件安装 2. 钢管镀锌 3. 压力试验 4. 冲洗 5. 管道标识
030901002	消火栓钢管				
030901003	水喷淋（雾）喷头	1. 安装部位 2. 材质、型号、规格 3. 连接形式 4. 装饰盘设计要求	个	按设计图示数量计算	1. 安装 2. 装饰盘安装 3. 严密性试验
030901004	报警装置	1. 名称 2. 型号、规格	组		1. 安装 2. 电气接线 3. 调试
030901005	温感式水幕装置	1. 型号、规格 2. 连接形式			
030901006	水流指示器	1. 规格、型号 2. 连接形式	个		
030901007	减压孔板	1. 材质、规格 2. 连接形式			
030901008	末端试水装置	1. 规格 2. 组装形式	组		
030901009	集热板制作安装	1. 材质 2. 支架形式	个		1. 制作、安装 2. 支架制作、安装
030901010	室内消火栓	1. 安装方式 2. 型号、规格 3. 附件材质、规格	套		1. 箱体及消火栓安装 2. 配件安装
030901011	室外消火栓				1. 安装 2. 配件安装

（续）

项目编码	项目名称	项目特征	计量单位	工程量计算规则	工作内容
030901012	消防水泵接合器	1. 型号、规格 2. 安装部位 3. 附件材质、规格	套	按设计图示数量计算	1. 安装 2. 附件安装
030901013	灭火器	1. 形式 2. 规格、型号	具（组）		设置
030901014	消防水炮	1. 水炮类型 2. 压力等级 3. 保护半径	台		1. 本体安装 2. 调试

注：1. 水灭火系统管道工程量计算，不扣除阀门、管件及各种组件所占长度，以延长米计算。

2. 水喷淋（雾）喷头安装部位应区分有吊顶、无吊顶。

3. 报警装置适用于湿式报警装置、干湿两用报警装置、电动雨淋报警装置、预制作用报警装置等报警装置安装。报警装置安装包括装配管（除水力警铃进水管）的安装，水力警铃进水管并入消防管道工程量。其中：

  1）湿式报警装置包括内容：湿式阀、蝶阀、装配管、供水压力表、装置压力表、试验阀、泄放试验阀、泄放试验管、试验管流量计、过滤器、延时器、水力警铃、报警截止阀、漏斗、压力开关等。

  2）干湿两用报警装置包括内容：两用阀、蝶阀、装配管、加速器、加速器压力表、供水压力表、试验阀、泄放试验阀（湿式、干式）、挠性接头、泄放试验管、试验管流量计、排气阀、截止阀、漏斗、过滤器、延时器、水力警铃、压力开关等。

  3）电动雨淋报警装置包括内容：雨淋阀、蝶阀、装配管、压力表、泄放试验阀、流量表、截止阀、注水阀、止回阀、电磁阀、排水阀、手动应急球阀、报警试验阀、漏斗、压力开关、过滤器、水力警铃等。

  4）预作用报警装置包括内容：报警阀、控制蝶阀、压力表、流量表、截止阀、排放阀、注水阀、止回阀、泄放阀、报警试验阀、液压切断阀、装配管、供水检验管、气压开关、试压电磁阀、空压机、应急手动试压器、漏斗、过滤器、水力警铃等。

4. 温感式水幕装置，包括给水三通至喷头、阀门间的管道、管件、阀门、喷头等全部内容的安装。

5. 末端试水装置，包括压力表、控制阀等附件安装。末端试水装置安装中不含连接管及排水管安装，其工程量并入消防管道。

6. 室内消火栓，包括消火栓箱、消火栓、水枪、水龙头、消防水带及接扣、自救卷盘、挂架、消防按钮；落地消火栓箱包括箱内手提灭火器。

7. 室外消火栓，按安装方式分地上式、地下式。地上式消火栓安装，包括地上式消火栓、法兰接管、弯管底座；地下式消火栓安装，包括地下式消火栓、法兰接管、弯管底座或消火栓三通。

8. 消防水泵接合器，包括法兰接管及弯头安装，接合器井内阀门、弯管底座、标牌等附件安装。

9. 减压孔板若在法兰盘内安装，其法兰计入组价中。

10. 消防水炮，分普通手动水炮、智能控制水炮。

8.4.2 气体灭火系统

    气体灭火系统工程量清单项目设置、项目特征描述的内容、计量单位及工程量计算规则，应按表8-21的规定执行。

8.4.3 泡沫灭火系统

    泡沫灭火系统工程量清单项目设置、项目特征描述的内容、计量单位及工程量计算规则，按表8-22的规定执行。

表 8-21　气体灭火系统（编码：030902）

项目编码	项目名称	项目特征	计量单位	工程量计算规则	工作内容
030902001	无缝钢管	1. 介质 2. 材质、压力等级 3. 规格 4. 焊接方法 5. 钢管镀锌设计要求 6. 压力试验及吹扫设计要求 7. 管道标识设计要求	m	按设计图示管道中心线以长度计算	1. 管道安装 2. 管件安装 3. 钢管镀锌 4. 压力试验 5. 吹扫 6. 管道标识
030902002	不锈钢管	1. 材质、压力等级 2. 规格 3. 焊接方法 4. 充氩保护方式、部位 5. 压力试验及吹扫设计要求 6. 管道标识设计要求	m		1. 管道安装 2. 焊口充氩保护 3. 压力试验 4. 吹扫 5. 管道标识
030902003	不锈钢管管件	1. 材质、压力等级 2. 规格 3. 焊接方法 4. 充氩保护方式、部位	个	按设计图示数量计算	1. 管件安装 2. 管件焊口充氩保护
030902004	气体驱动装置管道	1. 材质、压力等级 2. 规格 3. 焊接方法 4. 压力试验及吹扫设计要求 5. 管道标识设计要求	m	按设计图示管道中心线以长度计算	1. 管道安装 2. 压力试验 3. 吹扫 4. 管道标识
030902005	选择阀	1. 材质 2. 型号、规格 3. 连接方式	个		1. 安装 2. 压力试验
030902006	气体喷头				喷头安装
030902007	贮存装置	1. 介质、类型 2. 型号、规格 3. 气体增压设计要求		按设计图示数量计算	1. 贮存装置安装 2. 系统组件安装 3. 气体增压
030902008	称重检漏装置	1. 型号 2. 规格	套		
030902009	无管网气体灭火装置	1. 类型 2. 型号、规格 3. 安装部位 4. 调试要求			1. 安装 2. 调试

注：1. 气体灭火管道工程量计算，不扣除阀门、管件及各种组件所占长度，以延长米计算。

2. 气体灭火介质，包括七氟丙烷灭火系统、IG541 灭火系统、二氧化碳灭火系统等。

3. 气体驱动装置管道安装，包括卡、套连接件。

4. 贮存装置安装，包括灭火剂储器、驱动气瓶、支框架、集流阀、容器阀、单向阀、高压软管和安全阀等储存装置和阀驱动装置、减压装置、压力指示仪等。

5. 无管网气体灭火系统由柜式预制灭火装置、火灾自动报警灭火控制器等组成，具有自动控制和手动控制两种启动方式。无管网气体灭火装置安装，包括气瓶柜装置（内设气瓶、电磁阀、喷头）和自动报警控制装置（包括控制器，烟、温感、声光报警器，手动报警器，手/自动控制按钮）等。

表 8-22 泡沫灭火系统（编码：030903）

项目编码	项目名称	项目特征	计量单位	工程量计算规则	工作内容
030903001	碳钢管	1. 材质、压力等级 2. 规格 3. 焊接方法 4. 无缝钢管镀锌设计要求 5. 压力试验、吹扫方法 6. 管道标识设计要求	m	按设计图示管道中心线以长度计算	1. 管道安装 2. 管件安装 3. 无缝钢管镀锌 4. 压力试验 5. 吹扫 6. 管道标识
030903002	不锈钢管	1. 材质、压力等级 2. 规格 3. 焊接方法 4. 充氩保护方式部位 5. 压力试验、吹扫设计要求 6. 管道标识设计要求			1. 管道安装 2. 焊口充氩保护 3. 压力试验 4. 吹扫 5. 管道标识
030903003	铜管	1. 材质、压力等级 2. 规格 3. 焊接方法 4. 压力试验、吹扫设计要求 5. 管道标识设计要求			1. 管道安装 2. 压力试验 3. 吹扫 4. 管道标识
030903004	不锈钢管管件	1. 材质、压力等级 2. 规格 3. 焊接方法 4. 充氩保护方式、部位	个	按设计图示数量计算	1. 管件安装 2. 管件焊口充氩保护
030903005	铜管管件	1. 材质、压力等级 2. 规格 3. 焊接方法			管件安装
030903006	泡沫发生器	1. 类型 2. 型号、规格 3. 二次灌浆材料	台		1. 安装 2. 调试 3. 二次灌浆
030903007	泡沫比例混合器				
030903008	泡沫液贮罐	1. 质量/容量 2. 型号规格 3. 二次灌浆材料			

注：1. 泡沫灭火管道工程量计算，不扣除阀门、管件及各种组件所占长度，以延长米计算。

2. 泡沫发生器、泡沫比例混合器安装，包括整体安装、焊法兰、单体调试及配合管道试压时隔离本体所消耗的工料。

3. 泡沫液贮罐内如需充装泡沫液，应明确描述泡沫灭火剂品种、规格。

8.4.4　火灾自动报警系统

火灾自动报警系统清单设置及计算见表 8-23。

表 8-23　火灾自动报警系统（编码：030904）

项目编码	项目名称	项目特征	计量单位	工程量计算规则	工作内容
030904001	点型探测器	1. 名称 2. 规格 3. 线制 4. 类型	个	按设计图示数量计算	1. 底座安装 2. 探头安装 3. 校接线 4. 编码 5. 探测器调试
030904002	线型探测器	1. 名称 2. 规格 3. 安装方式	m	按设计图示长度计算	1. 探测器安装 2. 接口模块安装 3. 报警终端安装 4. 校接线
030904003	按钮	1. 名称 2. 规格	个		1. 安装 2. 校接线 3. 编码 4. 调试
030904004	消防警铃				
030904005	声光报警器				
030904006	消防报警电话插孔（电话）	1. 名称 2. 规格 3. 安装方式	个（部）		
030904007	消防广播（扬声器）	1. 名称 2. 功率 3. 安装方式	个		
030904008	模块（模块箱）	1. 名称 2. 规格 3. 类型 4. 输出形式	个（台）	按设计图示数量计算	
030904009	区域报警控制箱	1. 多线制 2. 总线制 3. 安装方式 4. 控制点数量 5. 显示器类型	台		1. 本体安装 2. 校接线、遥测绝缘电阻 3. 排线、绑扎、导线标识 4. 显示器安装 5. 调试
030904010	联动控制箱				
030904011	远程控制箱（柜）	1. 规格 2. 控制回路			

（续）

项目编码	项目名称	项目特征	计量单位	工程量计算规则	工作内容
030904012	火灾报警系统控制主机	1. 规格、线制 2. 控制回路 3. 安装方式	台	按设计图示数量计算	1. 安装 2. 校接线 3. 调试
030904013	联动控制主机				
030904014	消防广播及对讲电话主机（柜）				
030904015	火灾报警控制微机（CRT）	1. 规格 2. 安装方式			1. 安装 2. 软件编程 3. 调试
030904016	备用电源及电池主机（柜）	1. 名称 2. 容量 3. 安装方式	套		1. 安装 2. 调试

注：1. 消防报警系统配管、配线、接线盒均应按《通用安装工程工程量计算规范》附录D电气设备安装工程相关项目编码列项。

2. 消防广播及对讲电话主机包括功放、录音机、分配器、控制器等设备。

3. 点型探测器包括火焰、烟感、温感、红外光束、可燃气体探测器等。

8.4.5 消防系统调试

消防系统调试工程量清单项目设置、项目特征描述的内容、计量单位及工程量计算规则，应按表8-24的规定执行。

表8-24 消防系统调试（编码：030905）

项目编码	项目名称	项目特征	计量单位	工程量计算规则	工作内容
030905001	自动报警系统调试	1. 点数 2. 线制	系统	按系统计算	系统调试
030905002	水灭火控制装置调试	系统形式	点		调试
030905003	防火控制装置调试	1. 名称 2. 类型	个（部）	按设计图示数量计算	
030905004	气体灭火系统装置调试	1. 试验容器规格 2. 气体试喷	点	按调试、检验和验收所消耗的试验容器总数计算	1. 模拟喷气试验 2. 备用灭火器贮存容器切换操作试验 3. 气体试喷 4. 二次充药剂

注：1. 自动报警系统包括各种探测器、报警器、报警按钮、报警控制器、消防广播、消防电话等组成的报警系统；按不同点数以系统计算。

2. 水灭火系统控制装置，自动喷洒系统按水流指示器数量以点（支路）计算；消火栓系统按消火栓启泵按钮数量以点计算；消防炮系统按水炮数量以点计算。

3. 防火控制装置，包括电动防火门、防火卷帘门、正压送风阀、排烟阀、防火控制阀、消防电梯等防火控制装置；电动防火门、防火卷帘门、正压送风阀、排烟阀、防火阀等调试以个计算，消防电梯以部计算。

4. 气体灭火系统装置，是由七氟丙烷、IG541、二氧化碳等组成的灭火系统装置；按气体灭火系统装置的瓶头阀以点计算。

8.4.6 有关问题说明

1）管道界限的划分。规定如下：

① 喷淋系统水灭火管道：室内外界限应以建筑物外墙皮 1.5m 为界，入口处设阀门者应以阀门为界；设在高层建筑物内消防泵间管道应以泵间外墙皮为界。

② 消火栓管道：给水管道室内外界限划分应以外墙皮 1.5m 为界，入口处设阀门者应以阀门为界。

③ 与市政给水管道的界限：以水表井为界；无水表井的，以与市政给水管道碰头点（井）为界。

2）凡涉及管沟及井类的土石方开挖、垫层、基础、砌筑、抹灰、地井盖板预制安装、回填、运输、路面开挖及修复、管道支墩等，应按《房屋建筑与装饰工程工程量计算规范》（GB 50854）、《市政工程工程量计算规范》（GB 50857）相关项目编码列项。

3）消防水泵房内的管道，应按《通用安装工程工程量计算规范》（GB50856）附录 H 工业管道工程相关项目编码列项；消防管道如需进行探伤，应按《通用安装工程工程量计算规范》附录 H 工业管道工程相关项目编码列项。

4）消防管道上的阀门、管道及设备支架、套管制作安装，应按《通用安装工程工程量计算规范》附录 J 给排水、采暖、燃气工程相关项目编码列项。

5）本章管道除锈、刷油、保温除注明者外，均应按《通用安装工程工程量计算规范》附录 L 刷油、防腐蚀、绝热工程相关项目编码列项。

6）消防工程措施项目，应按《通用安装工程工程量计算规范》附录 M 措施项目相关项目编码列项。

8.4.7 措施项目清单设置

1. 专业措施项目

专业措施项目工程量清单项目设置、项目特征描述的内容、计量单位及工程量计算规则，应按表 8-25 的规定执行。

表 8-25 专业措施项目（编码：031301）

项目编码	项目名称	工作内容及包含范围
031301001	吊装加固	1. 行车梁加固 2. 桥式起重机加固及负荷试验 3. 整体吊装临时加固件，加固设施拆除、清理
031301002	金属抱杆安装、拆除、移位	1. 安装、拆除 2. 位移 3. 吊耳制作安装 4. 拖拉坑挖埋
031301003	平台铺设、拆除	1. 场地平整 2. 基础及支墩砌筑 3. 支架型钢搭设 4. 铺设 5. 拆除、清理

（续）

项目编码	项目名称	工作内容及包含范围
031301004	顶升、提升装置	安装、拆除
031301005	大型设备专用机具	
031301006	焊接工艺评定	焊接、试验及结果评价
031301007	胎（模）具制作、安装、拆除	制作、安装、拆除
031301008	防护棚制作安装拆除	防护棚制作、安装、拆除
031301009	特殊地区施工增加	1. 高原、高寒施工防护 2. 地震防护
031301010	安装与生产同时进行施工增加	1. 火灾防护 2. 噪声防护
031301011	在有害身体健康环境中施工增加	1. 有害化合物防护 2. 粉尘防护 3. 有害气体防护 4. 高浓度氧气防护
031301012	工程系统检测、检验	1. 起重机、锅炉、高压容器等特种设备安装质量监督检验检测 2. 由国家或地方检测部门进行的各类检测
031301013	设备、管道施工的安全、防冻和焊接保护	保证工程施工正常进行的防冻和焊接保护
031301014	焦炉烘炉、热态工程	1. 烘炉安装、拆除、外运 2. 热态作业劳保消耗
031301015	管道安拆后的充气保护	充气管道安装、拆除
031301016	隧道内施工的通风、供水、供气、供电、照明及通信设施	通风、供水、供气、供电、照明及通信设施安装、拆除
031301017	脚手架搭拆	1. 场内、场外材料搬运 2. 搭、拆脚手架 3. 拆除脚手架后材料的堆放
031301018	其他措施	为保证工程施工正常进行所发生的费用

注：1. 由国家或地方检测部门进行的各类检测，指安装工程不包括的属经营服务性项目，如通电测试，防雷装置检测，安全、消防工程检测，室内空气质量检测等。

2. 脚手架按各附录分别列项。

3. 其他措施项目必须根据实际措施项目名称确定项目名称，明确描述工作内容及包含范围。

2. 安全文明施工及其他措施项目

安全文明施工及其他措施项目工程量清单项目设置、计量单位、工作内容及包含范围，应按表 8-26 的规定执行。

表 8-26　安全文明施工及其他措施项目（031302）

项目编码	项目名称	工作内容及包含范围
031302001	安全文明施工	1. 环境保护：现场施工机械设备降低噪声、防扰民措施；水泥和其他易飞扬细颗粒建筑材料密闭存放或采取覆盖措施等；工程防扬尘洒水；土石方、建渣外运车辆保护措施等；现场污染源的控制、生活垃圾清理外运、场地排水排污措施；其他环境保护措施 2. 文明施工："五牌一图"；现场围挡的墙面美化（包括内外粉刷、刷白、标语等）、压顶装饰；现场厕所便槽刷白、贴面砖，水泥砂浆地面或地砖，建筑物内临时便溺设施；其他施工现场临时设施的装饰装修、美化措施；现场生活卫生设施；符合卫生要求的饮水设备、淋浴、消毒等设施；生活用洁净燃料；防煤气中毒、防蚊虫叮咬等措施；施工现场操作场地的硬化；现场绿化、治安综合治理；现场配备医药保健器材、物品费用和急救人员培训；用于现场工人的防暑降温、电风扇、空调等设备及用电；其他文明施工措施 3. 安全施工：安全资料、特殊作业专项方案的编制，安全施工标志的购置及安全宣传；"三宝"（安全帽、安全带、安全网）、"四口"（楼梯口、电梯井口、通道口、预留洞口）、"五临边"（阳台围边、楼板围边、屋面围边、槽坑围边、卸料平台两侧）、水平防护架、垂直防护架、外架封闭等防护措施；施工安全用电，包括配电箱三级配电、两级保护装置要求、外电防护措施；起重机、塔吊等起重设备（含井架、门架）及外用电梯的安全防护措施（含警示标志）及卸料平台的临边防护、层间安全门、防护棚等设施；建筑工地起重机械的检验检测；施工机具防护棚及其围栏的安全保护设施；施工安全防护通道；工人的安全防护用品、用具购置；消防设施与消防器材的配置；电气保护、安全照明设施；其他安全防护措施 4. 临时设施：施工现场采用彩色、定型钢板，砖、混凝土砌块等围挡的安砌、维修、拆除；施工现场临时建筑物、构筑物的搭设、维修、拆除，如临时宿舍、办公室、食堂、厨房、厕所、诊疗所、临时文化福利用房、临时仓库、加工场、搅拌台、临时简易水塔、水池等；施工现场临时设施的搭设、维修、拆除，如临时供水管道、临时供电管线、小型临时设施等；施工现场规定范围内临时简易道路铺设，临时排水沟、排水设施安砌、维修、拆除；其他临时设施的搭设、维修、拆除
031302002	夜间施工增加	1. 夜间固定照明灯具和临时可移动照明灯具的设置、拆除 2. 夜间施工时，施工现场交通标志、安全标牌、警示灯等的设置、移动、拆除 3. 夜间照明设备及照明用电、施工人员夜班补助、夜间施工劳动效率降低等
031302003	非夜间施工增加	为保证工程施工正常进行，在地下（暗）室、设备及大口径管道内等特殊施工部位施工时所采用的照明设备的安拆、维护及照明用电、通风等；在地下（暗）室等施工引起的人工工效降低以及由于人工工效降低引起的机械降效
031302004	二次搬运	由于施工场地条件限制而发生的材料、成品、半成品等一次运输不能到达堆放地点，必须进行二次或多次搬运
031302005	冬雨季施工增加	1. 冬雨（风）季施工时增加的临时设施（防寒保温、防雨、防风设施）的搭设、拆除 2. 冬雨（风）季施工时，对砌体、混凝土等采用的特殊加温、保温和养护措施 3. 冬雨（风）季施工时，施工现场的防滑处理、对影响施工的雨雪的清除 4. 冬雨（风）季施工时增加的临时设施、施工人员的劳动保护用品、冬雨（风）季施工劳动效率降低等

（续）

项目编码	项目名称	工作内容及包含范围
031302006	已完工程及设备保护	对已完工程及设备采取的覆盖、包裹、封闭、隔离等必要保护措施
031302007	高层施工增加	1. 高层施工引起的人工工效降低以及由于人工工效降低引起的机械降效 2. 通信联络设备的使用

注：1. 本表所列项目应根据工程实际情况计算措施项目费用，需分摊的应合理计算摊销费用。

2. 施工排水是指为保证工程在正常条件下施工而采取的排水措施所发生的费用。

3. 施工降水是指为保证工程在正常条件下施工而采取的降低地下水位的措施所发生的费用。

4. 高层施工增加：

1）单层建筑物檐口高度超过20m，多层建筑物超过6层时，按各附录分别列项。

2）突出主体建筑物顶的电梯机房、楼梯出口间、水箱间、瞭望塔、排烟机房等不计入檐口高度。计算层数时，地下室不计入层数。

3. 相关问题及说明

1）工业炉烘炉、设备负荷试运转、联合试运转、生产准备试运转及安装工程设备场外运输应根据招标人提供的设备及安装主要材料堆放点按本节附录其他措施编码列项。

2）大型机械设备进出场及安拆，应按《房屋建筑与装饰工程工程量计算规范》（GB 50854）相关项目编码列项。

8.5 消防工程工程量清单及清单计价编制及计算实例

8.5.1 消防工程招标工程量清单编制实例

某消防水工程工程量清单编制包括封面、扉页、填写须知、总说明及消防水分部分项工程量清单等内容。

1. 封面与扉页

封面与扉页格式如图8-8、图8-9所示。

某综合楼消防水工程

招标工程量清单

招标人：×××单位（单位盖章）

造价咨询人：×××单位（单位盖章）

×年　　×月　　×日

图8-8 某综合楼消防水工程招标工程量清单封面

某综合楼消防水工程

招标工程量清单

招标人：×××单位（单位盖章）　　　　　　工程造价咨询人：×××（单位资质专用章）

法定代表人　　　　　　　　　　　　　　　法定代表人

或其授权代表人：×××（签字或盖章）　　或其授权代表人：×××（签字或盖章）

编制人：×××（造价人员签字盖专用章）　复核人：×××（造价工程师签字盖专用章）

编制时间：　×年　　×月　　×日　　　　　复核时间：　　×年　　×月　　×日

图 8-9　某综合楼消防水工程招标工程量清单扉页

2. 填写须知

封面与扉页应按规定的内容填写、签字、盖章，由造价员编制的工程量清单应有负责审核的造价工程师签字、盖章。受委托编制的工程量清单，应有造价工程师签字、盖章以及工程造价咨询人盖章。

3. 总说明

总说明应按下列内容填写。格式如图 8-10 所示。

1）工程概况：建设规模、工程特征、计划工期、施工现场实际情况、自然地理条件、环境保护要求等。

2）工程招标和专业工程发包范围。

3）工程量清单编制依据。

4）工程质量、材料、施工等的特殊要求。

5）其他需要说明的问题。

工程名称：某综合楼消防水工程　　　　　　　　　　　　　　　　　　　第　页　共　页

总说明

1）工程概况：本工程为某综合楼消防水工程。由×××兴建，坐落于×××。施工现场条件良好。

2）本期工程招标范围包括：消防水施工图所示全部工程内容。

3）清单编制依据：本工程依据《建设工程工程量清单计价规范》中工程量清单计价办法、设计的施工图计算实物工程量。

4）投标人在投标时应按《建设工程工程量清单计价规范》规定的统一格式，提供"分部分项工程量清单综合单价分析表"。

5）随清单附有"主要材料价格表"，投标人应按规定内容填写。

图 8-10　某综合楼消防水工程总说明

4. 消防水分部分项工程量清单

消防水分部分项工程量清单见表 8-27。

表 8-27 消防水分部分项工程量清单

工程名称：某综合楼消防水工程

序号	项目编码	项目名称	计量单位	工程数量
1	030901002001	消火栓钢管 1. 安装部位（室内、外）：室内 2. 输送介质（给水、排水、热媒体、燃气、雨水）：消防管道 3. 材质：焊接钢管 4. 型号、规格：DN100 5. 连接方式：焊接 6. 除锈标准、刷油防腐设计要求：人工除锈，埋地管道沥青特加强级防腐 7. 套管形式、材质：一般穿墙套管，焊接钢管 DN150	m	18.90
2	030901002002	消火栓钢管 1. 安装部位（室内、外）：室内 2. 输送介质（给水、排水、热媒体、燃气、雨水）：消防管道 3. 材质：焊接钢管 4. 型号、规格：DN100 5. 连接方式：焊接 6. 除锈标准、刷油防腐设计要求：人工除锈，地沟管道刷樟丹漆两道	m	134.15
3	030901002003	消火栓钢管 1. 安装部位（室内、外）：室内 2. 输送介质（给水、排水、热媒体、燃气、雨水）：消防管道 3. 材质：焊接钢管 4. 型号、规格：DN100 5. 连接方式：焊接 6. 除锈标准、刷油防腐设计要求：人工除锈，明装管道刷樟丹漆两道、银粉两道 7. 套管形式、材质：一般穿墙套管，焊接钢管 DN150	m	128.35

8.5.2 消防工程工程量清单计价编制实例

[例 8-1] 某写字楼消防工程按设计图示需要安装的工程量如下：

1）消火栓镀锌钢管 DN100：70m。

2）水喷淋镀锌钢管 DN100：150m。

3）阀门安装 DN100（法兰截止阀）：5个

4）阀门安装 DN100（法兰止回阀）：2个。

5）末端试水装置 DN25：2组。

6）室内消火栓：单栓 DN65，18套。

7）消防水泵接合器：DN100（地上式）2套。

8）离心泵：2台（设备质量1.5t以内）。

　　依据《建设工程工程量清单计价规范》的规定编制分部分项工程量清单计价表及工程量清单综合单价分析表（表8-28~表8-36）。

表8-28　分部分项工程量清单与计价表

工程名称：某写字楼消防工程　　　　　　　　　　　　　　　　　　　　　　　　　第　页　共　页

序号	项目编码	项目名称	项目特征描述	计量单位	工程数量	金额/元		
						综合单价	合价	其中暂估价
1	030901002001	消火栓镀锌钢管	DN100，室内，螺纹连接	m	70	85.69	5998.30	
2	030901001001	水喷淋镀锌钢管	DN100，室内，螺纹连接	m	150	102.80	15420.00	
3	030807003001	低压法兰阀门	DN100，法兰截止阀	个	5	342.91	1714.55	
4	030807003002	低压法兰阀门	DN100，法兰止回阀	个	2	182.91	365.82	
5	030901008001	末端试水装置	DN25	组	2	182.14	364.28	
6	030901010001	室内消火栓	室内安装，单栓DN65	套	18	558.49	10052.82	
7	030901012001	消防水泵接合器	DN100，地上式	套	2	1116.75	2233.5	
8	030109001001	离心式泵	设备质量1.5t以内	台	2	1258.87	2517.74	
			本页小计					
			合计				38667.01	

表8-29　工程量清单综合单价分析表

工程名称：某写字楼消防工程　　　　　　　　　　　　　　　　　　　　　　　　　第　页　共　页

项目编码	030901002001	项目名称	消火栓镀锌钢管DN100	计量单位	m	工程量	70

清单综合单价组成明细

定额编号	定额名称	定额单位	数量	单价/元				合价/元			
				人工费	材料费	机械费	管理费和利润	人工费	材料费	机械费	管理费和利润
8-95	镀锌钢管	10m	0.1	76.39	82.64	8.14	164.54	7.639	8.264	0.814	16.454
人工单价		小计						7.639	8.264	0.814	16.454
23.22元/工日		未计价材料费/元						52.52			
清单项目综合单价/元								85.69			

材料费明细	主要材料名称、规格、型号		单位	数量	单价/元	合价/元	暂估单价/元	暂估合价/元
	镀锌钢管DN100		m	1.02	51.49	52.52		
	其他材料费/元							
	材料费小计/元					52.52		

　　注：管理费和利润均以人工费为取费基数，其中，管理费费率155.4%，利润率60%。

表 8-30　工程量清单综合单价分析表

工程名称：某写字楼消防工程

项目编码	030901001001	项目名称	水喷淋镀锌钢管 DN100	计量单位	m	工程量	150

清单综合单价组成明细

定额编号	定额名称	定额单位	数量	单价/元				合价/元			
				人工费	材料费	机械费	管理费和利润	人工费	材料费	机械费	管理费和利润
7-73	镀锌钢管	10m	0.1	76.39	15.30	9.26	164.54	7.64	1.53	0.93	16.45
人工单价			小计					7.64	1.53	0.93	16.45
23.22 元/工日			未计价材料费/元					76.25			
清单项目综合单价/（元/m）								102.80			

材料费明细	主要材料名称、型号、规格	单位	数量	单价/元	合价/元	暂估单价/元	暂估合价/元
	水喷淋镀锌钢管 DN100	m	1	76.25	76.25		
	其他材料费/元						
	材料费小计/元				76.25		

注：管理费和利润均以人工费为取费基数，其中，管理费费率155.4%，利润率60%。

表 8-31　工程量清单综合单价分析表

工程名称：某写字楼消防工程

项目编码	030807003001	项目名称	低压法兰截止阀 DN100	计量单位	个	工程量	5

清单综合单价组成明细

定额编号	定额名称	定额单位	数量	单价/元				合价/元			
				人工费	材料费	机械费	管理费和利润	人工费	材料费	机械费	管理费和利润
6-1278	法兰阀门 DN100	个	1	19.64	7.32	3.65	42.30	19.64	7.32	3.65	42.30
人工单价			小计					19.64	7.32	3.65	42.30
23.22 元/工日			未计价材料费/元					270.00			
清单项目综合单价/（元/个）								342.91			

材料费明细	主要材料名称、型号、规格	单位	数量	单价/元	合价/元	暂估单价/元	暂估合价/元
	低压法兰截止阀 DN100	个	1	270.00	270.00		
	其他材料费/元						
	材料费小计/元				270.00		

注：管理费和利润均以人工费为取费基数，其中，管理费费率155.4%，利润率60%。

表 8-32　工程量清单综合单价分析表

工程名称：某写字楼消防工程　　　　　　　　　　　　　　　　　　　　　　　　第　页　共　页

项目编码	030807003002	项目名称	低压法兰止回阀 DN100	计量单位	个	工程量	2

清单综合单价组成明细

定额编号	定额名称	定额单位	数量	单价/元				合价/元			
				人工费	材料费	机械费	管理费和利润	人工费	材料费	机械费	管理费和利润
6-1278	法兰阀门 DN100	个	1	19.64	7.32	3.65	42.30	19.64	7.32	3.65	42.30
人工单价		小计						19.64	7.32	3.65	42.30
23.22 元/工日		未计价材料费/元						110.00			
清单项目综合单价/(元/个)								182.91			

材料费明细	主要材料名称、型号、规格	单位	数量	单价/元	合价/元	暂估单价/元	暂估合价/元
	低压法兰止回阀 DN100	个	1	110.00	110.00		
	其他材料费/元						
	材料费小计/元				110.00		

注：管理费和利润均以人工费为取费基数，其中，管理费费率 155.4%，利润率 60%。

表 8-33　工程量清单综合单价分析表

工程名称：某写字楼消防工程　　　　　　　　　　　　　　　　　　　　　　　　第　页　共　页

项目编码	030901008001	项目名称	末端试水装置 DN25	计量单位	组	工程量	2

清单综合单价组成明细

定额编号	定额名称	定额单位	数量	单价/元				合价/元			
				人工费	材料费	机械费	管理费和利润	人工费	材料费	机械费	管理费和利润
7-102	末端试水装置安装	组	1	35.06	46.05	2.28	75.52	35.06	46.05	2.28	75.52
人工单价		小计						35.06	46.05	2.28	75.52
23.22 元/工日		未计价材料费/元						23.23			
清单项目综合单价/(元/组)								182.14			

材料费明细	主要材料名称、型号、规格	单位	数量	单价/元	合价/元	暂估单价/元	暂估合价/元
	阀门	个	2.02	11.50	23.23		
	其他材料费/元						
	材料费小计/元				23.23		

注：管理费和利润均以人工费为取费基数，其中，管理费费率 155.4%，利润率 60%。

表8-34 工程量清单综合单价分析表

工程名称：某写字楼消防工程

项目编码	030901010001		项目名称	室内消火栓	计量单位	套	工程量	18

清单综合单价组成明细

定额编号	定额名称	定额单位	数量	单价/元				合价/元			
				人工费	材料费	机械费	管理费和利润	人工费	材料费	机械费	管理费和利润
7-105	消火栓安装	套	1	21.83	8.97	0.67	47.02	21.83	8.97	0.67	47.02
人工单价			小计					21.83	8.97	0.67	47.02
23.22 元/工日			未计价材料费/元					480.00			
清单项目综合单价/(元/套)								558.49			

材料费明细	主要材料名称、型号、规格	单位	数量	单价/元	合价/元	暂估单价/元	暂估合价/元
	室内消火栓	套	1	480.00	480.00		
	其他材料费/元						
	材料费小计/元				480.00		

注：管理费和利润均以人工费为取费基数，其中，管理费费率155.4%，利润率60%。

表8-35 工程量清单综合单价分析表

工程名称：某写字楼消防工程

项目编码	030901012001		项目名称	消防水泵接合器	计量单位	套	工程量	2

清单综合单价组成明细

定额编号	定额名称	定额单位	数量	单价/元				合价/元			
				人工费	材料费	机械费	管理费和利润	人工费	材料费	机械费	管理费和利润
7-123	消防水泵接合器安装	套	1	48.53	128.38	5.31	104.53	48.53	128.38	5.31	104.53
人工单价			小计					48.53	128.38	5.31	104.53
23.22 元/工日			未计价材料费/元					830.00			
清单项目综合单价/(元/套)								1116.75			

材料费明细	主要材料名称、型号、规格	单位	数量	单价/元	合价/元	暂估单价/元	暂估合价/元
	消防水泵接合器	套	1	830.00	830.00		
	其他材料费/元						
	材料费小计/元				830.00		

注：管理费和利润均以人工费为取费基数，其中，管理费费率155.4%，利润率60%。

表 8-36　工程量清单综合单价分析表

工程名称：某写字楼消防工程　　　　　　　　　　　　　　　　　　　　　　　第　页　共　页

项目编码	030109001001		项目名称	离心式泵安装	计量单位	台	工程量	2

清单综合单价组成明细

定额编号	定额名称	定额单位	数量	单价/元				合价/元			
				人工费	材料费	机械费	管理费和利润	人工费	材料费	机械费	管理费和利润
7-793	离心式泵	台	1	334.83	155.59	47.23	721.22	334.83	155.59	47.23	721.22
人工单价			小计					334.83	155.59	47.23	721.22
23.22 元/工日			未计价材料费/元								
清单项目综合单价/(元/台)								1258.87			

	主要材料名称、型号、规格				单位	数量	单价/元	合价/元	暂估单价/元	暂估合价/元
材料费明细										
	其他材料费/元									
	材料费小计/元									

注：管理费和利润均以人工费为取费基数，其中，管理费费率 155.4%，利润率 60%。

8.5.3　消防工程工程量清单计价计算实例

[**例 8-2**]　某化工生产装置中部分热交换工艺管道系统，工程相关费用的条件为：

分部分项工程量清单项目费用合计 1770 万元，其中，人工费 15 万元，企业管理费、利润分别按人工费的 50%、60% 计。

脚手架搭拆的工料机费用按分部分项工程人工费的 7% 计，其中人工费占 25%。

大型机械进出场耗用人工费 1 万元，材料费 3 万元，机械费 4.9 万元；安全、文明施工等措施项目费用总额为 40 万元。其他项目清单费用 100 万元。

规费 80 万元，税金按 3.41%[⊖]计。

依据上述条件计算单位工程费用，最后汇总于表 8-37。

⊖　本书所介绍工程计价费用税金的组成依据《建设工程工程量清单计价规范》（GB50500—2013）的规定，未考虑"营改增"后的变化，此处的税率暂按 3.41% 计取。

表 8-37 计算单位工程费用

序　号	项目名称	金额/万元
1	分部分项工程量清单计价	1770.00
2	措施项目清单计价	51.34
3	其他项目清单计价	100.00
4	规费	80.00
5	税金	68.25
	合计	2069.59

措施项目清单费用计算过程（计算式）：

1）脚手架搭拆费：15×7%万元+15×7%×25%×（50%+60%）万元

$\qquad$ =（1.05+0.29）万元=1.34万元

2）大型机械进出场费：（1+3+4.9）万元+1×（50%+60%）万元

$\qquad$ =（8.9+1.1）万元=10万元

3）安全、文明施工等措施项目费用：40万元。

4）措施项目清单费用合计：（1.34+10+40）万元=51.34万元

5）税金计算过程（计算式）：（1770+51.34+100+80）×3.41%万元=68.25万元

思考与练习

1. 什么是工程量清单？工程量清单由哪几部分组成？

2. 招标控制价与投标报价有何区别？招标控制价与投标报价各要使用哪些表格？

3. 什么是工程量清单计价？工程量清单计价主要包括哪些部分？

4. 什么是分部分项工程量清单的综合单价？综合单价包括哪些内容？

5. 结合工程实例熟悉消防工程工程量清单计价的编制过程。

第9章

工程造价软件应用

随着建筑行业信息化的快速发展及计算机的迅速普及，消防工程预算电算化已经成为必然趋势。

目前，市场上常用的工程预算软件有广联达、鲁班、神机妙算、一点智慧等，其中使用较为广泛的是广联达预算软件。本章以广联达预算软件为例介绍工程造价软件的操作方法和应用。

9.1 广联达工程造价软件介绍

广联达造价软件包括清单计价软件、安装算量软件、询评标系统软件、财政评审系统软件、材价信息系统软件、工程项目管理系统软件、招投标管理系统软件等。消防工程预算过程中主要用到安装算量软件和清单计价软件，这里以广联达安装算量软件最新版本 GQI2018 和广联达清单计价软件最新版本 GCCP5.0 为例讲述消防工程预算电算的方法。

9.1.1 广联达安装算量软件 GQI2018

广联达安装算量软件 GQI2018 提供多种算量模式，采用 CAD 导图算量、绘图输入算量、表格输入算量等多种算量模式，运用三维计算技术，导管导线自动识别回路、电缆桥架自动找起点、风管自动识别等功能和方法，解决工程造价人员在招标投标、过程提量、结算对量等过程中手工统计繁杂、审核难度大、工作效率低等问题。

广联达安装算量软件 GQI2018 可以自动检查投标文件数据计算的有效性，检查是否存在应该报价而没有报价的项目，减少投标文件的错误。

广联达安装算量软件 GQI2018 的特点介绍如下。

1. 多种计价方式

定额计价、清单计价同一平台，清单工程直接转换成定额计价，快速进行投标报价对比。

2. 多种专业换算

系统提供多达 6 种的定额换算方式，可单个定额换算，也可多个定额同时换算，满足不同专业换算应用的要求。

3. 自动识别取费

自动按照各个地区定额专业要求和清单项项目识别其取费专业，帮助用户快速轻松处理多专业取费。

4. 功能操作撤销

在编制过程中，对操作可重复撤销与恢复，使操作更加灵活方便。

5. 工程造价调整

进行资源含量、价格调整时，增加了"资源锁定"功能，使得特定的资源不参与调整，有三种方式进行工程造价调整。

6. 应用界面变化

改变原有功能布局方式，将主要功能项目集中显示，帮助客户快速找到要应用的业务功能，使操作更加方便，同时，对于常用功能软件可以记忆，更加符合个人习惯。

GQ2018 安装算量软件编制流程如图 9-1 所示。

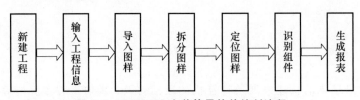

图 9-1 GQI2018 安装算量软件编制流程

9.1.2 广联达云计价平台 GCCP5.0

广联达云计价平台 GCCP5.0 俗称"套价"软件，主要以工程量清单计价为基础，全面支持电子招标投标应用，帮助工程造价单位和个人提高工作效率，实现招标投标业务的一体化，使计价更高效、招标更快捷、投标更安全。该软件具有编制工程量清单、标底报价和投标报价、计算工程总造价的功能。

GCCP5.0 包含招标管理、投标管理、清单计价三大模块。招标管理和投标管理模块是站在整个项目的角度进行招标投标工程造价管理。清单计价模块用于编辑单位工程的工程量清单或投标报价。在招标管理和投标管理模块中可以直接进入清单计价模块。

GCCP5.0 软件使用流程如图 9-2 所示。

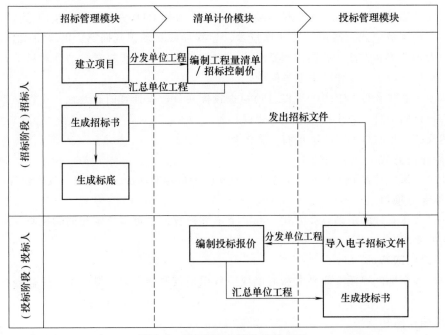

图 9-2 GCCP5.0 软件使用流程

1. 招标管理

1）项目三级管理。可全面处理一个工程项目的所有专业工程数据，可自由地导入、导出专业工程，方便多人工程数据合并，使工程数据的管理更加方便和安全。

2）项目报表打印。可一次性全部打印工程项目的所有数据报表，并可方便地设置所有专业工程的报表格式。

3）清单变更管理。可对项目进行版本管理，自动记录对比不同版本之间的变更情况，自动输出变更结果。

4）项目统一调价。同一项目自动汇总合并所有专业工程的人、材、机的价格和数量，修改价格后，自动重新计算工程总造价，调价方便、直观、快捷。

5）招标清单检查。通过检查招标清单可能存在的漏项、错项、不完整项，帮助用户检查清单编制的完整性和错误，避免招标清单因疏漏而重新修改。

2. 投标管理

1）招标清单载入。招标方提供的清单完整载入（包括项目三级结构），并可载入招标方提供的报表模式，免去投标报表设计的烦恼。

2）清单符合检查。可自动将当前的投标清单数据与招标清单数据进行对比，自动检查是否与招标清单一致，并可自动更正为与招标清单一致，提高了投标的有效性。

3）投标版本管理。可对项目进行版本管理，自动对比、记录不同版本之间的变化情况，自动输出项目因变更或调价而发生的变化结果。

4）自动生成标书。可一键生成投标项目的电子标书数据和文本标书，提高投标书组织与编辑的效率。

广联达云计价平台 GCCP5.0 的特点如下。

（1）多种计价方式

定额计价、清单计价同一平台，清单工程直接转换成定额计价，快速进行投标报价对比。

（2）多种专业换算

系统提供多达 6 种的定额换算方式，可单个定额换算，也可多个定额同时换算，满足不同专业换算应用的要求。

（3）自动识别取费

自动按照各个地区定额专业要求和清单项项目识别其取费专业，帮助用户快速轻松处理多专业取费。

（4）功能操作撤销

在编制过程中，对操作可重复撤销与恢复，使操作更加灵活方便。

（5）工程造价调整

进行资源含量、价格调整时，增加了"资源锁定"功能，使得特定的资源不参与调整，有三种方式进行工程造价调整。

9.2　工程造价软件应用实例

本节以某工程为例，介绍工程造价软件在该项目水灭火系统的工程量计算及招标方工程量清单的编制等方面的应用。

9.2.1　工程概况

宏达酒店，共六层，建筑高度 23.7m，建筑面积 7527m^2。其中，一、二层为酒楼，三~六层为客房。该工程设有消火栓灭火系统和自动喷水灭火系统。

9.2.2 安装工程量的计算

首先使用安装算量软件 GQI2018 进行安装工程量的计算，操作步骤如下。

图 9-3 桌面快捷图标

1. 新建工程

1）进入界面。双击桌面快捷图标（图 9-3），会弹出"广联达 BIM 安装计量 GQI2018"的界面，如图 9-4 所示。

图 9-4 "广联达 BIM 安装计量 GQI2018"界面

2）新建工程的操作。

① 单击"新建"，会弹出"新建工程"的界面，如图 9-5 所示。

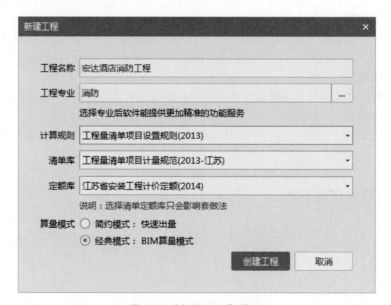

图 9-5 "新建工程"界面

② 输入相应的工程名称"宏达酒店消防工程"，工程专业选择"消防"，计算规则选择"工程量清单项目设置规则（2013）"，清单库选择"工程量清单项目计量规范（2013-江苏）"，定额库选择"江苏省安装工程计价定额（2014）"，算量模式选择"简约模式：快速出量"或"经典模式：BIM 算量模式"，以下按"经典模式：BIM 算量模式"进行介绍，单击"创建工程"，进入到软件操作界面，进行下一步操作。软件操作界面如图 9-6 所示。

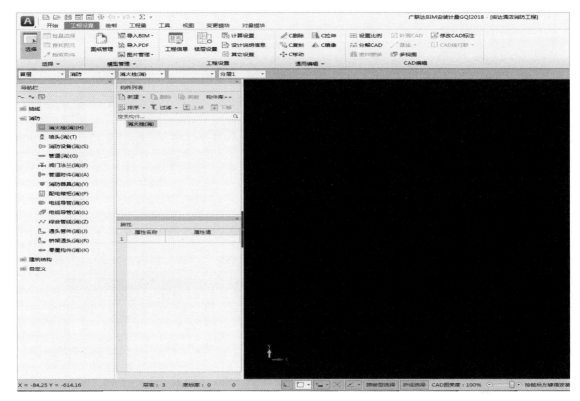

图 9-6　操作界面

这里，建议一个专业单独建一个工程，可方便检查工程量。

2. 工程设置

1）点击"工程设置"页签下的"楼层设置"命令。

2）选择首层，然后单击"插入楼层"，进行添加楼层，本工程共六层。注意，需要添加地下室时，选中基础层，再插入楼层。若添加地上楼层时，选中首层，再插入楼层。

3）输入各楼层的层高。输入每层层高后，底标高会自动生成，如图 9-7 所示。

4）单击"工程设置"页签下的"计算设置"命令（图 9-8）。

5）单击"工程设置"页签下的"其他设置"命令，在过滤条件中选择"喷淋灭火系统"和"消火栓灭火系统"，在下面的操作区域修改消防专业的支架间距和连接方式（图 9-9）。

3. 识别图元

（1）第一步：添加图纸

在工程设置页签下，可以点击"图纸管理"进行添加 CAD 文件；触发图纸管理窗体中的添加，将需要分割的图纸导入至软件中，该图纸作为父节点图纸显示在图纸管理界面，如图 9-10 所示。

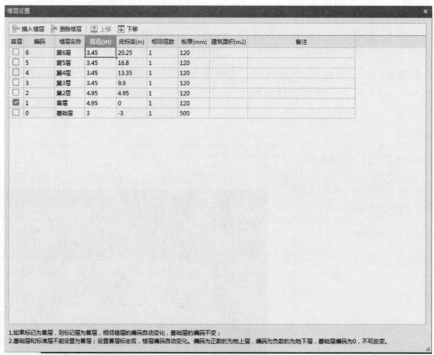

图9-7 每层底标高

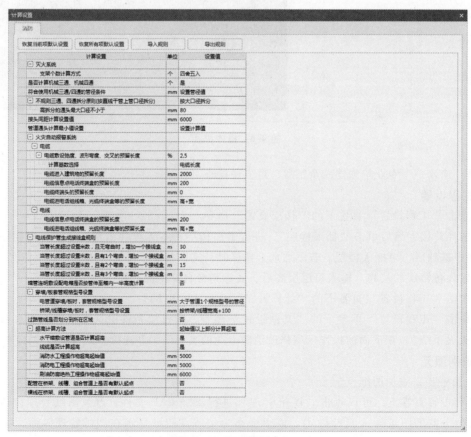

图9-8 计算设置值的设定

图 9-9　支架间距及连接方式设置

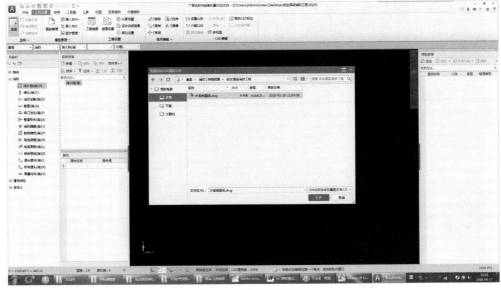

图 9-10　绘图输入界面

（2）第二步：分割定位图纸

触发定位，将需要分割的每张图设置一个定位点，如图9-11所示。

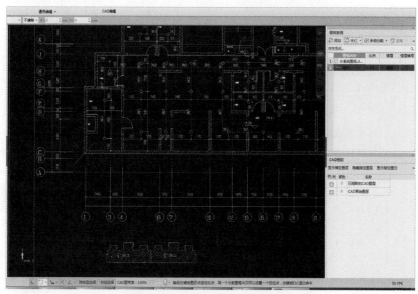

图9-11 方法一触发"定位"

1）方法一：触发"定位"功能，选择要进行定位的点，即定位成功。

2）方法二：触发"定位"功能，点击状态栏中⊠按钮，选择两条边线后出现▧，即定位成功；并且可以一次性对窗体内的全部图纸进行定位，不需要重新触发命令，如图9-12所示。

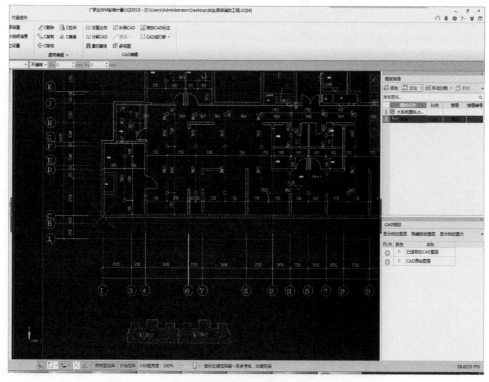

图9-12 方法二触发"定位"

（3）第三步：分割图纸

分割图纸分为自动分割和手动分割。

1）自动分割，该软件匹配一键智能分割图纸功能，大幅度提高分割图纸效率；点击"自动分割"可以根据图纸边框线和图纸标注名称自动分割和定义名称。分割完点击确定即可，如图 9-13 所示。

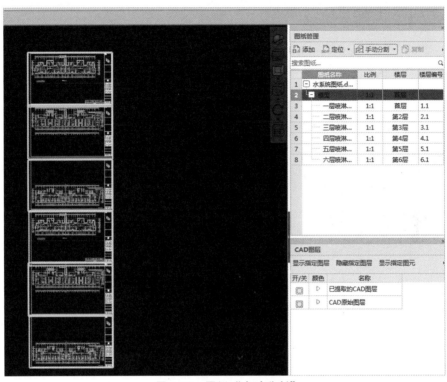

图 9-13　图纸"自动分割"

2）触发手动分割，框选需要分割的图纸，如图 9-14 所示。

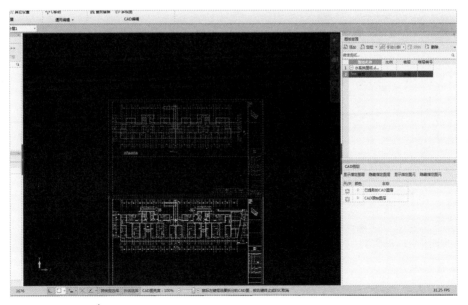

图 9-14　图纸"手动分割"

3）触发鼠标右键，弹出输入图纸名称的对话框，触发三点按钮可以提取图纸中的文字作为图纸名称，在"楼层选择"中选择框选图纸的所属楼层，如图9-15所示。

4）被分割的图纸在图纸管理界面生成子节点图纸；当一个楼层中有两张平面图时，图9-16中的楼层编号，如1.1为首层（0，0）点位置的图纸，在（0，0）位置建立一个口字型轴网，定位点定位至轴网的①-④交点处，如图9-16所示。

图9-15 "楼层选择"

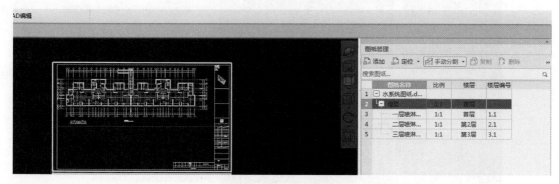

图9-16 分割后子节点图

（4）第四步：识别图元

广联达BIM安装计量GQI2018软件中，6个专业识别管道的方法类似，识别设备方法也相同，下面以给水排水专业识别管道为例进行演示。

1）识别喷头。单击左侧"模块导航栏"中"消防"文件夹，选择"喷头（消）（T）"，如图9-17所示。单击"新建"→"新建喷头"，此时对话框变化如图9-18所示，这里可以修改喷头的各项参数，修改喷头标高为"屋顶标高-0.6"。

图9-17 选择"喷头（消）（T）"

图9-18 "构件列表"对话框

2）点击"设备提量"后点击图中的单个喷头，然后右键确认，如图 9-19 所示。然后选择楼层，所有楼层前打勾，如图 9-20 所示。点击确认后出现提示识别的设备数量，如图 9-21 所示。然

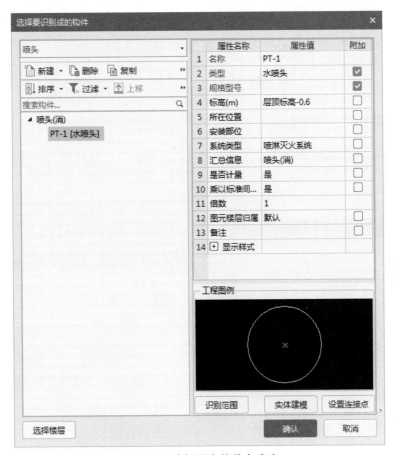

图 9-19　选择图中的单个喷头

图 9-20　选择楼层

后确定后出现"是否保存当前工程"窗口，如图 9-22 所示，点击"是"。

图 9-21　识别结果

图 9-22　"是否保存当前工程"窗口

3）管道识别。在导航栏中选择"管道（消）"，点击"标识识别"选择管道和对应的规格，右键出现图 9-23 所示界面，定义管道属性标高，确定后提示识别完成，如图 9-24 所示，点击"确定"。

图 9-23　管道标识识别窗口

图 9-24　管道识别完成提示窗口

4）阀门法兰等其他识别同管道识别的步骤。

5）立管识别。点击标题栏中"布置立管"，出现立管标高设置，如图 9-25 所示，点击确定后界面如图 9-26 所示。点击标题栏下"区域三维"选择立管后出现图 9-27 所示内容，然后点击"二维/三维"返回二维图纸界面。

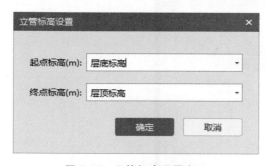

图 9-25　立管标高设置窗口

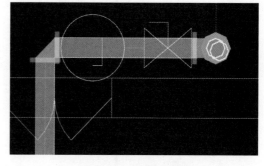

图 9-26　识别后立管

（5）第五步：工程量汇总计算

点击标题栏工程量下面的"汇总计算"，出现如图 9-28 所示提示窗口，选择楼层后点击"计算"，提示工程量计算完成，如图 9-29 所示，点击"关闭"。

（6）第六步：打印报表

1）点击标题栏中"报表预览"。

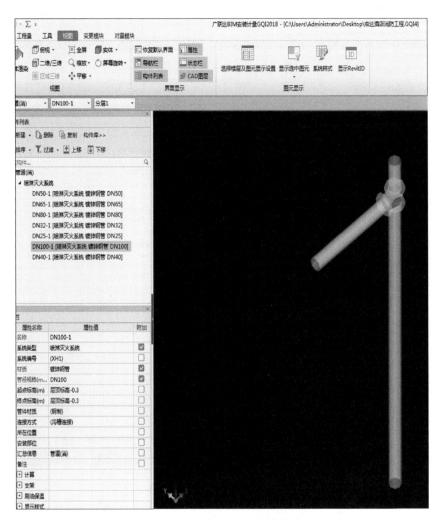

图 9-27　识别后的三维效果图

图 9-28　汇总计算

图 9-29　提示信息

2）在左侧导航栏中选择相应的报表，在右侧就会出现报表预览界面，如图9-30所示。

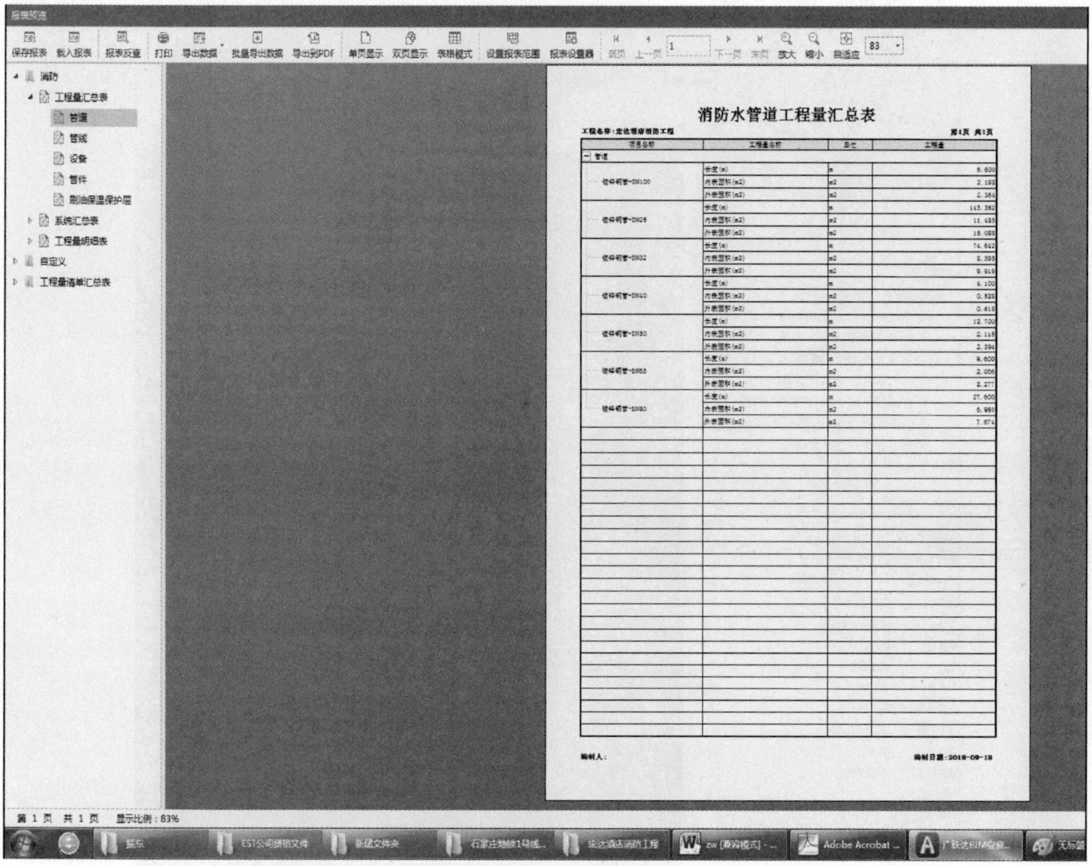

图9-30 报表预览界面

3）点击"打印"按钮则可打印该张报表。

（7）第七步：保存工程

点击报表界面导航栏"保存报表"按钮，完成保存。

（8）第八步：退出软件

完成前面第一～七步后，即可退出软件。

9.2.3 招标方工程量清单的编制

使用广联达云计价软件 GCCP5.0 进行该项目招标方工程量清单的编制，操作步骤介绍如下。

1. 新建招标项目

双击桌面快捷图标，如图9-31所示，进入"广联达云计价平台 GCCP5.0"界面，如图9-32所示，这里可以新建项目。单击"新建"→"新建招投标项目"，弹出"新建工程"界面，如图9-33所示；在界面中选择地区和清单计价后点击"新建招标项目"，进入"新建招标项目"界面，如图9-34所示；输入项目名称，选择地区标准和定额标准后点击下一步后点击"完成"，软件进入招标管理界面，如图9-35所示。在此界面，可以对项目进行管理，发布招标书及工程标底。

图9-31 桌面快捷图标

图 9-32　"广联达云计价平台 GCCP5.0"界面

图 9-33　"新建工程"界面

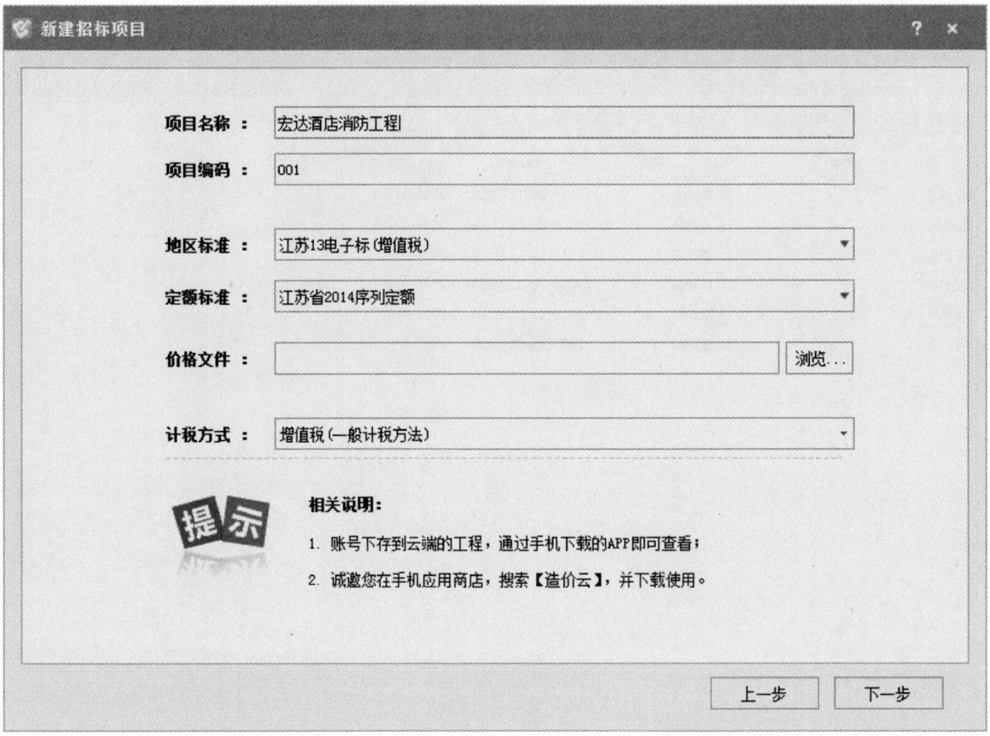

a)

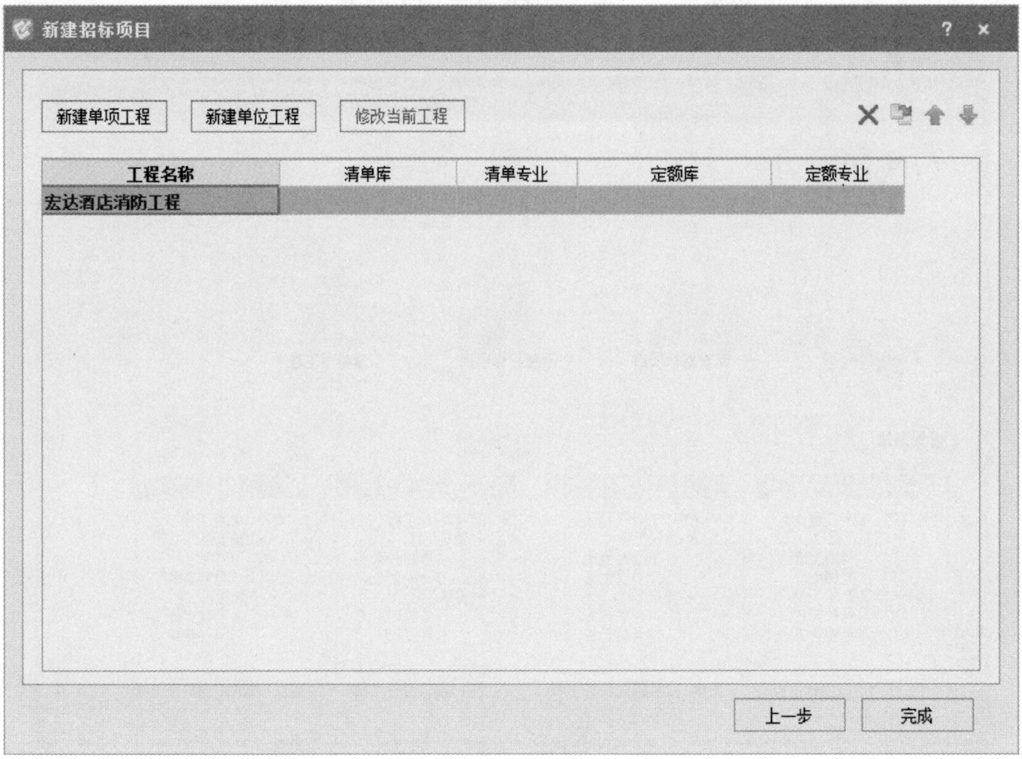

b)

图 9-34　新建招标项目

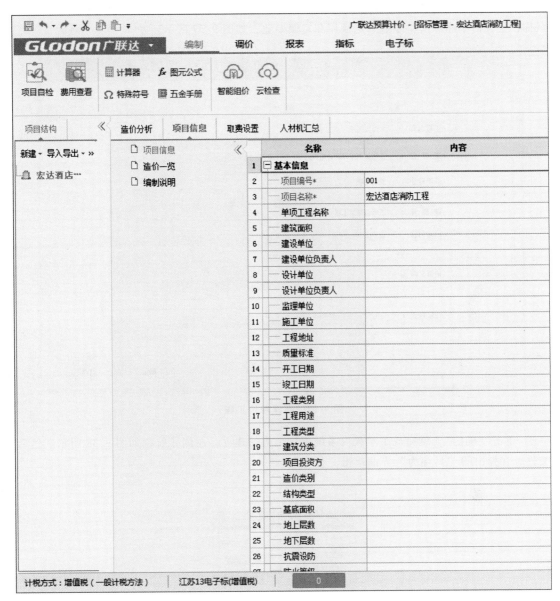

图 9-35　"招标管理"界面

1）新建单项工程，在招标管理界面项目结构，单击"新建"→"新建单项工程"，弹出"新建单项工程"对话框，如图 9-36 所示，输入单项工程名称，点击"确定"。

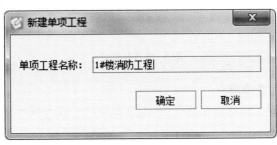

图 9-36　新建单项工程

2）新建单位工程，单击"新建"→"新建单位工程"，弹出"新建单位工程"对话框，输入工程名称，选择清单库和清单专业、定额库和定额专业，如图9-37所示。

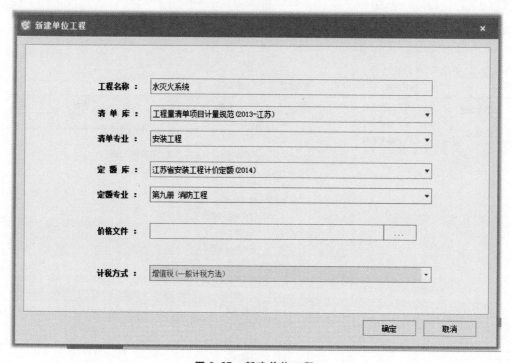

图9-37 新建单位工程

3）单击"确定"，就完成了水灭火系统招标工程的建立。左侧导航栏如图9-38所示。然后保存文件，在弹出的"另存为"界面单击"保存"。

图9-38 导航栏

2. 编制分部分项工程量清单

在左侧项目结构中选择"水灭火系统"，单击分部分项"进入编辑窗口"，软件进入单位工程编辑主界面，如图9-39所示。

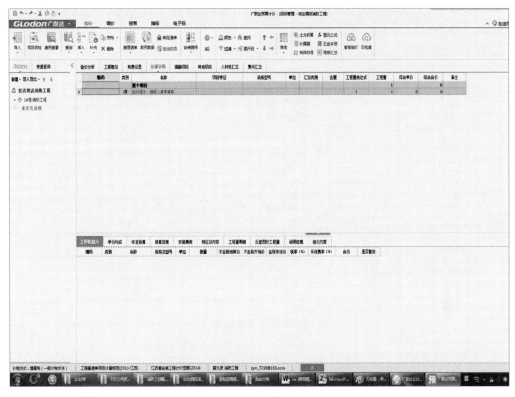

图 9-39　单位工程编辑主界面

工程量清单的编制有两种方法：手动输入法和导入法。手动输入法需要预算员计算各工程量的数量后输入；导入法是把之前用安装算量软件（安装工程）或图形算量软件（土建工程）算得的工程量清单直接导入。

（1）手动输入工程量清单

工程量清单的录入可以采用两种方式：直接输入和查询输入。

1）直接输入。如果用户清楚要录入的清单项目编号或者已有书面文件可以参考，直接在软件中编号列输入项目编号，即可录入清单项目。如直接输入 030901001，软件自动显示为"水喷淋镀锌钢管"。

2）查询输入。当用户不知道套用哪条清单或者记不清楚清单项目时，可以使用"查询"找到自己需要的清单项。单击"查询"→"查询清单"，（图 9-40），弹出如图 9-41 所示界面，找到所需项后双击即可添加该清单项。

图 9-40　"查询清单"菜单

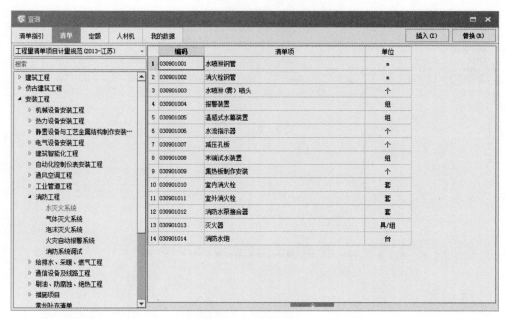

图 9-41 清单查询

（2）导入工程量清单

这里可以导入之前安装算量导出的 Excel 文件，也可以导入安装算量工程文件。

在招标管理主界面，单击界面左上侧的"导入"→"导入 Excel 文件"，如图 9-42 所示。

图 9-42 导入 Excel 下拉菜单

在弹出的"导入 Excel 招标文件"窗口中单击"选择"，如图 9-43 所示。

打开界面选择 Excel 文件，然后单击"打开"，如图 9-44 所示。

软件会识别出 Excel 表中的工程量清单内容，如图 9-45 所示。单击"导入"，"导入"左边有一个"清空导入"，在"清空导入"前打勾表示清空原清单项，不打勾表示追加清单项（图 9-45）。

软件会提示导入成功，点击"结束导入"，如图 9-46 所示。

若已经导入数据，在主界面就能看到已经导入的工程量清单内容，并且保留了分部及清单项的层级关系。

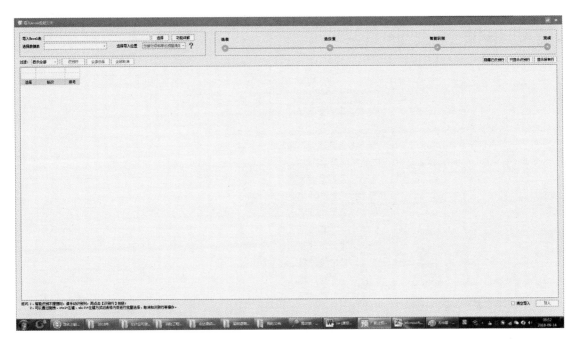

图 9-43 导入 Excel 招标文件

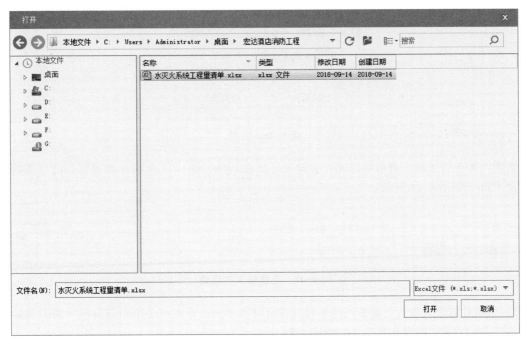

图 9-44 选择 Excel 文件

（3）输入工程量

输入或者选择好清单项后，就要输入清单的工程量，工程量的输入有三种方式：直接输入、编辑计算公式输入、图元公式输入。

1）直接输入。如果已经输入的清单项目的工程量已经计算出来，则在"工程量"或者"工程

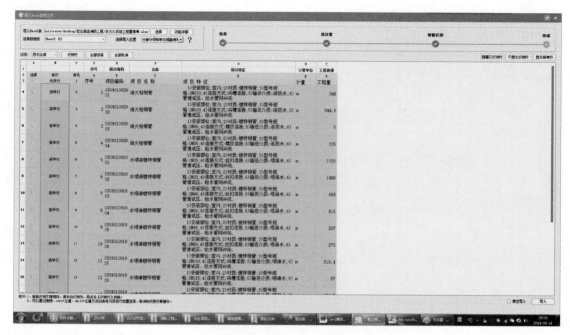

图 9-45　导入 Excel 文件

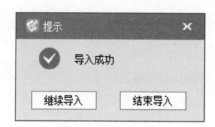

图 9-46　提 示

量表达式"列中直接输入清单项的工程量即可。如在 030901001001 水喷淋镀锌钢管清单项后输入工程量 1200，如图 9-47 所示。

图 9-47　直接输入工程量

2）编辑计算公式输入。如果某些工程量没有计算出来，或者有多个相同清单项的工程量需要合并，则可以采用"编辑计算公式"输入工程量。

在已输入清单项的"工程量表达式"列单击鼠标左键，直接输入表达式，如图 9-48 所示。

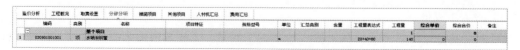

图 9-48　编辑计算公式输入工程量

3）图元公式输入。如果某些工程量计算比较简单，可以使用软件提供的图元公式输入来计算工程量。

选择水喷淋镀锌钢管清单项，双击工程量表达式单元格，使单元格数字处于编辑状态，即光标闪动状态。在工具条中单击"f_x"，即可进行图元公式输入。一般在土建工程中使用此种输入方法。

工程量输入完毕后，并不代表工程量清单编制完毕，在编制工程量清单时最重要的是项目特征的描述。下面介绍如何对工程量清单进行项目特征的描述。

（4）编辑项目特征

编辑项目特征的目的是方便投标人投标报价时报出一个合理的综合单价，同时也避免了因为项目特征描述不清楚导致招标方和投标方对项目的理解发生歧义，尽量避免结算过程中的经济纠纷。因此，项目特征描述显得尤为重要。

项目特征的描述要根据清单计价规范中给定的特征项目一一进行。

1）直接编辑项目特征。直接编辑项目特征与输入工程量表达式有些相似，在项目名称及规格列可以直接输入相应的特征描述，如图 9-49 所示。

图 9-49　直接编辑项目特征

① 首先在清单项"0309002001 消火栓钢管"的项目特征列单击鼠标左键，单击 ⋯。

② 然后在弹出的对话框中输入消火栓镀锌钢管的特征描述。

③ 最后单击"确定"按钮完成项目特征的描述。

2）编辑项目特征的特征值。根据规定，每一条清单项都有对应的特征项目名称，在编制工程量清单时，要对这些特征项目进行详细的描述。软件可以快速完成设置，并提供常用项目特征值供选择，如图 9-50 所示。编辑特征值时应注意：选择要进行特征描述的清单项，单击属性窗口的特征及内容项，对应不同的特征项目名称选择或者输入特征值。

（5）措施项目、其他项目清单

保留软件默认项。

（6）保存、退出

通过以上操作就编制完成了单位工程的工程量清单。单击 🖫，保存后，退出软件。

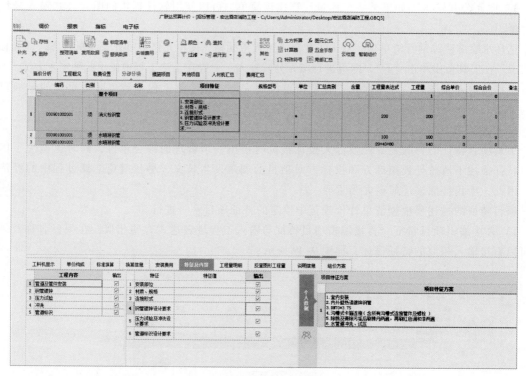

图9-50 编辑项目特征值

3. 生成电子招标书

单击电子标"生成招标书",如图9-51所示。

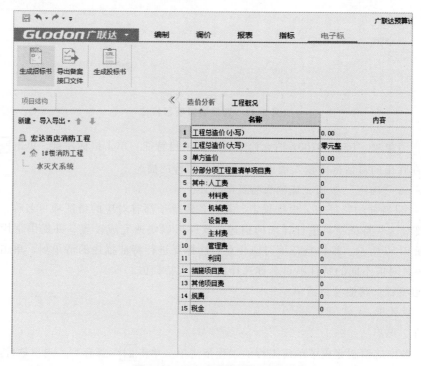

图9-51 "生成招标书"选项

在"生成招标书"界面单击"是",如图 9-52 所示。点击"是"后出现项目自检窗口,如图 9-53 所示。

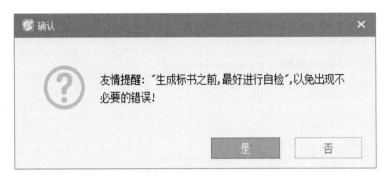

图 9-52　"生成招标书"界面

图 9-53　"项目自检"界面

4. 刻录、导出电子招标书

点击图 9-53 中的"执行检查"后出现检查结果;如无错误点击"取消",软件会生成电子标书文件。

选择导出位置，单击"确定"，如图 9-54 所示。确定后出现"招标信息"界面，如图 9-55 所示。根据要求填写完整标段信息、项目附加信息和设置工程编码后，点击"确定"。

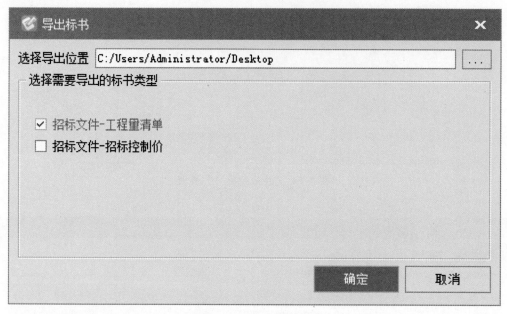

图 9-54 选择导出路径

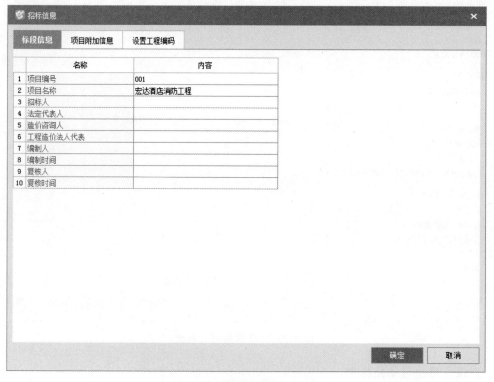

图 9-55 "招标信息"界面

　　软件会提示成功导出标书的存放位置，如图 9-56 所示。通过以上操作就编制完成了一个招标项目工程量清单的编制。

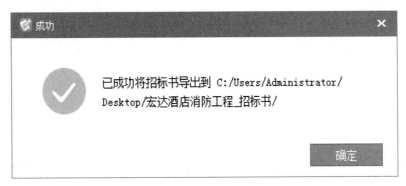

图 9-56　提示

思考与练习

　　1. 消防专业管道识别中，选择识别与标识识别的区别是什么？

　　2. 构件识别错误，如何进行修改？

　　3. 如何统一调整工程的利润和费用？

　　4. 分部分项工程量清单与计价表里有没有项目特征列？

　　5. 在广联达计价软件中，如何把辅材改为主材？

　　6. 在广联达计价软件的单价构成中，所有的费用项都没有输入费率，结果计算出的造价比取了费率的情况要高出几倍，为什么？

参考文献

[1]　徐志胜，姜学鹏. 防排烟工程［M］. 北京：机械工业出版社，2011.

[2]　谢中朋. 消防工程［M］. 北京：化学工业出版社，2011.

[3]　张秀德，管锡珺，吕金全. 安装工程定额与预算［M］. 2 版. 北京：中国电力出版社，2010.

[4]　龚延风. 建筑消防技术［M］. 北京：科学出版社，2009.

[5]　张新中，桂林，孙凌帆. 消防工程实验理论与技术［M］. 郑州：黄河水利出版社，2009.

[6]　徐鹤生，周广连. 消防系统工程［M］. 北京：高等教育出版社，2004.

[7]　徐晓楠. 消防基础知识［M］. 北京：化学工业出版社，2006.

[8]　李亚峰，马学文. 建筑消防技术与设计［M］. 北京：化学工业出版社，2005.

[9]　濮容生，等. 消防工程［M］. 北京：中国电力出版社，2007.

[10]　周义德. 建筑防火消防工程［M］. 郑州：黄河水利出版社，2004.

[11]　程远平，李增华. 消防工程学［M］. 徐州：中国矿业大学出版社，2002.

[12]　景绒. 建筑消防给水系统［M］. 北京：化学工业出版社，2008.

[13]　杨守生. 工业消防技术与设计［M］. 北京：中国建筑工业出版社，2008.

[14]　王学谦. 建筑防火安全技术［M］. 北京：化学工业出版社，2006.

[15]　周承绪. 安装工程概预算手册［M］. 北京：中国建筑工业出版社，2001.

[16]　张国珍，洪雷，杨庆. 建筑安装工程概预算［M］. 北京：化学工业出版社，2004.

[17]　刘庆山. 建筑安装工程预算［M］. 北京：机械工业出版社，2004.

[18]　栋梁工作室. 消防及安全防范设备安装工程概预算手册［M］. 北京：中国建筑工业出版社，2006.

[19]　刘庆山，刘屹立，刘翌杰. 消防工程施工与预算［M］. 北京：中国电力出版社，2005.

[20]　丁云飞，等. 安装工程预算与工程量清单计价［M］. 北京：化学工业出版社，2005.

[21]　吴心伦. 安装工程定额与预算［M］. 重庆：重庆大学出版社，2003.

[22]　沈祥华. 建筑工程概预算［M］. 武汉：武汉理工大学出版社，2009.

[23]　武育秦. 建筑工程造价［M］. 重庆：重庆大学出版社，2009.

[24]　华克见. 安装工程造价工程师一本通［M］. 北京：中国建材工业出版社，2011.

[25]　张国栋. 消防工程造价实例一本通［M］. 北京：机械工业出版社，2011.

[26]　全国造价工程师执业资格考试培训教材编审组. 工程造价计价与控制［M］. 北京：中国计划出版社，2009.

[27]　本书编委会. 工业管道工程与消防工程工程量清单计价应用手册［M］. 北京：科学出版社，2005.

[28]　段冰峰. 土建施工图预算审核的 5 大常用法［J］. 中国招标，2011（35）：22-23.

[29]　乔慧，王冬梅. 建筑施工图预算的审核方法与对策［J］. 科技创新与应用，2012（3）：150.

[30]　刘玉国. 建筑设备安装工程概预算［M］. 北京：北京理工大学出版社，2009.

[31]　全国一级建造师执业资格考试用书编写委员会. 建设工程经济［M］. 北京：中国建筑工业出版社，2018.

[32]　江苏省住房和城乡建设厅. 江苏省安装工程计价定额［S］. 南京：江苏凤凰科学技术出版社，2014.